BEAUTICIAN
적중
최신판

MAKE UP

MAKEUP ARTIST

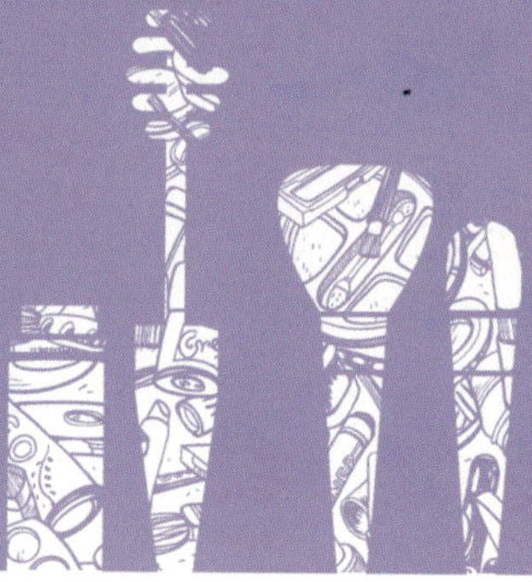

미용사 메이크업 필기

박미정 · 이은정 · 이유혜 · 유정아 · 조성화 · 김수민 · 오웅영

PREFACE

MAKE UP ARTIST
이 책의 머리말

    2015년 9월 4일 대통령이 주재한 제2차 규제개혁 장관회의에서 메이크업 업종의 불합리한 규제에 대해 대표 발언한 것을 계기로 미용사자격증제도를 일반미용사와 피부미용사, 네일 미용사, 메이크업 미용사로 분리, 세분화하여 메이크업 분야에 대한 전문성을 인정하고, 이에 따른 메이크업 미용사자격 제도를 신설하여 2016년 7월 10일 처음으로 메이크업 미용사 국가자격 시험이 시행될 예정입니다.

    이전까지는 메이크업을 하려면 메이크업 이외에 머리카락 자르기 등에 관한 자격과 시설 및 설비를 갖추고 일반 미용업으로 신고하도록 했으나, 아름다움과 화장 등에 대한 관심 및 수요가 증가하면서 별도의 메이크업을 신설하고 서비스 질을 높일 필요성이 부각되면서 이제 메이크업 미용사가 전문 직업으로 발돋움하는 발판을 마련했다고 생각합니다.

    이에 본 교재의 집필진들은 2016년 7월에 있을 메이크업 미용사 필기시험에 대비해 수험생들이 보다 쉽게 합격의 영광을 누릴 수 있는 교재를 기획하게 되었습니다. 강단과 산업현장에서 직접 학생들을 가르치며 터득한 노하우를 적극 활용해 기존 교재의 미비점을 수정·보완한 이 교재는 특히 한국산업인력공단의 출제기준을 철저히 적용하였고, 메이크업 미용사 준비를 처음 하는 수험생들이 짧은 시간에 성공적인 시험 대비를 할 수 있도록 다음과 같은 사항에 중점을 두어 집필하였습니다.

- **첫째,** 한국산업인력공단의 새 출제기준에 따라 메이크업개론, 공중위생관리학, 화장품학의 총 3과목으로 분류하였으며, 지침에 따라 세부내용을 수록하여 이론적인 틀을 다지는 데 주안점을 두었습니다.
- **둘째,** 시험에 나올 것 같지 않은 세부내용들은 수험생들이 빠른 시간 내에 마칠 수 있도록 꼭 필요한 핵심부분 위주로 정리하였습니다.
- **셋째,** 과목별 예상문제를 통해 필기시험의 마무리와 실전감각을 익힐 수 있도록 400여 문제 정도의 예상문제를 만들어 어떤 유형의 시험 문제도 대비할 수 있게 하였습니다.

    본 수험서로 수험생들이 자신감 있게 시험장에 들어갈 수 있게 되길 바라며, 출간에 많은 도움을 주신 예문사 정용수 사장님과 임직원 분들에게 깊은 감사를 드립니다.

저 자 일동

MAKE UP ARTIST
자격시험 소개

❶ 직무 내용
얼굴·신체를 아름답게 하거나 특정한 상황과 목적에 맞는 이미지분석, 디자인, 메이크업, 뷰티코디네이션, 후속관리 등을 실행하기 위해 적절한 관리법과 도구, 기기 및 제품을 사용하여 메이크업을 수행하는 직무

❷ 필기시험 안내
1) 시행기관 : 한국산업인력공단(www.hrdkorea.or.kr)
2) 원서접수 : 큐넷(www.q-net.or.kr)
3) 필기검정방법 : 객관식 4지 선다형, 60문항(1시간)
4) 합격기준 : 100점 만점, 60점 이상(36문항 이상 정답 시)
5) 검정 과목 : 메이크업개론, 공중위생관리학, 화장품학
6) 필기시험 유효기간 : 2년

❸ 시험일정(2016년)

1) 필기시험

회별	필기시험 원서접수	필기시험	합격자 발표
제2회	6. 17 ~ 6. 23	7. 10	7. 21
제3회	9. 20 ~ 9. 26	10. 9	10. 20
제3회	산업수요 맞춤형 고등학교 및 특성화고등학교 필기시험 면제자 검정 ※ 일반인 필기시험 면제자 응시 불가		

2) 실기시험

회별	실기시험 원서접수	실기시험	합격자 발표
제2회	7. 25 ~ 7. 28	8. 27 ~ 9. 9	9. 23
제3회	10. 24 ~ 10. 27	11. 26 ~ 12. 9	12. 16

④ 출제기준

미용사(메이크업) 필기시험 출제기준

직무 분야	이용 · 숙박 · 여행 · 오락 · 스포츠	중직무 분야	이용 · 미용	자격 종목	미용사 (메이크업)	적용 기간	2016. 7. 1 ~ 2020. 12. 31

직무내용: 얼굴 · 신체를 아름답게 하거나 특정한 상황과 목적에 맞는 이미지분석, 디자인, 메이크업, 뷰티코디네이션, 후속관리 등을 실행하기 위해 적절한 관리법과 도구, 기기 및 제품을 사용하여 메이크업을 수행하는 직무

필기검정방법	객관식	문항 수	60	시험기간	1시간

필기과목명	문제수	주요항목	세부항목	세세항목
메이크업 개론, 공중위생 관리학, 화장품학	60	1. 메이크업개론	1. 메이크업의 이해	1. 메이크업의 정의 및 목적 2. 메이크업의 기원 및 기능 3. 메이크업의 역사(한국, 서양) 4. 메이크업 종사자의 자세
			2. 메이크업의 기초이론	1. 골상(얼굴형)의 이해 2. 얼굴형 및 부분 수정 메이크업 기법 3. 기본메이크업 기법(베이스, 아이, 아이브로, 립과 치크)
			3. 색채와 메이크업	1. 색채의 정의 및 개념 2. 색채의 조화 3. 색채와 조명
			4. 메이크업 기기 · 도구 및 제품	1. 메이크업 도구 종류와 기능 2. 메이크업 제품 종류와 기능
			5. 메이크업 시술	1. 기초화장 및 색조화장법 2. 계절별 메이크업 3. 얼굴형별 메이크업 4. T.P.O에 따른 메이크업 5. 웨딩 메이크업 6. 미디어 메이크업
			6. 피부와 피부 부속 기관	1. 피부구조 및 기능 2. 피부 부속기관의 구조 및 기능
			7. 피부유형분석	1. 정상피부의 성상 및 특징 2. 건성피부의 성상 및 특징 3. 지성피부의 성상 및 특징 4. 민감성피부의 성상 및 특징 5. 복합성피부의 성상 및 특징 6. 노화피부의 성상 및 특징
			8. 피부와 영양	1. 3대 영양소, 비타민, 무기질 2. 피부와 영양 3. 체형과 영양
			9. 피부와 광선	1. 자외선이 미치는 영향 2. 적외선이 미치는 영향
			10. 피부면역	1. 면역의 종류와 작용
			11. 피부노화	1. 피부노화의 원인 2. 피부노화현상

필기과목명	문제수	주요항목	세부항목	세세항목
메이크업 개론, 공중위생 관리학, 화장품학	60	2. 공중위생 관리학	1. 공중보건학 총론	1. 공중보건학의 개념 2. 건강과 질병 3. 인구보건 및 보건지표
			2. 질병관리	1. 역학 2. 감염병관리 3. 기생충질환관리 4. 성인병관리 5. 정신보건 6. 이·미용 안전사고
			3. 가족 및 노인보건	1. 가족보건 2. 노인보건
			4. 환경보건	1. 환경보건의 개념 2. 대기환경 3. 수질환경 4. 주거 및 의복환경
			5. 산업보건	1. 산업보건의 개념 2. 산업재해
			6. 식품위생과 영양	1. 식품위생의 개념 2. 영양소 3. 영양상태 판정 및 영양장애
			7. 보건행정	1. 보건행정의 정의 및 체계 2. 사회보장과 국제 보건기구
			8. 소독의 정의 및 분류	1. 소독관련 용어정의 2. 소독기전 3. 소독법의 분류 4. 소독인자
			9. 미생물 총론	1. 미생물의 정의 2. 미생물의 역사 3. 미생물의 분류 4. 미생물의 증식
			10. 병원성 미생물	1. 병원성 미생물의 분류 2. 병원성 미생물의 특성
			11. 소독방법	1. 소독 도구 및 기기 2. 소독시 유의사항 3. 대상별 살균력 평가
			12. 분야별 위생·소독	1. 실내환경 위생·소독 2. 도구 및 기기 위생·소독 3. 이·미용업 종사자 및 고객의 위생관리
			13. 공중위생관리법의 목적 및 정의	1. 목적 및 정의
			14. 영업의 신고 및 폐업	1. 영업의 신고 및 폐업신고 2. 영업의 승계
			15. 영업자 준수사항	1. 위생관리

필기과목명	문제수	주요항목	세부항목	세세항목
메이크업 개론, 공중위생 관리학, 화장품학	60	2. 공중위생 관리학	16. 이·미용사의 면허	1. 면허발급 및 취소 2. 면허수수료
			17. 이·미용사의 업무	1. 이·미용사의 업무
			18. 행정지도감독	1. 영업소 출입검사 2. 영업제한 3. 영업소 폐쇄 4. 공중위생감시원
			19. 업소 위생등급	1. 위생평가 2. 위생등급
			20. 보수교육	1. 영업자 위생교육 2. 위생교육기관
			21. 벌칙	1. 위반자에 대한 벌칙, 과징금 2. 과태료, 양벌규정 3. 행정처분
			22. 법령, 법규사항	1. 공중위생관리법시행령 2. 공중위생관리법시행규칙
		3. 화장품학	1. 화장품학 개론	1. 화장품의 정의 2. 화장품의 분류
			2. 화장품 제조	1. 화장품의 원료 2. 화장품의 기술 3. 화장품의 특성
			3. 화장품의 종류와 기능	1. 기초 화장품 2. 메이크업 화장품 3. 바디(Body)관리 화장품 4. 방향화장품 5. 에센셜(아로마) 오일 및 캐리어 오일 6. 기능성 화장품

MAKE UP ARTIST
이 책의 차례

머리말	• 003
이 책의 구성 및 학습방법	• 004
미용사(네일) 자격시험 소개	• 005

PART 01 메이크업 개론

1. 메이크업의 이해
- 01. 메이크업의 정의 및 목적 •002
- 02. 메이크업의 기원 및 기능 •003
- 03. 메이크업의 역사(한국, 서양) •004
- 04. 메이크업 종사자의 자세 •011

2. 메이크업의 기초이론
- 01. 골상(얼굴형)의 이해 •012
- 02. 얼굴형 및 부분 수정 메이크업 기법 •015
- 03. 기본메이크업 기법(베이스, 아이, 아이브로, 립과 치크) •021

3. 색채와 메이크업
- 01. 색채의 정의 및 개념 •033
- 02. 색채의 조화 •036
- 03. 색채와 조명 •037

4. 메이크업 기기 · 도구 및 제품
- 01. 메이크업 도구 종류와 기능 •039
- 02. 메이크업 제품 종류와 기능 •042

5. 메이크업 시술
- 01. 기초화장 및 색조화장법 •050
- 02. 계절별 메이크업 •052
- 03. 얼굴형별 메이크업 •055

04. T. P. O에 따른 메이크업　　　　　　　　• 056
　　　05. 웨딩 메이크업　　　　　　　　　　　　• 059
　　　06. 미디어 메이크업　　　　　　　　　　　• 060

6. 피부와 피부 부속 기관

　　　01. 피부구조 및 기능　　　　　　　　　　　• 061
　　　02. 피부 부속 기관의 구조 및 기능　　　　　• 065

7. 피부유형분석

　　　01. 정상피부의 성상 및 특징　　　　　　　　• 068
　　　02. 건성피부의 성상 및 특징　　　　　　　　• 068
　　　03. 지성피부의 성상 및 특징　　　　　　　　• 069
　　　04. 민감성피부의 성상 및 특징　　　　　　　• 070
　　　05. 복합성피부의 성상 및 특징　　　　　　　• 071
　　　06. 노화피부의 성상 및 특징　　　　　　　　• 071

8. 피부와 영양

　　　01. 3대 영양소, 비타민, 무기질　　　　　　　• 073
　　　02. 피부와 영양　　　　　　　　　　　　　　• 077
　　　03. 체형과 영양　　　　　　　　　　　　　　• 078

9. 피부와 광선

　　　01. 자외선이 미치는 영향　　　　　　　　　• 083
　　　02. 적외선이 미치는 영향　　　　　　　　　• 084

10. 피부면역

　　　01. 면역의 종류와 작용　　　　　　　　　　• 086

11. 피부노화

　　　01. 피부노화의 원인　　　　　　　　　　　• 087
　　　02. 피부노화현상　　　　　　　　　　　　　• 087

：출제예상문제　　　　　　　　　　　　　　• 088

PART 02 공중위생 관리학

1. 공중보건학 총론
- 01. 공중보건학의 개념 — 114
- 02. 건강과 질병 — 115
- 03. 인구보건 및 보건지표 — 116

2. 질병관리
- 01. 역학 — 120
- 02. 감염병관리 — 121
- 03. 기생충질환관리 — 130
- 04. 성인병관리 — 131
- 05. 정신보건 — 134
- 06. 이·미용 안전사고 — 136

3. 가족 및 노인보건
- 01. 가족보건 — 138
- 02. 노인보건 — 140

4. 환경보건
- 01. 환경보건의 개념 — 142
- 02. 대기환경 — 144
- 03. 수질환경 — 146
- 04. 주거 및 의복환경 — 148

5. 산업보건
- 01. 산업보건의 개념 — 150
- 02. 산업재해 — 152

6. 식품위생과 영양
- 01. 식품위생의 개념 — 156
- 02. 영양소 — 157
- 03. 영양상태 판정 및 영양장애 — 159

7. 보건행정

01. 보건행정의 정의 및 체계 • **162**
02. 사회보장과 국제 보건기구 • **164**

8. 소독의 정의 및 분류

01. 소독 관련 용어 정의 • **166**
02. 소독기전 • **167**
03. 소독법의 분류 • **167**
04. 소독인자 • **172**

9. 미생물 총론

01. 미생물의 정의 • **173**
02. 미생물의 역사 • **173**
03. 미생물의 분류 • **174**
04. 미생물의 증식 • **174**

10. 병원성 미생물

01. 병원성 미생물의 분류 • **176**
02. 병원성 미생물의 특성 • **177**

11. 소독방법

01. 소독 도구 및 기기 • **178**
02. 소독 시 유의사항 • **179**
03. 대상별 살균력 평가 • **179**

12. 분야별 위생·소독

01. 실내 환경 위생·소독 • **181**
02. 도구 및 기기 위생·소독 • **181**
03. 이·미용업 종사자 및 고객의 위생관리 • **182**

13. 공중위생관리법의 목적 및 정의

01. 목적 및 정의 • **184**

14. 영업의 신고 및 폐업

01. 영업의 신고 및 폐업신고 • 185
02. 영업의 승계 • 185

15. 영업자 준수사항

01. 위생관리 • 186

16. 이·미용사의 면허

01. 면허발급 및 취소 • 187
02. 면허 수수료 • 188

17. 이·미용사의 업무

01. 이·미용사의 업무 • 189

18. 행정지도 감독

01. 영업소 출입검사 • 190
02. 영업 제한 • 190
03. 영업소 폐쇄 • 190
04. 공중위생 감시원 • 191

19. 업소 위생등급

01. 위생평가 • 193
02. 위생등급 • 193

20. 보수교육

01. 영업자 위생교육 • 195
02. 위생교육기관 • 196

21. 벌칙

01. 위반자에 대한 벌칙, 과징금 • 197
02. 과태료, 양벌규정 • 198
03. 행정처분 • 199

22. 법령, 법규사항

    01. 공중위생관리법시행령   • 201
    02. 공중위생관리법시행규칙   • 202

ː 출제예상문제   • 203

PART 03 화장품학

1. 화장품학 개론

    01. 화장품의 정의   • 224
    02. 화장품의 분류   • 225

2. 화장품 제조

    01. 화장품의 원료   • 226
    02. 화장품의 기술   • 231
    03. 화장품의 특성   • 232

3. 화장품의 종류와 기능

    01. 기초 화장품   • 233
    02. 메이크업 화장품   • 236
    03. 바디(Body)관리 화장품   • 239
    04. 방향화장품   • 240
    05. 에센셜(아로마) 오일 및 캐리어 오일   • 242
    06. 기능성 화장품   • 245

ː 출제예상문제   • 248

PART 04 모의고사

- 모의고사 1회 · 262
- 모의고사 2회 · 270
- 모의고사 3회 · 278

: 참고문헌 · 286

PART 01

메이크업개론

1 메이크업의 이해
2 메이크업의 기초이론
3 색채와 메이크업
4 메이크업 기기·도구 및 제품
5 메이크업 시술
6 피부와 피부 부속 기관
7 피부유형분석
8 피부와 영양
9 피부와 광선
10 피부면역
11 피부노화

CHAPTER 01 메이크업의 이해

SECTION 01 메이크업의 정의 및 목적

❶ 메이크업의 정의

1) 사전적 의미의 메이크업
'제작하다, 보완하다'라는 뜻이다.

2) 일반적 의미의 메이크업
화장품이나 도구를 사용하여 얼굴 또는 신체의 장점을 부각하고 결점은 수정 및 보완하여 개성있고 아름답게 꾸미고 표현하는 것이다.

> 17세기 영국 시인 리차드 크라슈(Richard Crashou)가 "여성의 매력을 최대한 높여주는 행위를 메이크업이라 한다."라고 메이크업이라는 용어를 최초로 사용하였다.

❷ 메이크업의 목적

외부의 먼지나 자외선, 대기오염 및 온도 변화에 대해서 피부를 보호하고, 아름다워지고 싶어 하는 기본적인 미화의 목적을 위해 이용되며, 생활의 편의를 도모하고 종족 보존에도 영향을 미치며 궁극적으로는 얼굴의 단점을 보완하고 장점을 부각시키는 것에 있다.

1) 본능적인 목적
개인 또는 종족보존의 본능적인 목적에서 성적 매력을 표현하기 위한 것이다.

2) 실용적인 목적
생활의 편의를 도모하거나 같은 종족임을 표시하여 종족을 보호하고 방어하기 위한 목적이다.

3) 신앙적인 목적
종교적인 의미에서 행해져 오던 것이 메이크업으로 변천된 것이다.

4) 표시적인 목적
어떤 상황을 표시하기 위한 목적에서 시작된 것이 그대로 메이크업으로 정착된 것이다.

SECTION 메이크업의 기원 및 기능

❶ 메이크업의 기원

1) 장식설
인간은 자신의 신체를 아름답게 장식하고 꾸미는 것으로 인해 기쁨과 즐거움을 느끼며, 타인에게 보여주려는 욕망이 매우 강하다. 인간심리의 욕구와 미적 본능의 장식적인 수단에서부터 메이크업이 시작되었다고 보는 장식설은 현재 가장 신뢰성있는 학설로 받아들여진다.

2) 이성 유인설(본능설)
인간은 태어나면서부터 본능적으로 이성에게 매력적이고 아름답게 보이기 위해서 신체를 장식하거나 가꾸는 욕구를 가지고 있다고 보는 학설이다. 메이크업의 시초는 자신의 결점을 고치거나 감추고, 장점을 부각시키도록 노력하는 것에서 시작되었으며, 외적인 아름다움을 표현하고자 하는 본능적 욕구를 충족시키기 위해 인류의 역사와 같이 발전되어 왔다.

3) 종교설
일종의 주술적. 종교적 성격을 띠고 특정한 형태의 의복이나 신체를 장식하거나 신성시하는 색상이나 향에 의미를 부여하여 병이나 잡귀, 악마로부터 자신과 부족을 보호하려는 수단으로 발전되었다는 학설이다.
공식적인 메이크업의 시초로 보고 있는 이집트의 경우 그들이 숭배하는 신의 제단에 가기 위한 청결의식으로 얼굴에 채색을 하고 향수를 뿌렸다고 한다.

4) 보호설
인간은 다른 동물에 비하여 힘이 약할 뿐만 아니라 자연적인 보호 수단을 갖고 있지 못해서 자기 자신을 위험요소로부터 보호하기 위해 위장하거나 은폐시키기 위해 했던 치장이 미화 수단으로 발전했다는 학설이다. 고대 이집트 여성들이 따가운 태양빛을 피하기 위해 눈두덩이에 푸른 색깔을 칠한 것과, 향료를 사용한 것은 벌레들로부터 피부를 보호하기 위함이다.

5) 신분표시설
집단 안의 지위나 계급, 성별, 혹은 기혼과 미혼 등을 구분하여 역할에 따른 위험으로부터 보호를 위해 표시로서 시작되었다고 보는 설이다. 예를 들어 인도 여성이 미간에 붉은 점을 찍어 기혼임을 표시하는 것이다.

② 메이크업의 기능

1) 미화의 기능
제품으로 인하여 외형의 아름다움을 추구한다.

2) 심리적 기능
자신의 사고방식이나 가치추구가 나타나며 인물의 성격이 메이크업에 나타난다.

3) 보호적 기능
자신을 위험요소로부터 보호하기 위해 위장하거나 은폐시키기 위해서이다.

4) 사회적 기능
자신이 사회에서 갖는 지위, 직업, 신분을 표시하고 사회적인 관습도 나타낸다.

SECTION 03 메이크업의 역사(한국, 서양)

① 한국의 메이크업 역사

1) 고조선시대
단군신화에 나오는 쑥과 마늘은 민간에서 널리 행해진 미용처방으로 쑥을 달인 물에 목욕을 하고 마늘을 찧어 꿀과 함께 얼굴에 바르면 기미, 주근깨, 잡티 제거와 미백에 상당한 효과가 있는 것으로 여겨졌고 햇빛을 보지 않으면 흰 피부를 가질 수 있다고 한 것은 당시 흰 피부색을 선호했음을 알 수 있다.

2) 삼국시대

(1) 고구려

얼굴에 하얗게 분을 바르고, 연지로 단장한 뺨과 입술, 다양한 형태로 다듬은 눈썹을 한 여인들의 모습을 통해 기초화장과 더불어 색조화장이 성행했음을 알 수 있다.

> 안악 3호분(安岳3號墳)은 황해남도 안악군에 위치한 고구려 고분군의 일부로 벽화와 비문으로 알려져 있고 제작연도는 357년으로 추정된다.

〈그림 1-1 안악 3호분-묘주부인상〉

(2) 백제

분은 바르되, 연지화장은 하지 않은 엷고 은은하고 세련된 화장을 하였는데 일본에 영향을 주었다.

(3) 신라

영육일치사상(아름다운 육체에 아름다운 정신이 깃든다)의 영향으로 남녀 모두가 자신의 외모와 미에 관심이 높았다. 팥, 녹두를 가루로 내어 세제로 사용하였으며 콩이나 팥의 냄새를 제거하기 위하여 향료를 사용하였다. 머리 손질은 동백이나 아주까리 기름으로 하였고 얼굴에는 분꽃씨 가루나 활석가루 등으로 분을 만들어 물에 개어 발랐으며, 눈썹은 나뭇재를 물에 섞어서 그렸다.

3) 고려시대

화장이 이원화되었는데 여성의 신분과 직업에 따라 분대화장(짙은 화장)과 비분대화장(엷은 화장)으로 나누어진다. 분대화장은 기생 중심의 화장으로 기생의 상징이며 진하고 야한 화장을 '분대'라고 지칭하게 되었다.
비분대화장은 기생의 세련되고 짙은 화장에 비해 여염집 여성의 옅은 화장으로 은은하고 우아한 멋을 내는 자연스러운 화장이다.

4) 조선시대

① 양쪽 뺨에는 연지를, 이마에는 곤지를 찍어 혼례식을 하였다.
② 분화장을 했다.
③ 머릿기름의 사용은 없었으며 밑화장용으로 참기름이 사용되었다.
④ 눈썹은 실로 밀어낸 후 따로 그렸다.

5) 근·현대

(1) 개화기

1916년 박승집이 우리나라 최초의 화장품인 '박가분'을 개발하여 시판하면서 많은 인기를 끌었으나 납 성분 부작용으로 사회적 문제가 되었다. 그 후 납을 사용하지 않은 서가분과 서울분이라는 백분이 등장하였다. 1930년대에 최초의 크림 형태인 '동동구리무'가 등장하였고 방문 판매를 하면서 국민들에게 빠르게 보급되었다.

(2) 1940년대

현대식 화장법의 도입으로 얼굴은 하얗고, 눈썹은 반달모양으로 그려 눈 화장을 강조하였다.

(3) 1950~1960년대

6.25전쟁으로 국내화장품 산업은 위축되고, 밀수화장품이 주도하였다. 기초화장품 사용에 있어서는 콜드크림의 보급으로 윤기가 흐르고 번들거리는 화장법이 유행하였다. 또한 외국영화의 수입으로 '오드리 햅번' 화장의 영향을 받아 피부톤을 밝게 하고 눈썹을 두껍고 진하게 그리고 아이라인을 길게 빼서 그려줌으로써 눈매를 강조했으며 다양한 입술색이 유행하였다.

(4) 1970년대

1971년에는 국내 최초로 메이크업 캠페인이 실시되어 메이크업의 필요성을 부각시키고 색채화장 계몽에 기여하였다. 많은 여성들의 사회진출로 인하여 메이크업이 대중화되었다.

(5) 1980년대

컬러TV의 보급과 매스미디어의 발달로 색채의 사용이 다양해지고 뚜렷해졌다. 또한 교복자율화와 서울올림픽을 기점으로 하여 생활 문화 수준이 향상되면서 각자의 개성을 강조하는 시대가 되었다.

(6) 1990년대

개인 중심의 성향을 보이는 감성세대의 등장으로 생활 패턴의 변화에 따른 화장품에 대한 요구도 고급화·다원화되었다. 특히 패션에 민감한 젊은층은 개성적인 이미지를 표현하기 위하여 색조제품에 높은 관심을 보였다.

(7) 2000년대

자신에게 맞는 화장품을 가격별, 성분별, 타입별로 분석하는 소비자층의 발전으로 화장품시장은 무한한 잠재력을 가지면서 커지고 있고, 다양한 메이크업 방법들이 시도되고 있다.

❷ 서양의 메이크업 역사

1) 이집트 시대

① B.C 3000년경 고대 이집트 시대에 인류 최초의 메이크업에 대한 기록이 남아 있다. 죽은 사람에게 향유 방부제 등을 사용하였는데, 이는 영생을 믿는 종교의식에서 비롯한 주술적 목적이었다.
② 클레오파트라 시대에 이르러 그 절정을 이루었으며 이마나 가슴의 혈관에 청색을 칠해 강조하였다. 눈썹은 검은색 안료(코올 : Kohl)로 검게 칠하였고 주로 녹청색의 아이섀도를 사용했으며 눈은 풍요와 다산을 상징하는 물고기 모양으로 그렸다.
③ 손톱은 식물성 염료인 헤나를 써서 진한 오렌지색으로 물들였으며, 이는 오늘날의 매니큐어와 패디큐어의 기원이 되었다.

2) 그리스 · 로마 시대

(1) 그리스 시대

그리스 여인들은 창백하리만큼 하얀 피부를 선호해 얼굴은 백납분, 석고 백묵으로 칠했으며 눈 화장은 재를 칠했고, 눈썹은 황화안티몬을 발라 검게 강조하였다. 볼과 입술은 식물성 염료나 부드러운 적토에서 추출한 것을 발라 홍조를 띠었지만 색조화장은 거의 하지 않았다.

(2) 로마 시대

목욕탕에서 토론과 사교활동을 즐기면서 공중목욕탕이 번성하였고, 향유, 향수 등을 사용하여 피부를 가꾸는 것이 유행하였다. 흰 피부에 붉은 색조의 화장이 주를 이루었으며, 헤나로 머리를 염색하였다. 갈렌(Galen)은 약학과 본초학을 접목시켜 콜드크림을 만들었다.

3) 중세 시대(4~13세기)

미용문화도 종교의 영향을 받은 시기로, 기독교적 금욕주의로 메이크업이 경시되고 미용행위도 엄격하게 금지하였다.
① 여성들은 흰색과 핑크색의 수성 안료를 사용하여 창백할 정도의 하얀 피부를 표현하였다.
② 섀도나 입술 등 색채의 표현을 자제하였다.
③ 볼이나 입술에 바르기 위한 연지가 사용되었다.

4) 르네상스 시대(14~16세기)

① 신본주의에서 인본주의 사상으로 변환하면서 화장문화에도 다양한 변화가 일어났다.
② 눈썹과 헤어 라인을 깎아 이마를 넓게 보이도록 하였다.
③ 연한 색조로 입술과 뺨을 표현하였다.

④ 눈은 메이크업을 하지 않았다.
⑤ 곱슬곱슬한 빨간 머리가발이나 천으로 머리를 덮는 가발을 사용하였다.

5) 바로크 시대(17세기)

귀족들의 끊임없는 미적 요구로 쾌락과 사치를 추구하였고, 사교를 위해 화장을 하였다. 남자들도 머리를 기르고 장식하였으며 애교점이라 불리는 점(패치, Patch)이 출현하고, 과도한 화장과 가발이 유행하였다.

6) 로코코 시대(18세기)

화려하고 무분별한 화장이 극에 달했다. 여전히 하얀 피부를 찬미하여 피부 화장을 두껍게 하고, 관자놀이 부근은 갈색으로, 입술 주위는 밝은 색조의 화장을 했다. 여성들은 미모를 위해서 납과 수은이 첨가된 화장품들을 사용했다. 청순하고 우아한 로코코 양식으로 인해 여성적 메이크업이 유행했다. 그래서 남녀 모두 가짜 눈썹을 붙였다. 화장법은 남녀 모두 창백할 정도로 분을 많이 바르는 것이 유행하였고 볼과 입술에는 인공적인 붉은 루즈가 유행했다.

7) 근대(19세기)

남녀 모두가 청결과 위생을 중요시하여 비누의 사용이 보편화되었고, 크림이나 로션 등의 사용도 일반화되었다.

8) 1910년대

1916년 산화티타늄이 개발되어 파우더의 품질이 향상되었다. 화장법은 무성영화 시대 최고의 배우였던 '테다바라(Theda Bara)'와 '폴라 네그리(Pola Negri)'가 마스카라를 발라 눈매를 더욱 신비롭고 그윽하게 표현하여 관능적인 매력을 나타내면서 일반인들에게도 튜브형 검은 펜슬로 눈썹을 가는 일자형으로 그리고, 눈 주위에 강하게 음영을 넣는 메이크업이 유행했다.

〈그림 1-2 폴라 네그리(Pola Negri)〉

9) 1920년대

인공적인 메이크업이 확산된 시기로 클라라 바우(Clara Bow)와 글로리아 스완슨(Gloria Swanson)의 메이크업이 유행하였다.

〈그림 1-3 클라라 바우(Clara Bow)〉

10) 1930년대

경제적 침체라는 어두운 현실에서 도피적인 태도를 보이는 낙천주의가 확대되었으며, 그레타 가르보(Greta Garbo)의 메이크업이 유행하였다. 그레타 가르보는 눈썹을 한 올 한 올 정교하게 뽑아 가늘고 둥근 아치형으로 그렸으며, 눈 뼈 부분의 하이라이트는 강조하고 검은색과 흰색으로 음영이 강조되도록 아이 홀은 움푹 꺼진 눈을 강조하였다. 1930년대 후반에는 자외선 차단제가 개발되었다.

〈그림 1-4 그레타 가르보(Greta Garbo)〉

11) 1940~1950년대

1940년대는 2차 세계대전으로 밀리터리 룩이 유행하였으며 강인한 이미지를 선호하였다. 컬러영화의 제작으로 다양한 색조 제품과 팬케이크가 개발되고 리타 헤이워드(Rita Heyworth)와 잉그리드 버그만(Ingrid Bergman)의 메이크업이 유행하였다. 1950년대는 산업화가 촉진되면서 소비가 증가되어 패션산업이 발달했다. 케이크형 콤팩트 파우더가 유행하였으며, 오드리 햅번(Audrey Hepburn), 마릴린 먼로(Marilyn Monroe) 등의 메이크업이 유행하였다.

12) 1960년대

미에 대한 기존의 가치개념 변화와 함께 메이크업은 사회구성원에 따라 다양하게 등장하는 미의 표출 수단으로 새롭게 등장하였다. 입술과 눈썹의 색상을 최대한 흐리게 표현하고 눈을 강조했다. 눈꺼풀에는 두꺼운 선을 그리고 하이라이트도 주었으며, 인조눈썹도 이중삼중으로 사용했다. 트위기(Twiggy)의 메이크업이 유행하였다.

〈그림 1-5 트위기(Twiggy)〉

13) 1970~1980년대

1970년대는 펑키 스타일, 집시 스타일, 메탈 룩 스타일, 페미닌 스타일, 아방가르드 스타일 등 다양한 스타일이 공존하였고, 1980년대는 화려하면서 강한 이미지의 메이크업이 유행하였다. 두껍고 강한 눈썹과 선명하고 빨간 입술 등 눈과 입을 모두 강조하였다.

14) 1990년대

10대에서 20대 초반 연령대를 중심으로 누드메이크업이 유행하였다. 누드 메이크업은 내추럴 메이크업보다 더 자연스럽게 메이크업을 하지 않은 듯한 느낌이 들 정도로 피부의 투명감을 살리고, 아이 메이크업은 화이트 컬러를 이용하여 신비스럽고 깨끗한 이미지를 강조하고 입술화장은 립글로스만 사용하여 질감만 주는 스타일이 인기를 끌었다.

15) 21세기

획일화된 경향보다는 매체를 통해 제공되는 정보 속에서 각기 자신만의 어울리는 테마와 타입, 색상으로 트렌드를 만들어 가려는 시도가 계속되고 있다.

SECTION 메이크업 종사자의 자세

❶ 매장 관리 및 위생 관리

1) 매장 관리
① 메이크업 매장 경영자의 자격증 및 면허증을 벽면에 걸어 두도록 한다.
② 실내 분위기가 안정되고 편안한 느낌이 들도록 부드러운 계열의 색을 사용한다.
③ 냉·난방 시설과 조명시설이 잘 되어 있어야 한다.
④ 환기가 잘 되어야 한다.

2) 위생 관리
① 메이크업 아티스트로서 단정한 복장과 헤어스타일을 유지하며, 과하지 않은 자신만의 개성 연출을 표현한 모습이 필요하다.
② 손으로 하는 작업이므로 손이나 손톱을 항상 짧고 청결하게 해야 한다.
③ 화려하거나 관리 시 불필요한 장신구는 피하도록 한다.

❷ 종사자의 자세

1) 작업시간의 준수
제한된 시간 내에 메이크업을 마쳐야 하고, 고객을 만족시킬 수 있는 메이크업 전문지식과 기술을 갖추어야 한다.

2) 고객의 의사 존중
메이크업 아티스트는 고객에게 하고자 하는 메이크업에 대한 충분한 설명과 트렌드 제안을 할 수는 있으나, 메이크업의 소재는 고객의 신체이므로 고객의 의사를 존중하여야 한다.

3) 제품의 정확한 사용
메이크업 아티스트가 메이크업을 제공하는 소재는 고객의 신체이므로 도구, 기구, 화장품 및 제품의 정확한 사용과 주의를 요한다.

4) 소재 변화에 따른 미적 효과의 고려
메이크업 아티스트는 고객의 연령, 직업 환경, 의상 등에 따른 변화와 미적 효과를 고려하여야 한다.

CHAPTER 02 메이크업의 기초이론

SECTION 01 골상(얼굴형)의 이해

사람의 얼굴형은 원칙적으로 달걀형, 둥근형, 장방형, 사각형, 삼각형, 역삼각형, 마름모꼴형의 7가지로 나눌 수 있다. 이러한 얼굴형들 중 가장 이상적인 모양인 달걀형의 인상에 가깝게 해서 아름답게 보이도록 하는 것이 메이크업인데, 이는 색조의 농도와 선의 방향 등에 따라서 생기는 착각을 이용하는 것이다.

1 달걀형

① 이마가 턱보다 약간 넓은 달걀형은 이상적인 얼굴형이어서 얼굴 윤곽을 따로 수정할 필요가 없기 때문에 광대뼈 부근에 둥글게 터치하는 정도면 된다.
② 진하지 않게 부드러워 보이도록 블러셔를 사용하는 것이 포인트이다.

〈그림 1-6 달걀형〉

2 둥근형

① 달걀형에 가깝게 하기 위해서는 옆얼굴을 진하게 하여 옆 부분이 축소되어 보이도록 하는 것이 좋다.
② 투명감이 높은 가루분을 이용하여 누르듯이 발라 화장이 흐트러지는 것을 막는다.
③ 얼굴의 중심인 콧날을 높게 보이고, 눈썹 밑에 그림자를 만들기 위해서 아이섀도를 사용한다.

④ 볼연지는 뺨을 비스듬히 밑으로 내려 어두운 색조의 색을 골라 입술을 향해 날카롭게 넣고, 가운데가 높고 단정한 인상을 만든다.
⑤ 곡선을 살려 메이크업을 하되 같은 계열의 색조 화장으로 세련미를 표현한다.

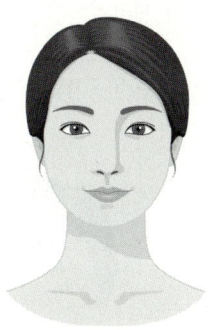

〈그림 1-7 둥근형〉

❸ 장방형(긴 얼굴)

① 이마와 상악의 아랫부분을 진하게 표현하고 관자놀이의 눈꼬리와 귀 밑으로 이어지는 부분을 특히 밝게 표현하며 눈썹은 일자로 그리되 살짝 빗겨 올라가도록 그린다.
② 눈썹은 회색 눈썹연필을 이용하고, 눈은 수평선에 가까운 인상으로 아이라이너를 사용한다.
③ 볼 화장은 밝은 핑크 톤을 광대뼈를 중심으로 폭넓게 발라준다.
④ 입술화장도 약간 밝은 색조가 바람직하다.

❹ 사각형

① 파운데이션은 약간 어두운 색을 골라 바르며, 턱 언저리는 더욱더 어두운 색조를 사용해서 정리해 준다.
② 이마의 각진 부분은 두발형으로 감춰주는 것이 좋다.
③ 눈썹은 크게 활모양을 만들어 둥근 느낌을 연출한다.
④ 둥근 느낌이 드는 풍만한 입술로 표현해준다.

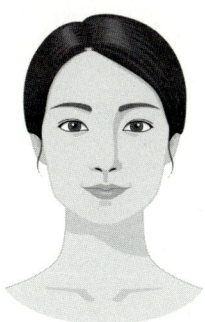

〈그림 1-8 사각형〉

5 삼각형

① 좁은 이마와 넓은 턱을 가진 얼굴형이다.
② 이마는 머리카락이 난 언저리를 감추고, 턱뼈를 감추기 위해서는 사이드 선으로 턱을 커버하도록 해준다.
③ 눈썹에서부터 코끝, 입술에 걸쳐서 브이(V)자 인상이 나도록 눈썹, 아이섀도, 입술모양에 주의해서 정리해 준다.

〈그림 1-9 삼각형〉

6 역삼각형

① 얼굴의 폭 자체는 넓지만 뺨에서 턱에 걸친 선이 홀쭉하고 가냘픈 모양의 얼굴형이다.
② 이마의 양쪽 끝과 턱의 끝부분을 진하게, 뺨 부분을 엷게 화장하면 가장 잘 어울린다.
③ 볼(뺨)을 밝게 표현하여 화장한다.
④ 입술은 작아 보이게 표현하고, 밝은색으로 마무리한다.

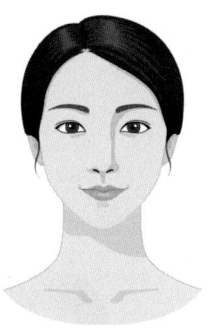

〈그림 1-10 역삼각형〉

7 마름모형

① 위와 아래가 좁고 가운데가 넓은 형태의 얼굴로 몸이 마른 사람에게서 흔히 볼 수 있는 얼굴형이다.
② 턱의 양쪽과 이마 양옆에 하이라이트를 넣어 넓어 보이도록 하고 양쪽 광대뼈 부분에는 짙은 색으로 화장한다.
③ 눈을 크게 보이도록 화장하는 것이 효과적이다.

〈그림 1-11 마름모형〉

SECTION   얼굴형 및 부분 수정 메이크업 기법

시간(Time), 장소(Place), 목적(Object)에 따라 화장을 다르게 하는 것으로 메이크업 효과를 극대화하기 위해서는 전체적인 코디네이션이 매우 중요하다. 특히 얼굴은 첫인상을 좌우하므로 메이크업으로 단점은 커버하고 장점을 돋보이게 하는 것이 좋다. 단점을 메이크업으로 수정하는 기법을 알아보도록 한다.

1 얼굴형 수정 메이크업 기법

결점 커버는 컨실러(Concealer)로 해결한다. 얼굴의 기미나 주근깨와 같은 눈에 띄는 잡티는 컨실러를 이용하여 부분적으로 해결한다. 먼저 파운데이션을 얇게 펴 바른 뒤 커버해야 할 부분에 컨실러를 중점적으로 바르고 나머지를 손가락으로 잘 펴 발라 그러데이션(Gradation)시키면 적은 양의 파운데이션과 컨실러로 결점을 완벽하게 커버할 수 있다.

1) 둥근형

나이에 비해 어려 보이는 편이나 치크(Cheek)의 면적이 크기 때문에 이목구비가 예뻐도 둔해 보일 수 있다. 얼굴은 길어 보이도록 옆을 축소시키는 화장을 하는 것이 적합하다. 뺨 부분을 진하게 하고 이마와 턱은 엷게 하여야 한다. 밝은색 컨실러를 이용해 T존 부위와 눈 밑에 하이라이트를 주면 콧날이 날카롭게 보이면서 입체감이 생겨 볼이 수축되어 보인다. 우아한 아치형의 눈썹보다는 일자형이나 치솟은 듯한 샤프한 분위기로 그려주고 아이섀도(Eye Shadow)는 사선적인 느낌으로 색감을 주어 눈꼬리 쪽으로 시선이 가도록 한다.

2) 장방형(긴 얼굴)

아이섀도는 눈꼬리 쪽으로 포인트를 주고 아이라인도 눈꼬리 쪽으로 길게 빼서 그리도록 한다. 이마의 상부와 턱의 하부를 짙게 하며 옆으로 확대시키기 위해 볼 부분을 엷게 화장하면 얼굴 길이가 짧아 보여 귀여운 인상으로 변한다.

3) 사각형

눈썹은 크게 활 모양으로 그려준다. 눈썹의 모양을 둥근 느낌으로 만들면 가장 효과적이다. 아이섀도는 눈꼬리 쪽을 강조하지 말고 부드럽게 음영을 주면서 자연스럽게 그러데이션을 해준다. 광대뼈에서 턱 끝을 향해 길게 블러셔를 그려주면 턱이 둥글게 보인다. 입술은 둥근 느낌이 드는 풍만한 입술로 표현해 준다.

4) 역삼각형

이마의 양끝과 턱의 끝부분을 진하게 하고, 얼굴 부분을 엷게 화장하는 것이 가장 잘 어울린다. 턱 부분에 살이 없으므로 전체적으로 볼륨감을 주어 수정한다. 눈썹은 길게 그려주는데, 눈썹의 2/3 지점에서 바깥쪽을 향해 꺾어서 갈매기처럼 완만한 곡선으로 그려준다. 아이라인은 눈 길이보다 길게 그리되 아래 라인은 그리지 않는다.

5) 삼각형

좁은 이마와 넓은 턱의 얼굴형으로 이마를 넓어 보이게 하며 얼굴을 길어 보이게 하는 화장법이 적합하다.

6) 마름모형

양 협골과 턱 부분을 진하게 하고 이마 부분을 엷게 한다. 눈썹은 기본선보다 중심 쪽으로 옮겨 그리거나 일자형의 정지선으로 그리면 얼굴이 짧아 보인다. 아이섀도는 눈꼬리 쪽으로 포인트를 주고 아이라인도 눈꼬리 쪽으로 길게 빼서 그리도록 한다.

❷ 부분 수정 메이크업 기법

1) 작은 눈 커 보이게 하는 메이크업

눈가에 입체감을 주는 아이섀도, 눈을 선명하게 만들어 주는 아이라인, 그리고 눈을 넓게 보이게 하는 마스카라, 이 3개의 메이크업 제품으로 원래 지니고 있는 눈의 장점을 최대한으로 돋보이게 하는 것이 아이 메이크업의 목적이다. 아이 메이크업을 제대로 하면 눈이 커 보인다.

(1) 아이섀도로 큰 눈 만들기

아이섀도는 눈꺼풀의 돌출된 부분과 들어간 부분에 음영을 주어 입체감을 주는 역할을 한다. 작은 눈은 갈색 계열의 섀도를 전체에 발라 눈이 들어가 보이도록 하면 눈이 커 보이게 하는 효과를 줄 수 있다.

(2) 아이라인으로 큰 눈 만들기

눈의 라인은 다시 말해 눈의 틀로 이것이 선명하지 않으면 눈 전체의 인상이 희미해져 눈이 작아 보인다. 또한 눈의 아래쪽에만 라인을 그릴 경우에는 라인을 그리지 않은 것보다 눈이 작아 보일 수 있으니 주의해야 한다.

(3) 마스카라로 큰 눈 만들기

마스카라는 속눈썹의 색깔도 진하게 하고 더 길게 만들어 줌으로써 눈이 커 보이게 한다. 특히 마스카라를 칠해서 속눈썹을 강조하면 속눈썹이 눈의 위아래 방향을 가리키는 화살표 같은 역할을 하기 때문에 눈이 커 보이는 것이다.

2) 눈썹, 볼, 입술 메이크업 테크닉 응용

눈썹이 너무 두꺼우면 눈의 인상을 지워버리고 너무 얇으면 눈 화장의 효과를 약하게 만든다. 따라서 눈썹을 적당한 두께로 조절하고 눈썹에 브라운 컬러의 마스카라로 색을 넣는다. 입술은 베이지 계열의 투명한 화장에다 립글로스나 펄 라인으로 반짝임을 준다. 이렇게 만든 누드 톤의 입체감 있는 도톰한 입술이 가장 이상적이다.

(1) 눈썹

브라운 마스카라로 물들여서 눈을 강조한다. 두껍고 색이 너무 짙으면 눈 자체의 인상을 약하게 만든다. 눈썹을 자연스러운 두께로 다듬어 준 뒤 브라운 계열의 마스카라를 가볍게 발라 눈썹 칼라의 톤을 낮춘다.

(2) 입술

누드 컬러로 자연스러운 메이크업을 한다. 베이지 계열의 립스틱으로 자연스럽게 표현하고 립글로스를 더해 투명하면서도 도톰하게 표현한다.

> **립스틱 선택방법**
> ① 계절, 연령, 장소 등을 고려한다.
> ② 전체적인 메이크업과 조화를 이루어야 한다.
> ③ 젊은층은 밝고 화사하게 표현한다.
> ④ 직장 여성은 너무 진한 색보다 깔끔하고 단정해 보이게 한다.

3) 얼굴이 작아 보이는 메이크업

(1) 피부 톤 만들기

피부 톤은 한 단계 진하게 연출한다. 진한 색은 수축되어 보이므로 원래 피부보다 어두워지면 착시효과를 내어 얼굴이 작아 보인다. 단, 지나치게 진하면 칙칙해 보일 수 있으므로 주의한다. 검은 얼굴을 화장할 때에는 피부의 투명도를 높이는 것이 중요하고, 어두운 계열의 화장품을 사용한다.

① 메이크업 베이스를 얇게 펴 바른다.

메이크업 베이스를 너무 많이 바르게 되면 미끈거려서 파우더나 파운데이션이 뭉치고 밀리게 된다. 피부 상태가 밀리지 않고 촉촉한 상태가 되도록 얇게 펴 발라준다.

② 파운데이션은 한 단계 진한 색을 사용한다.

파운데이션은 본인 피부보다 한 단계 진한 색을 사용하여 얼룩지지 않도록 발라준다. 퍼프(Puff)를 이용해 가볍게 두드리듯 발라주면서 특히 얼굴과 목의 경계 부분에도 얇게 펴 발라 피부색이 불균형해 보이지 않도록 한다.

(2) 파우더(Powder) 이용하기

파우더 역시 얼굴에 입체감을 주는 중요한 역할을 한다. 어두운 색과 밝은색을 조화 있게 잘 사용하도록 한다.

① 밝은색 파우더로 하이라이트를 준다.

큰 브러시로 이마 가운데 부분부터 콧방울까지(T존 부위) 밝은색 파우더를 발라서 코가 오똑해 보이도록 한다.

② 블러셔(Blusher)로 얼굴에 활기를 준다.

광대뼈에서 관자놀이까지 블러셔를 타원형으로 발라주어 얼굴에 화사함을 더해준다. 블러셔를 너무 진하게 넣으면 얼굴의 윤곽이 강조되므로 큰 브러시(Brush)를 이용해 가볍게 발라준다.

③ 큰 퍼프로 얼굴을 정돈한다.

손바닥 크기의 퍼프에 살색 파우더를 묻혀 얼굴 전체에 누르듯 발라준다. 이때 퍼프를 문지르며 바르게 되면 하이라이트와 셰이딩이 먼저 번지게 되므로 가볍게 두드리듯이 발라준다.

(3) 아이 메이크업하기

아이라이너(Eye Liner)와 아이섀도, 아이래시 컬러(Eyelash Color), 마스카라(Mascara)를 이용해 눈을 크고 뚜렷하게 연출한다.

① 눈썹은 자연스럽고 도톰하게 그려준다.

눈썹 산의 위치는 눈초리와 눈동자 사이에 오는 것이 좋다. 눈썹 산에서 눈썹 꼬리까지 브라운 계열 펜슬로 그려주되 꼬리에 가까워질수록 눈썹을 가늘고 다소 길게 그려준다. 눈썹과 눈썹의 간격이 너무 넓으면 얼굴이 넓어 보이므로 눈머리 바로 위에서 시작하도록 한다.

② 눈매를 크고 뚜렷하게 한다.

눈머리에서 눈꼬리까지 아이라인으로 속눈썹 사이에 메워 주면서 길게 그린다. 눈꼬리 부분에서 실제보다 2~3mm 정도 길게 그려 끝을 살짝 올려준다. 눈꼬리 부분은 약간 굵게 그린 후 자연스럽게 보이도록 면봉으로 펴 준다. 속눈썹은 아이래시 컬러를 이용해 확실하게 올려준다. 아이래시 컬러를 쓸 때는 속눈썹을 다 올린다고 생각하지 말고 3~4번에 걸쳐 올려준다.

(4) 립 메이크업

① 립 라이너(Lip Liner)를 사용한다.

입술산은 뾰족하게 그리지 말고 둥글게 윤곽을 잡아 도톰하고 커 보이도록 한다. 윗입술의 입가 라인은 둥글리지 말고 입술라인을 따라 그대로 그린다. 이 부분의 라인이 지나치게 높으면 입가가 오히려 처져 보인다.

② 피부색과 자연스럽게 어울리는 립스틱을 바른다.

립스틱 색상은 밝고 건강해 보이는 핑크나 베이지 계열을 선택하여 브러시로 윤곽을 그린다. 붉은색 립스틱은 어떠한 피부색이나 의상에도 무난하게 잘 어울린다. 티슈로 유분기를 닦아 낸 후 립글로스(Lip Gloss)를 발라주면 부피감도 생기면서 신선해 보일 수 있다.

4) 입술형에 따른 결점 커버 메이크업

(1) 주름이 많은 입술

펄 립스틱은 피하고 립글로스를 발라 주름이 보이지 않게 한다.

(2) 작고 얇은 입술

본래 윤곽보다 약간 밖으로 그리거나 아랫입술을 크게 그린다.

(3) 두꺼운 입술

본래 입술선보다 약간 안쪽으로 그려 축소된 느낌을 준다.

(4) 흐릿한 입술
립 라이너로 또렷하게 입술선을 그리고 진한 컬러의 립스틱을 발라주면 얼굴이 확 살아 보인다. 이때 립 라이너와 립스틱이 경계 지지않도록 브러시로 잘 펴 발라 자연스럽게 마무리한다.

(5) 구각(입의 양쪽 끝)이 처진 입술
입술 양끝을 위로 그려 구각을 끌어 올려 커버한다.

(6) 입술 선을 수정 화장할 경우
입술선보다 1mm 범위 내에서 크게 또는 작게 그린다.

5) 코의 모양에 따른 코 메이크업

(1) 낮은 코
코의 양쪽 옆면을 세로로 색이 진하게, 콧등은 색이 엷게 화장한다.

(2) 높은 코
코 전체에 진한 색을 펴 바르고 양측 면에 옅은 색을 바른다.

(3) 둥근 코
양 콧방울에 진한 색을 펴 바르고, 코끝에 엷은 색을 펴 바른다.

(4) 큰 코
다른 부분보다 코의 전체를 색이 진하게 펴 바른다.

6) 메이크업에서 컬러의 이미지
① 산뜻한 이미지 : 청색
② 건강한 이미지 : 오렌지색
③ 세련된 이미지 : 회색이나 갈색
④ 귀여운 이미지 : 핑크색
⑤ 고귀함과 위엄을 나타내는 이미지 : 자주색

SECTION 기본메이크업 기법(베이스, 아이, 아이브로, 립과 치크)

1 베이스 메이크업(Base Makeup)

1) 정의
피부를 외부의 자극으로부터 보호하며 피부의 색이나 질감을 다듬고 얼굴에 입체감을 부여하며 피부의 결점을 커버함으로써 얼굴을 아름답게 만드는 화장품

2) 사용 목적
① 피부 외관의 색상을 조절하고, 피부의 결점을 커버하고 보완한다.
② 피부에 막을 형성하여 수분 증발을 막아주고 파운데이션이 피부와 밀착되도록 한다.
③ 파운데이션의 퍼짐성과 밀착성을 높여 화장의 지속력을 높여주고 들뜨는 것도 막아준다.
④ 자외선과 외부자극으로부터 피부를 보호한다.

3) 제품의 종류

(1) 리퀴드 파운데이션(Liquid Foundation)
오일량이 10% 정도로 가벼운 사용감이 있으며 손쉽게 피부결점을 커버할 수 있다. 또한 산뜻한 사용감이 있어 여름철에 사용하면 효과적이다. 수분함유량이 많아 피부에 발랐을 때 부드럽고 퍼짐성이 우수하므로 피부에 결점이 별로 없는 경우에 사용하면 좋다.

(2) 크림 파운데이션(Cream Foundation)
크림에 안료가 균일하게 분산되어 있는 형태로 피부색을 조절해주는 효과가 커서 기미, 주근깨 등 잡티가 많은 피부에 적합하다.

(3) 파우더 파운데이션(Powder Foundation)
안료에 오일을 스프레이하여 흡착시킨 후 압축하여 고형으로 만든 것으로 함유된 오일의 양은 10~15% 정도이며 얇게 발라지고 가벼운 느낌을 준다.

(4) 트윈 케이크(Twin Cake)
마른 스펀지는 물론 젖은 스펀지를 사용해도 메이크업이 가능하기 때문에 붙여진 이름으로 친유 처리한 안료가 배합되어 있어 뭉침이 없고 땀에 의해 쉽게 지워지지 않는다.

(5) 스킨 커버(Skin Cover)
안료를 오일과 왁스에 골고루 혼합 분산시킨 것으로, 유사한 제형으로는 커버 스틱(Cover Stick)과 컨실러(Concealer) 등이 있다. 스킨 커버는 배합된 오일과 왁스의 양이 50~60% 정도로 파운데이션 중에서 가장 많고 물기가 적어서 부드러운 느낌이 없다.

4) 베이스 메이크업의 색상

(1) 보라색
동양인의 피부에 적당하며 노란색을 띠는 피부의 톤을 밝게 한다.

(2) 핑크색
혈색이 없고 창백한 피부에 사용한다.

(3) 초록색(파란색)
색상 조절 효과가 크기 때문에 여드름 자국 등 붉은 기운의 잡티가 많거나 모세혈관이 확장되어 붉게 보이는 피부에 사용하면 깨끗한 피부 표현을 할 수 있다.

(4) 파란색
붉은 피부나 기미, 주근깨 등의 잡티가 많은 피부에 적당하다.

(5) 노란색
검고 칙칙한 피부에 사용한다.

(6) 흰색
어둡고 칙칙한 느낌이 드는 피부에 사용한다.

(7) 오렌지색
선탠(Suntan)한 듯 건강한 피부색을 표현하고 싶을 때나 검은 피부에 사용한다.

5) 사용방법
① 양을 너무 많이 바르면 오히려 파운데이션이 밀려서 뭉칠 수 있으므로 소량을 양볼, 이마, 코, 코, 입, 턱 등 얼굴 전체에 균일하게 펴 바른다.
② 피부 결을 따라 안에서 밖으로 바른다.
③ 스펀지나 약지 손가락으로 펴 바른다.

❷ 아이 메이크업(Eye Makeup)

1) 정의
눈 주위에 바르는 것으로 눈의 결점을 커버하고, 눈 부위를 또렷이 하며, 눈을 더욱 생동감 있고 아름답게 표현해 주는 메이크업

2) 눈 형태에 따른 화장법

(1) 눈이 작은 경우

눈 앞쪽부터 아이라인을 그린 다음 눈 꼬리부분에 어두운 색상으로 포인트를 넓게 해 준다. 눈꼬리 윗부분에 아이섀도를 강하게 칠한다.

(2) 눈이 큰 경우

본래 눈이 크기 때문에 아이라인을 눈 전체에 그리지 말고 속눈썹에 바짝 붙여 라인을 그려준 다음 언더라인도 ⅓ 정도에서 그러데이션하고 아이섀도는 진한 색보다는 자연스러운 색으로 발라준다.

(3) 쌍꺼풀이 없는 눈

눈을 정면으로 바라보게 한 뒤 쌍꺼풀 두께만큼 포인트 색을 다소 두껍게 표현한다.

(4) 눈이 움푹 들어간 눈

따뜻한 색상의 아이섀도나 밝은색으로 눈두덩을 펴준 다음 펄이 들어있거나 광택이 들어 있는 아이섀도를 발라준다.

(5) 지방이 많고 부어 보이는 눈

붉은 계열의 아이섀도나 펄이 들어있는 아이섀도는 피하고 겨자색이나 어두운 밤색 계열로 눈 전체를 자연스럽게 펴 바른 다음 포인트부터 그러데이션해 준다.

(6) 눈과 눈 사이가 넓은 경우

눈 앞머리 부분에 포인트를 주면 눈 간격이 좁아 보이므로, 눈 앞머리의 아이라인을 약간 앞쪽으로 빼준다.

(7) 눈과 눈 사이가 좁은 경우

눈꼬리 부분에 포인트를 넣어주고 눈 앞머리는 밝게 해 준다.

(8) 눈꼬리가 내려간 경우

아이라인을 본래의 눈꼬리에서 약간 올라가게 그리고 아이섀도를 올려서 펴준다.

(9) 눈꼬리가 올라간 경우

아이라인을 본래의 눈꼬리에서 약간 내려서 그리고 언더라인 쪽으로 포인트를 주어 그러데이션을 충분히 내려준다.

3) 아이라인(Eye Line)

속눈썹을 따라 눈꺼풀에 가는 선을 그리고 눈의 윤곽을 또렷하게 하여 눈을 보다 매력적으로 연출하는 데 사용된다. 아이라인은 눈썹과 함께 그 사람의 성격과 개성을 표현하는 데 가장 중요한 역할을 하며 눈 모양의 수정을 가장 효과 있게 표출시켜 준다.

(1) 아이라인의 종류

① 펜슬 타입(Pencil Type)
자연스러운 아이라인을 표현할 때 가장 보편적으로 쓰인다.

② 리퀴드(액상) 타입(Liquid Type)
잘 번지지 않으며 선명하게 표현할 수 있고 지속성이 우수하다. 강한 눈매를 표현하기에 적당하고 사용하기에 간편하다.

③ 케이크 타입(Cake Type)
전문가용으로 많이 사용되고 또렷한 눈매를 연출하기에 적합하다. 물이나 스킨에 풀어 써야 하는 번거로움이 있지만 번들거림이 없다.

4) 아이섀도(Eye Shadow)

(1) 아이섀도의 명칭

① 베이스 컬러
섀도의 색감을 살릴 수 있는 가장 명도가 맑은 색을 선택하여 눈두덩 전체에 고르게 바른다.

② 포인트 컬러
눈매를 강조하기 위해 바르는 컬러로 강한 색감을 살려 선명하게 표현하며 어느 부위에 표현하느냐에 따라 다양한 이미지를 연출할 수 있다.

③ 메인 컬러 / 섀도 컬러
눈 화장의 분위기를 좌우하는 컬러로 아이 홀 부분에 자연스럽게 그러데이션한다.

④ 하이라이트
돌출되어 보이고자 하는 부위에 발라준다(눈썹 뼈 부분).

⑤ 언더 컬러
메인 컬러 또는 포인트 컬러와 동일한 색으로 눈 밑에 표현하여 전체적인 조화를 이루게 한다.

(2) 아이섀도 테크닉

① 브러시에 섀도를 묻힌 후 손등에서 양을 조절한다.
② 한꺼번에 많은 양을 바르지 말고 조금씩 여러 번 덧발라 색상을 표현한다.
③ 밝은색부터 어두운 색 순으로 표현한다.
④ 혼합되는 색상의 경우 경계선을 없앨 때까지 자연스럽게 펴 발라 준다.
⑤ 섀도 가루가 다른 부분에 날리거나 색상이 혼합되지 않도록 한다.

(3) 아이섀도 색상 선정

① 의상과 동색 계열 또는 조화되는 색 선택
② 의상의 질감과 조화되는 색 선택
③ 피부색에 맞게 선택
④ 눈의 형태에 따라 선택
⑤ 계절 감각에 어울리는 색 선택
⑥ 색의 감정 효과에 따라 선택
⑦ 전체적인 메이크업 분위기에 맞게 선택

(4) 포인트에 따른 이미지

① 눈 앞머리 쪽에 포인트를 준 경우
   양미간이 넓은 사람이나 올라간 눈에 효과적이다.

② 눈 중앙에 포인트를 준 경우
   검은 눈동자를 기준으로 그 위쪽에 포인트를 주는 방법으로 눈이 둥글게 보인다. 눈매가 날카로운 사람에게 잘 어울린다.

③ 눈꼬리 쪽에 포인트를 둔 경우
   얼굴을 원심적으로 바꿔주므로 시원한 분위기를 느끼게 해준다.

❸ 아이브로 메이크업(Eyebrow Makeup)

1) 사용 목적

① 얼굴에서 가장 먼저 보이는 것이 눈썹이므로 얼굴 전체의 이미지를 쉽게 변화시킨다.
② 전체적인 얼굴 수정 효과가 가능하다.
③ 다양한 자신의 개성 창출이 용이하다.

2) 눈썹 정리용 도구

(1) 수정가위 컷(Scissors Cut)

불필요한 눈썹이나 지저분한 곳을 깨끗이 잘라줄 때 사용한다.

(2) 눈썹정리 칼(Shaving)

본인의 얼굴형에 맞는 눈썹 모양으로 정리해 주는 것으로, 본인이 직접하는 것보다 타인에게 맡기는 것이 안전하다.

(3) 눈썹 족집게(Tweezers)

본인의 얼굴형에 맞는 눈썹을 혼자서 정리할 수 있다.

3) 눈썹 수정 방법

① 눈썹을 수정하기 전에 눈썹 수정에 필요한 도구를 준비한다.
② 눈썹 브러시를 이용해 눈썹 털이 난 방향으로 빗어준다. 그렇게 하면 눈썹이 난 형태가 드러나기 때문에 수정이 쉽다.
③ 눈썹연필과 눈썹용 브러시를 이용하여 자신의 얼굴형에 어울리는 눈썹형을 만들어 준다.
④ 족집게를 이용해 눈썹을 수정할 때는 눈썹형을 정한 다음 눈썹연필로 그리고 눈썹 라인을 벗어난 눈썹은 안쪽에서 바깥쪽으로 족집게를 이용해 뽑는데 자주 거울을 보면서 하는 것이 좋다. 눈썹이 시작되는 부분이나 눈썹 아래의 곡선이 너무 날카롭거나 모가 나지 않도록 주의한다.
⑤ 눈썹 빗으로 빗은 다음 눈썹가위로 눈썹길이를 고르게 정리한다.

4) 눈썹의 기본 위치

일반적으로 어떤 얼굴이라도 잘 어울리는 눈썹을 '표준눈썹'이라고 하며, 눈썹의 기본 위치는 그림과 같다.

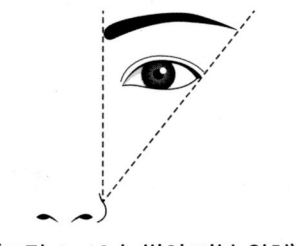

〈그림 1-12 눈썹의 기본 위치〉

(1) 눈썹 머리

눈머리와 콧방울을 일직선이 되는 곳에서 눈 앞머리보다 약간 앞쪽이 되도록 한다.

(2) 눈썹 꼬리

눈썹의 끝은 눈썹 앞머리보다 처지지 않도록 하고 눈썹 꼬리는 콧방울과 눈 끝을 지나는 45° 각도 지점에서 끝낸다.

(3) 눈썹 산

① 눈의 검은 동자 바깥쪽을 직선으로 올렸을 때의 위치로 눈썹의 가장 높은 부위를 말하는데, 눈썹 산의 표준 형태는 전체 눈썹의 1/3에 위치하는 것이다.
② 눈썹 산이 전체 눈썹의 1/2 되는 지점에 위치해 있으면 볼이 넓게 보이게 된다.

5) 눈썹 모양에 따른 이미지

(1) 표준눈썹

귀엽고 발랄한 이미지의 눈썹이며, 어느 얼굴형이나 잘 어울린다.

〈그림 1-13 표준눈썹〉

(2) 수평상 눈썹

남성적인 느낌의 눈썹으로 젊고 생기 있게 보이며 긴 얼굴을 짧게 보이게 할 때 효과적이다.

〈그림 1-14 수평상 눈썹〉

(3) 화살형 눈썹(올라간 눈썹)

야성적이며 개성 있는 동적인 느낌이며, 둥근 얼굴이나 턱이 각진 얼굴에 어울린다. 지적인 느낌을 주며 눈이 조금 작아 보인다. 표준형보다 조금 짧게 그려준다.

〈그림 1-15 화살형 눈썹〉

(4) 아치형 눈썹

우아하고 여성적이며 노숙한 느낌을 주며, 이마가 넓은 역삼각형, 삼각형 얼굴, 마름모형에 어울린다. 그릴 때는 전체적으로 눈썹 산을 많이 올린다.

〈그림 1-16 아치형 눈썹〉

(5) 갈매기형 눈썹(각진 눈썹)

단정하고 세련된 느낌을 주며 활동적인 캐리어 우먼의 느낌을 느낄 수 있는 반면 인상이 강한 얼굴에는 날카로운 느낌을 줄 수도 있다. 전반적으로 둥근 얼굴형에 잘 어울린다.

〈그림 1-17 갈매기형 눈썹〉

6) 눈썹 형태에 따른 테크닉

(1) 굵고 진한 눈썹
눈썹 털이 길면 먼저 빗질을 하고 눈썹가위로 끝을 아주 조금만 잘라 준 다음 메이크업을 하면, 눈썹 주위의 피부가 더 많이 드러나게 되어 인상이 밝아 보인다.

(2) 뽑기 힘들고 빈약한 눈썹
먼저 눈썹을 잘 빗고 눈썹라인에서 벗어난 것만 뽑는다. 그 다음 전체적으로 눈썹이 고른 모양이 되도록 빗질해 가며 수정을 하고 고르지 않은 부분은 눈썹연필이나 아이섀도로 그려준다.

(3) 길고 섬세하며 처진 눈썹
눈썹 끝을 아주 조금씩 잘라주고 평소에 자주 눈썹 브러시를 이용하여 위로 빗겨주어 처지는 것을 방지하며 투명 마스카라로 올려준다.

(4) 두꺼운 눈썹
자연스럽게 자신의 얼굴형에 맞게 손질하여 갈색과 회색 아이섀도로 그려주고 너무 눈썹 숱이 많은 경우는 투명 마스카라를 이용하여 눈썹이 난 방향으로 빗어준다.

(5) 눈썹과 눈썹 간격이 넓은 경우
눈썹 사이가 넓기 때문에 아이섀도나 아이브로 펜슬로 눈썹 앞부분을 눈 간격보다 약간 흐리게 그려주어 정리한다.

(6) 눈썹이 올라간 경우
눈썹이 약간 올라가면 지적인 인상으로 보인다. 이때 너무 올라간 경우는 눈썹 끝을 약간 둥글려 그려주면 부드러운 인상을 줄 수 있다.

(7) 눈썹이 내려간 경우
눈썹이 내려간 사람은 인상이 우울해 보이므로 내려간 부위의 눈썹을 정리한 다음 아이브로 펜슬이나 아이섀도로 형태를 올려서 그린다.

7) 마스카라(Mascara)

(1) 마스카라 목적
마스카라는 속눈썹을 길고 풍성하고 짙게 보이게 함으로써 아이라인과 함께 뚜렷하고 선명한 눈매로 보이게 하는 효과가 있다.

(2) 마스카라 테크닉
① 속눈썹을 살짝 일정 방향으로 빗어준다. 그래야 마스카라가 고르게 잘 발라진다.
② 시선을 무릎 끝을 향하게 하고 아이래시 컬러(Eyelash Curler)를 이용해 속눈썹을

높이 올려준다. 속눈썹이 바짝 올라가야 마스카라 액이 잘 발라진다(묻는다).
③ 마스카라 액을 용기 입구에서 양을 조절한 뒤 속눈썹 위에서 아래 방향으로 3~4회 쓸어준다. 속눈썹 한올 한올 살며시 발라준다.
④ 아래에서 위를 향해 충분히 컬을 하면서 올려준다. 눈꼬리를 살짝 들어서 발라주면 골고루 잘 발라진다.
⑤ 아래 속눈썹도 너무 진하지 않게 칠해준다. 마스카라를 세워서 뭉치지 않게 발라 준다. 자칫 뭉치기 쉬우므로 스치듯이 살짝 바른다.
⑥ 속눈썹끼리 엉겨 보이지 않게 하기 위해 뭉친 곳이 없도록 빗으로 살살 빗어준다.
⑦ 마스카라가 피부에 묻었을 때는 충분히 건조시킨 후 면봉으로 부드럽게 털어낸다.

8) 인조 속눈썹

눈매를 깊이 있게 만들고 풍성해 보이는 효과를 준다. 인조 속눈썹을 붙이기 위해서는 용도에 적합한 속눈썹을 선택한 다음, 눈길이나 모양 또는 원하는 스타일에 맞도록 수정해야 한다.

④ 립(Lip)과 치크(Cheek)

1) 립(Lip) 메이크업

(1) 목적

립스틱은 입술에 색상을 부여해 포인트 메이크업을 강조시켜 주고 혈색을 부여함으로써 여성미를 강조해 준다. 또한 립크림의 사용으로 자외선이나 외부의 자극으로부터 입술을 보호해 준다.

(2) 제품의 종류

① 립스틱
입술에 색상을 부여해주며 포인트 메이크업을 강조해준다.

② 립 라이너
입술의 형태를 그릴 때 사용하며 윤곽 수정이 가능하고 입술의 음영효과를 연출해 준다. 또한 번지지 않아 지속력이 강하므로 입술의 잔주름이 많은 사람들에게 좋다.

③ 립글로스
립스틱을 바른 후 립글로스를 덧바르면 입술이 윤기 있어 보이고 촉촉해 보인다.

④ 립크림
입술의 언더 베이스 기능을 한다. 젤 타입으로 립스틱 색상을 선명하게 해주고 촉촉한 입술로 표현해 준다.

(3) 립스틱 색상 선택법

① 의상 색에 맞춘다.

② 피부색에 맞춘다.

> • 핑크계 : 흰 피부의 젊은 여성에게 알맞다.
> • 적색계 : 어떤 피부에도, 어떤 연령에도 두루 알맞다.
> • 자홍색계 : 흰 피부의 중년 이후 여성에게 알맞다.
> • 오렌지계 : 소맥색 피부의 젊은 여성에게 알맞다.

③ 연령에 맞춘다.

젊은층은 아이 메이크업이 포인트가 되고, 중년층은 립 메이크업이 포인트가 되므로 연령이 높아질수록 진한 립 컬러를 선택하게 된다.

> • 젊은층 : 밝고 선명한 펄 감이 있는 화려한 색
> • 중년층 : 차분하고 온화한 중간 톤의 펄 감이 없는 색

④ 입술형태에 따라 선택한다.

> • 입술 색이 짙은 사람 : 선명한 색   • 입술 색이 엷은 사람 : 파스텔 계열
> • 입술이 큰 경우 : 짙은 색   • 입술이 작은 경우 : 엷은 색

⑤ 전체적인 분위기에 맞춘다.

헤어나 의상, 액세서리, 다른 포인트 메이크업 등을 고려해 전체적인 분위기에 어울릴 수 있도록 컬러를 선정한다.

(4) 색상이 주는 이미지

① 레드(Red)

대표적 컬러로 정열, 매혹의 대명사이며 가장 어른스런 색상으로 지적이고 우아한 이미지를 준다.

② 핑크(Pink)

여성다움과 온화하고, 청순하고 귀여운 느낌을 주며 가장 여성스런 이미지의 색상이다.

③ 퍼플(Purple)

침착하고 은은한 인상을 주며, 로맨틱한 분위기를 연출해 준다.

④ 브라운(Brown)

오크 계열의 피부에 어울리며 차분하고 어른스러운 느낌과 도시적인 세련미와 자연스럽고 눈에 뜨이지 않는 색상으로 아주 진한 컬러는 세련된 특별한 이미지를 준다.

⑤ 오렌지(Orange)

검은 피부에 잘 어울리고 발랄하고 활동적이다.

(5) 피부색에 따른 립 컬러의 선택

① 투명하고 흰 피부

흰 피부는 피부 톤이 깨끗하고 맑은 느낌을 주어 어떤 색상의 립스틱이든지 무난하게 어울린다.

② 노란 기운이 도는 피부

동양인에게 가장 많은 피부타입으로 노란 기운이 감도는 정도에 따라 립스틱의 색상 선택에 주의를 해야 한다.

③ 희고 붉은 피부

붉은 기가 도는 얼굴은 기본적으로 피부가 투명해서 혈색이 자연스럽게 드러나는 타입으로 부드러운 느낌의 베이지 계열을 발라주면 피부의 질감을 보다 아름답게 표현할 수 있다.

④ 건강해 보이는 검은 피부

건강해 보이는 인상을 더욱 살려주는 밝고 선명한 느낌의 색이 잘 어울리며 누드 계열의 립스틱을 사용하면 피부를 더욱더 건강하게 표현해 준다.

(6) 의상과 조화되는 립 컬러

① 그린 계통

오렌지 톤, 브라운 톤

② 레드 계통

레드나 브라운 톤(단, 핑크는 피한다.)

③ 블루 계통

선명한 레드나 핑크 톤(단, 오렌지 톤이 많이 가미된 색은 피한다.)

④ 브라운 계통

산호, 팥죽색, 적포도주색

⑤ 퍼플 계통

밝은 핑크 톤, 적포도주색

⑥ 흰색, 아이보리, 파스텔 계통

소프트한 느낌의 색과 로즈 계열

2) 치크(Cheek) 메이크업

(1) 목적

넓은 치크가 좁아 보이도록 섀도 컬러를 발라 준 다음 돋보이고자 하는 부분을 밝게 표현하여 새로운 윤곽을 만들어 내는 메이크업으로 여성스러움의 강조와 건강미를 표현하기 위한 혈색 부여와 얼굴의 수정과 개성을 표현하기 위해서 한다.

(2) 치크 메이크업의 종류

① 케이크 타입

가장 대중적이고 사용하기 편리하고 컬러가 다양하다. 아이섀도와 겸용으로 많이 사용한다.

② 크림 타입

파운데이션 바르는 후에 손이나 스펀지를 이용해 발라주며, 이중 터치로 지속력이 우수하고 발색이 뛰어나다.

(3) 치크 메이크업 방법

얼굴과 눈동자를 정면으로 하고 검은 눈동자가 위치한 곳을 수직으로 한 점과 콧방울 아래에서 수평으로 한 점이 교차되는 안쪽 부위가 치크의 위치이다. 손등에 미리 색상을 조정한 다음 가볍게 여러 번 반복하여 바른다. 볼 전체에 여러 번 바를 때는 볼의 중심에서 바깥쪽으로 원을 그리듯 펴 바른다.

CHAPTER 03 색채와 메이크업

> **SECTION 01** 색채의 정의 및 개념

❶ 색

색은 메이크업에 있어서 가장 자극적인 요소로서 시각적으로 가장 먼저 인식된다.

1) 색의 성질

(1) 온도감

색은 온도감을 가지고 있다. 색상에 따라 따뜻하거나 차가운 느낌을 받는데, 일반적으로 적색 계열의 색은 따뜻하고 청색 계열의 색은 차갑게 느껴진다. 난색은 적극적이고 활동감이 있어 보이고, 한색은 진정 효과가 있다.

(2) 원근감

색에는 진출색(앞으로 튀어나와 보이는 색)과 후퇴색(뒤로 물러나 들어가 보이는 색)이 있다. 난색 계열은 진출되어 보이고, 한색 계열은 후퇴되어 보인다. 명도가 높은 색은 튀어나와 보이는 성질이 있으며, 어두운 명도의 색은 후퇴되어 보인다. 무채색보다는 유채색이 더 진출하는 느낌을 준다. 색의 이러한 원근감을 이용하여 메이크업에 응용하면 얼굴의 입체감과 거리감을 잘 살릴 수 있다.

(3) 경연감

어떤 색은 딱딱하게 느껴지고 어떤 색은 부드러운 느낌을 주는데 이를 색의 경연감이라 한다. 경연감은 명도와 채도의 영향을 많이 받는다. 난색 계열의 낮은 채도에 높은 명도의 색은 부드러운 느낌을 주고 한색 계열의 높은 채도의 색은 딱딱한 느낌을 준다. 일반적으로 흰색이 많이 섞인 색은 부드러운 느낌이 난다.

(4) 중량감

명도가 높아 밝은색은 가벼운 느낌을, 명도가 낮아 어두운 색은 무거운 느낌을 준다. 색의 중량감은 안락감과도 관계가 있으며 가벼운 색이 훨씬 편안하고 부드러운 느낌을 준다. 대체로 가벼운 색이 위에 놓이고 무거운 색이 아래에 있는 것이 안정감이 있으며 반대로 배열하면 불안정해 보이나 동적이고 강한 느낌을 줄 수 있다.

(5) 흥분과 침정

감정은 주로 색상의 영향을 많이 받는데 고채도의 붉은색 계열은 저채도의 색보다 화려해 흥분감을 유도한다. 저채도의 차가운 색은 심리적으로 안정되고 차분한 감정을 갖게 된다.

2) 색의 속성과 용어

색의 3속성인 색상, 명도, 채도는 모두 중요하다.

(1) 색상(Hue)

① 무채색

흰색과 여러 단계의 회색 및 검은색에 속하는 색상을 갖지 않는 색이다.

② 유채색

빨강, 파랑, 주황 등 색의 3속성(색상, 명도, 채도)을 모두 갖고 있는 색이다.

(2) 명도(Value)

색에서 느껴지는 밝고 어두움의 정도로서 우리 눈에 가장 민감한 속성이다. 먼셀을 바탕으로 현재 우리나라에서 쓰이는 명도는 검정(명도N1.5)에서 흰색(명도N9.5)까지 10단계로 나누어진다.

(3) 채도(Chroma)

색채 속에 색상이 포함된 정도를 표현한 것으로 맑고 탁한 정도를 말한다. 유채색에만 있고 무채색에는 없다. 한 색상에서 채도가 가장 높은 색을 원색(Vivid)이라고 한다. 가장 탁한 정도를 1로 하고 가장 맑은 단계를 14로 하여 14단계로 나누어진다. 원색에 무채색이 혼합되면 색의 순도가 떨어진다. 즉, 채도는 낮아진다. 예를 들어 진한 빨강과 같은 원색은 채도가 매우 높은 색인데 흰색이 섞이면 비율에 따라 진분홍, 분홍, 연분홍으로 변화되며 점점 채도가 떨어지게 된다.

(4) 보색(Complementary Color)

색상환에서 서로 마주보는 위치에 있는 색으로 혼합하여 무채색이 되는 두 가지 색은 서로 보색 관계에 있으며 서로 상대방에 대한 보색이라고 한다.

3) 색의 대비

나란히 배열된 색들은 서로에게 영향을 주거나 시각적으로 혼합되어 원래의 색채와 다르게 지각되는 현상을 색의 대비라고 한다.

(1) 색상대비

그림색이 배경색의 보색방향으로 느껴지는 현상이다. 즉 색상이 다른 두 색을 인접시켜 배치하면 두 색이 색상환에서 서로 더 멀어지려는 현상이다.

(2) 명도대비

그림색이 배경색의 영향으로 명도가 다르게 느껴지는 현상이다.

(3) 채도대비

그림색이 배경색의 영향으로 채도가 다르게 느껴지는 현상이다.

(4) 보색대비

그림색과 배경색의 색상차가 클수록 각각의 채도가 높게 느껴지는 현상이다.
  예) 청록색 눈 화장에 빨간색 입술화장을 하였더니 청록과 빨간 색상이 원래의 색보다 더욱 뚜렷하고 선명해 보이는 현상

(5) 면적대비

동일한 색이 면적이 커질수록 명도와 채도가 높게 느껴지는 현상이다.

(6) 연변대비

색과 색이 인접되는 경계부분에 더 강한 색(색상, 명도, 채도) 대비가 느껴지는 현상이다.

❷ 질감

질감은 표면에서 반사되는 빛의 정도에 따라 결정되는 광택의 차이에 의해 표현된다. 메이크업에서 질감이란 무광택 아이섀도나 파우더에서 얻을 수 있는 건조함, 오일을 이용한 윤기 있는 입술 표현, 펄에 의한 반짝이는 피부 등을 말한다.

1) 표준 질감(Standard Texture)

가장 무난한 타입의 질감이며 광택의 변화가 적다.

2) 건조한 질감(Mat Texture)

광택이 없는 상태에서 빛을 흡수한다. 건조한 질감은 피부가 건조해지는 단점이 있으나 색을 강하게 표현할 수 있으며 지속력이 우수하다.

3) 윤기, 광택 있는 질감(Gloss)

번들거리고 표면이 매끈해 보이며 빛이나 조명의 각도에 의해 다양하게 표현된다. 윤기를 표현하기 위해서는 오일을 많이 함유하고 있는 제품을 사용하여야 하며 이러한 제품은 메이크업의 지속력을 떨어지게 하는 단점이 있다.

4) 펄 질감(Iridescent)

펄 파우더나 펄을 함유한 파운데이션, 섀도 등의 제품을 이용하여 피부에 광택을 주어 화려하고 개성 있는 메이크업을 표현할 수 있다.

SECTION 02 색채의 조화

❶ 동일색상 배색
같은 색상이지만 명도나 채도가 다른 색의 조화로 일반적으로 많이 쓰이며 자연스럽다.

❷ 유사색상 배색
색상환에서 가까운 곳에 있는 색의 조화로 색상의 차이가 적어 무난하고 침착하지만 지루한 느낌을 줄 수도 있다.

❸ 반대색상 배색
색상환에서 멀리 떨어진 색의 조화로 보색이나 대조색의 배색이다. 색상차가 커 활동적이며 눈에 띈다.

❹ 톤 온 톤(Tone On Tone) 배색
동일 색상이나 유사색상으로 명도차가 큰 톤을 가진 색상의 조화로 동일색상 배색이나 유사색상 배색에 속한다. 자연에서 흔히 볼 수 있는 배색으로 가장 자연스러운 채색으로 차분하고 우아한 인상을 준다.

❺ 톤 인 톤(Tone In Tone) 배색
동일 색상이나 유사색상으로 명도차가 적은 톤을 가진 색상의 조화로 동일색상 배색이나 유사색상 배색에 속한다. 색상이나 톤에 따라 배색의 느낌이 달라진다. 비슷한 색상과 톤의 배색으로 조화롭지만 단조로울 수 있다.

❻ 콘트라스트(Contrast) 배색
보색의 조화로 반대색상이 배색에 속한다. 색상차가 큰 배색으로 활동적이며 화려하다. 이러한 배색 시에는 두 색상의 면적을 달리하여 조화를 이루도록 한다.

❼ 그러데이션(Gradation) 배색
톤이나 색상, 명도, 채도 등이 단계적으로 조금씩 변화하는 배색이다. 조금씩 단계적으로 변화하므로 리듬감이 있다.

8 악센트(Accent) 배색

비슷한 색상이나 톤을 가진 색상의 배색에 대조적인 색상이나 톤을 가진 색상을 넣어 강조를 해주는 배색으로 말한다. 단조로운 느낌의 배색은 피하고, 한 부분을 강조함으로써 세련된 느낌을 준다.

9 세퍼레이션(Separation) 배색

두 가지 이상의 색상 배색에 차이가 큰 무채색을 넣어 조화를 이루지 못하는 색상들을 조화롭게 하거나 밋밋한 느낌의 배색을 화려하고 활동적인 느낌으로 바꿀 수 있다. 구분이 잘 안되는 모호한 배색에 힘을 실어 주거나, 두 색의 대비가 너무 강할 때 완충효과를 주기 위해 사용할 수 있다.

SECTION 색채와 조명

1 색채의 조명

색이란 사물의 주위에 비춰진 빛의 강도에 따라 정해진 것으로 색을 잘 표현해 주려면 가장 먼저 고려되어야 할 것이 조명이다.

2 자연광선(태양)

낮에는 아주 빛이 잘 드는 창문을 등지고 있다면 거울에 반사된 자연 빛으로 모델의 얼굴을 메이크업할 수 있도록 자리를 잡는다. 밤에는 인공조명으로 피부색을 조절해야 하는데 거울 양쪽에 부착된 조명이 비추는 빛이 이상적이라고 할 수 있다.

3 메이크업과 조명

조명은 메이크업과 중요한 관계가 있다. 아무리 메이크업을 잘해 놓았다 할지라도 빛이 없다면 아무 소용이 없다. 우리가 아름다움을 볼 수 있는 것은 빛이 반사되어 우리 눈까지 도달하기 때문이다. 우리 눈까지 도달할 빛이 없다면 우리는 아무것도 볼 수 없을 것이다. 빛의 종류는 자연광선(태양광)과 인조광선(조명)의 2가지로 나눌 수 있다. 자연광선에서는 색도 형태도 선명하게 나타나지만 시간과 기후에 따라 변화해 간다.

1) 자연광선

(1) 오전 메이크업
전체적인 느낌은 프레시한 느낌이 좋다. 피부표현은 피부의 싱싱함을 나타내주며 자연스럽게 만들어 준다. 스트레이트 메이크업을 해준다.

(2) 낮 메이크업
자신의 피부색과 의상에 맞추어 자연스런 모습으로 표현하는 것이 요령이다. 눈 화장은 의상 색상과 피부색에 맞춰 화사하고 산뜻하게 표현해 주는데 너무 짙게 하지 않도록 주의한다.

(3) 저녁 메이크업
눈과 입술은 낮보다 선명하게 강조해 주며 실내의 광선이 낮과는 다르므로 피부색을 밝고 뽀얗게 피어나는 느낌으로 표현하는 데 중점을 둔다. 입술은 대체적으로 레드나 자주 계열이 잘 어울리며 입술윤곽은 뚜렷하게 그려주는 것이 매력적이다. 그리고 조명 때문에 얼굴이 창백하게 보이기 쉬우므로 진한 핑크 계열의 립스틱으로 화사함을 더해 주어야 한다.

2) 인공조명
인공조명에는 여러 종류의 광선이 있겠지만 대체로 나누어 보면, 사진용 전구, 스트로보, 프레쉬 밸브, 할로겐 램프, 형광등, 텅스텐 전구 등에 따라 메이크업 색상이 달라지며 광원이라 해도 직접광, 확산광, 반사광에 따라 분위기가 달라지며 색상의 느낌 또한 달라진다.

(1) 집중광
집중광은 일명 스포트라이트라고도 부르며 얼굴에 강한 조명을 주므로 안면을 평면화시키는 작용을 함으로써 메이크업은 해부학적 구조를 기초로 두고 화장해 주어야 한다.

(2) 확산광
확산광은 얼굴을 전체적으로 넓게 보이게 하므로 화학적이나 미술적인 메이크업을 이용하여 음영을 만들어 준다.

CHAPTER 04 메이크업 기기·도구 및 제품

SECTION 01 메이크업 도구의 종류와 기능

화장의 효과를 높이기 위해 여러 가지 메이크업 도구가 사용되고 있다. 메이크업 시술 시 메이크업 도구 선택과 관리는 메이크업만큼 중요하다. 화장 전 필요한 도구들이 잘 갖추어져 있는지, 또한 이 도구들이 사용하기 편리하도록 정리되어 있는지 확인한 후 메이크업을 시작하도록 한다.

1 브러시 외 도구

1) 스펀지(Sponge)

파운데이션이나 메이크업 베이스를 펴 바를 때 사용한다. 스펀지를 이용해 바르면 손으로 바를 때보다 뭉침이나 얼룩이 생기지 않고 잘 발라진다.

(1) 라텍스(Latex) 스펀지

탄성이 있는 천연고무로 만든 것으로, 파운데이션을 골고루 펴 바를 때 사용하는데 콧방울 양옆 주름뿐만 아니라 속눈썹에 아주 가까이 파운데이션을 퍼줄 때 이상적이다.

(2) NBR(Nitrile Butadiene Rubber, 니트릴 부타디엔 고무)

스펀지 발림성과 퍼짐성이 좋아 메이크업 베이스나 파운데이션을 바를 때 사용하면 좋다. 탄력성이 우수하여 형태 보존력이 좋다.

2) 퍼프(Puff, 분첩)

파우더를 바를 때 사용하며 보통 손잡이가 달려 있어 메이크업을 할 때 손에 끼우고 사용한다. 보통 천연 면 소재로 사용하여 피부 트러블이 거의 없이 사용할 수 있다. 메이크업에 손자국이 나는 것을 방지해 준다.

3) 면봉(Cotton Tip)

눈 화장 및 입술화장에 주로 사용하며, 특히 섬세한 부분을 수정할 때 깔끔하게 정리할 수 있다.

4) 아이래시 컬러(Eyelash Curler)

속눈썹을 위로 말아 올리는 기구로 마스카라를 하기 전 속눈썹을 올려 주는 데 사용한다. 눈의 가로 폭과 크기가 비슷하고 고무에 탄력이 있어야 한다. 속눈썹이 꺾이지 않도록 2~3번 정도 눌러주어 자연스러운 컬링효과를 준다.

5) 족집게(Tweezer)

눈썹의 잔털을 뽑을 때 사용한다.

6) 눈썹 가위(Eyebrow Scissor)

눈썹의 길이를 조정하거나, 모양을 정리할 때, 또는 눈썹의 지저분한 털을 잘라줄 때 쓰는 가위로 곡선 모양으로 되어 있다.

7) 스파튤러(Spatula)

크림이나 립스틱을 용기에 덜어낼 때 사용하거나 파운데이션을 배합할 때 사용하는 도구이다.

8) 팔레트(Palette)

색상, 재료를 혼합할 때 사용하는 도구로 컬러 테스트를 손등에서 보다 위생적으로 사용할 수 있다.

9) 눈썹 칼(Eyebrow Knife)

눈썹 정리 및 눈썹 밑의 잔털을 제거할 때 사용한다.

2 브러시

1) 좋은 브러시 선택 방법

① 손으로 잡아당길 때 털이 잘 빠지지 않고 견고한 것이 좋다.
② 탄력과 부드러움이 좋아야 한다.
③ 털과 털의 층이 심하지 않고 가지런히 정리되어 있는 것이 좋다.
④ 인조모나 합성섬유보다는 피부에 자극이 적은 담비 털, 족제비 털, 조랑말 꼬리털 등 탄력성이 뛰어난 천연모를 사용하는 것이 좋다.

2) 브러시의 종류

(1) 섀도 브러시(Shadow Brush)

얼굴에 입체감을 주고 다양한 컬러의 섀도를 바를 때 사용한다.
① 베이스용 : 눈두덩이 전체에 펴 바를 때 사용하는 브러시로 납작하고 넓은 것을 사용한다.
② 메인 브러시 : 중간 정도 크기의 붓을 사용한다.

③ 포인트, 언더라인 브러시 : 폭이 좁고 탄력이 좋은 것을 사용한다.

(2) 팁 브러시(Tip Brush)

눈꼬리와 쌍꺼풀부위, 언더라인에 강한 컬러의 포인트를 줄때나 눈썹 뼈에 하이라이트 줄 때, 부분 수정 시에 사용한다.

(3) 아이라이너 브러시(Eye Liner Brush)

브러시 중에서 가장 얇은 브러시로 선명하고 또렷한 눈매를 표현할 때 사용한다.

(4) 눈썹 브러시(Eyebrow Brush)

눈썹이 가늘고 부드러우면 족제비 털로 만들어진 것을 사용하고 털이 억세고 숱이 많으면 돼지 털로 만들어진 브러시를 사용한다. 사선 모양으로 되어 있어 눈썹의 공간을 채우거나 자연스럽게 펼 때 사용한다.

(5) 스크루 브러시(Screw Brush)

나사처럼 돌돌 말린 모양의 브러시로 눈썹 색을 칠하거나 그리기 전에 눈썹을 정돈하고 형태를 다듬는 데 사용한다. 마스카라를 잘못 발라 가볍게 빗어줄 때 사용한다. 털이 짧고 뿌리가 튼튼한 브러시가 섬세한 표현을 하는 데 좋다.

(6) 립 브러시(Lip Brush)

털이 부드럽고 탄력성이 좋아야 하며, 또렷하고 깔끔하게 입술 표현을 하는 데 사용한다.

(7) 팬 브러시(Fan Brush)

부채꼴 모양의 조금 뻣뻣한 모로 된 브러시로 좁은 부위에 묻은 여분의 가루나 분말을 털어낼 때 사용한다. 뻣뻣한 오소리 털이 좋다.

(8) 파우더 브러시(Powder Brush)

브러시 중에서 가장 크고, 숱이 많으며 또한 끝이 둥근 브러시로 메이크업의 완성 단계에서 다시 한 번 파우더를 덧바르거나 여분의 파우더를 털어낼 때 사용한다. 끝이 둥글고 부드러운 다람쥐 털이 좋다.

(9) 블러셔 브러시(Blusher Brush, 볼연지 브러시)

볼 화장을 할 때 사용하는 브러시로 파우더 브러시보다 크기가 약간 작고 끝이 각진 것으로 자연스런 혈색이나 생기를 줄 때 사용한다. 털이 많고 부드러울수록 볼 화장 색깔이 자연스럽게 표현된다.

(10) 앵글 브러시(Angle Brush)

짧은 모와 긴 모가 섞여 있는 브러시로 끝이 뾰족하여 눈썹을 수정하거나 아이섀도로 음영을 줄 때 사용한다.

(11) 아이브로 콤 브러시(Eyebrow Com Brush)

한쪽은 빗 모양으로 되어 있고, 다른 한쪽은 뻣뻣한 털로 되어 있다. 눈썹을 가지런히 정리하거나 수정할 때 사용하며, 눈썹 털의 길이를 체크하는 데도 쓰인다.

(12) 노즈 브러시(Nose Brush)

나선 모양의 브러시로 코 선을 세우거나 입체감을 표현할 때 사용한다.

(13) 치크 브러시(Cheek Brush)

털이 부드럽고 풍성한 브러시로 윤곽 수정이나 볼 섀도 용도로 사용한다.

3) 브러시 관리 요령

① 브러시를 사용한 후 잔여물의 섀도 가루 등은 티슈로 닦아서 보관한다.
② 세척할 경우는 미지근한 물에 중성 세제나 샴푸를 이용해서 브러시 속에 있는 섀도 가루가 나올 수 있도록 돌려가며 문질러 깨끗이 세척한 다음 린스로 다시 헹구어 말리도록 한다.
③ 말릴 때에는 수건을 밑에 깔고 브러시의 형태를 잘 잡아준 다음 말리도록 한다.

SECTION 메이크업 제품 종류와 기능

메이크업 제품은 얼굴 전체의 피부색을 균일하게 정돈하거나 기미, 주근깨 등 피부 결점을 커버하여 아름답게 보이도록 하기 위한 베이스 메이크업(Base Make-up) 화장품과 입술, 눈, 볼이나 손톱 등에 부분적으로 사용하여 혈색을 좋게 하고 입체감을 부여하여 아름답고 매력적인 용모로 보이도록 하는 포인트 메이크업(Point Make-up) 화장품으로 분류할 수 있다.

1 베이스 메이크업 화장품

베이스 메이크업은 일반적으로 바탕화장을 뜻한다. 전체 메이크업의 80%를 차지할 정도로 중요하며 메이크업 베이스, 파운데이션, 페이스 파우더가 이에 속한다.

1) 메이크업 베이스

(1) 메이크업 베이스의 목적

① 피부색을 조절하여 피부의 결점을 보완시킨다.
② 파운데이션의 퍼짐과 밀착력을 높여준다.

③ 피부에 인공 막을 형성하여 수분 증발을 방지함으로써 파운데이션이 피부에 주는 손상을 막아준다.

(2) 제품의 종류

① 리퀴드 타입
　수분을 많이 함유하고 있는 제품으로 중성이나 지성피부에 적합하다.

② 크림타입
　리퀴드 타입보다 커버력이 강해서 기미나 주근깨 등 잡티가 많은 피부에 적당하다.

2) 파운데이션(베이스 컬러)

(1) 사용목적

① 피부색을 일정하게 하여 피부의 색을 조절하고 결점을 커버한다.
② 외부의 자극으로부터 피부를 보호한다.
③ 파운데이션 색상을 이용하여 얼굴의 윤곽을 수정하고 입체감을 부여한다.
④ 파운데이션의 기본 색상은 자신의 피부색과 동일한 색상을 선택하는 것이 좋다.
⑤ 파운데이션은 부분화장을 돋보이게 하는데, 자신의 피부색보다 한 단계 밝게 또는 어둡게 선택하는 것이 효과적이다.

(2) 파운데이션의 종류

① 리퀴드 파운데이션(Liquid Foundation)
　수분함유량이 많아 촉촉하며 투명감이 있어 자연스러운 화장을 할 수 있다. 그러나 커버력과 지속력이 떨어진다. 건성피부에 적합하다.

② 크림 파운데이션(Cream Foundation)
　수분보다는 유분 함유량이 많으며 리퀴드 파운데이션보다는 커버력이 우수하다. 사용감이 부드러워 건성피부에 적합하다.

③ 파우더 파운데이션(Powder Foundation)
　가벼움, 부드러움, 산뜻함 등 피부에 빠르게 흡수되고 피지분비가 많은 경우에 적합하다. 지성피부에 적합하다.

④ 팬케이크(Pancake)
　물 또는 유연화장수와 같이 사용한다. 방수성과 내수성이 우수하며 지속력이 뛰어나 장시간 흐트러짐이 없는 제품으로 장시간 조명을 받는 패션쇼 메이크업에 적당하다.

⑤ 케이크 파운데이션(Cake Foundation)
　유분이 적은 타입의 파운데이션으로 커버력이 좋고 화장을 오래 유지시켜 주며 사용법이 간편하다. 그러나 쉽게 건조해지며 장시간 사용 시 잔주름이 생길 수 있다. 속도를 요하는 화장이 가능하며 휴대가 간편하다. 지성피부에 적합하다.

⑥ 수분베이스 파운데이션

수분이 유분보다 많아 수분부족 피부에 효과적이고 자연스러운 메이크업 표현이 가능하다.

⑦ 컨실러(concealer)

얼굴의 잡티를 가려주어 깨끗하고 매끈한 피부표현을 위해 사용하는 기능성 화장품이다. 어떤 잡티를 가려주느냐에 따라 세분화되어 있는 편이다. 종류로는 키트 타입, 리퀴드 타입, 스틱 타입, 크림 타입 등이 있다.

3) 파우더(백분)

(1) 사용목적

① 파운데이션을 밀착시키고 지속시키는 역할을 하며 외부로부터 피부를 보호하여 아름다운 피부색으로 표현해준다.
② 땀과 피지로 번지는 화장을 막을 경우에 사용한다.
③ 흰 얼굴에 사용되는 백분의 색깔은 핑크계가 알맞다.

(2) 주의사항

화장을 할 때 파우더를 너무 많이 바르면 피부건조와 함께 주름이 더욱 눈에 띄게 된다.

(3) 파우더의 종류

① 루스파우더(Loose Powder)

가루분 또는 페이스파우더(Face Powder)라 하며 분말 타입의 메이크업 제품으로서 유분이 배합되어 있지 않다. 유성 파운데이션 위에 도포하여 번들거리는 기름광택과 끈적거림을 억제하여 산뜻한 피부 감촉을 부여하고 투명감 있는 피부색을 연출한다. 또한 땀과 피지를 억제하여 화장의 지속성을 좋게 한다.

② 콤팩트 파우더(Compact Powder)

고형분 또는 프레스드 파우더(Pressed Powder)라 하며 루스 파우더에 비해 색상 표현력과 커버력이 뛰어나며 휴대하기에 간편하다.

〈표 1-1〉 루스 파우더와 콤팩트 파우더의 비교

구분	루스 파우더	콤팩트 파우더
장점	• 피지분비 조절작용으로 피부가 뽀송뽀송하고, 입자가 고와 바르면 투명해 보인다. • 화장의 번들거림을 억제하고 장시간 지속시켜 준다.	• 가루 상태의 루스파우더를 압축시켜 단단하게 만들어 놓은 것으로 가루 날림이 적다. • 투명메이크업을 할 수 있으며 휴대가 간편하다.
단점	• 잡티 커버력이 적고 수시로 발라 주어야 하며, 화장이 잘못되었을 경우에 루스 파우더로는 수정이 어렵다. 가루상태라 사용이 불편하고 너무 바르면 건조감이 느껴진다. • 입자가 굵거나 색상이 강하면 화장의 지속성이 떨어지고 화장이 들뜬다.	• 화장이 잘못되었을 경우 수정 메이크업이 어렵고, 화장의 지속성이 떨어져 수시로 발라 주어야 한다. • 루스 파우더에 비해 두껍게 발라지며 색상표현도 두껍게 된다.
바르는 순서	기초화장 → 메이크업 베이스 → 파운데이션 → 루스 파우더	기초화장 → 메이크업 베이스 → 파운데이션 → 콤팩트 파우더

❷ 포인트 메이크업 화장품

1) 아이 메이크업 화장품

아이 메이크업은 눈 주위에 바르는 것으로 눈의 결점을 커버하고, 눈 부위를 또렷이 하며 눈썹을 풍부하게 보이도록 해준다. 또한 눈썹 및 눈썹 모양을 입체적으로 보이게 하여 눈을 더욱 생동감 있고 아름답게 표현해 준다. 종류로는 아이새도, 마스카라, 아이라이너, 아이브라우 등이 있으며 이들 제제를 구성하는 원료 성분은 상이하기 때문에 각각 다른 화장 목적에 사용된다.

(1) 아이브로

눈썹은 얼굴 전체의 인상을 좌우하며 이미지를 표현하는 아주 중요한 부분이다. 눈썹은 그 형태나 각도, 굵기의 정도에 따라 자유롭게 이미지를 변화시킬 수 있으며, 자연 눈썹을 최대한 이용하여 얼굴형에 어울리는 눈썹 형을 선택하여야 한다.

① 제품의 종류
  ㉠ 펜슬타입 : 눈썹을 한올 한올 심듯이 그릴 수 있으나 깎아서 사용하는 번거로움이 있다.
  ㉡ 섀도 타입 : 자연스럽게 눈썹을 그릴 수 있으며 색상을 섞어서 만들 수 있다.
  ㉢ 케이크 타입 : 지속성이 우수하며 선명한 눈썹을 그릴 때 좋다.

② 아이브로의 이상적인 비율
  ㉠ 눈썹 머리 : 콧방울에서 이마 쪽으로 일직선상에 위치한 지점
  ㉡ 눈썹 산 : 눈썹 전체길이를 3등분했을 때, 2/3 지점
  ㉢ 눈썹꼬리 : 코끝에서 눈꼬리를 지나는 사선으로 연결하여 만나는 지점

(2) 아이섀도

눈꺼풀에 색감을 주어 깊이감과 입체감을 표현하며 눈의 표정을 강조한다. 아이섀도에 쓰이는 색상에 따른 이미지 중에서 귀여운 이미지의 연출은 핑크색이 가장 적당하고 안정되고 성숙한 이미지의 연출은 보라색이 적당하며, 산뜻하고 밝은 이미지의 연출은 청색이 적당하다.

① **제품의 종류**
  - ㉠ 케이크 타입 : 가장 일반적인 제품으로 색상이 다양하며 그러데이션이 용이하나 지속력이 떨어지는 단점이 있다.
  - ㉡ 크림 타입 : 발색효과가 뛰어나며 색상이 선명하다. 크림 타입의 섀도를 사용한 후에는 같은 색의 케이크 섀도나 파우더로 고정을 해주면 지속력을 높일 수 있다.
  - ㉢ 펜슬 타입 : 간편하게 화장할 수 있으며 포인트 메이크업이나 선적인 느낌을 표현할 때 효과적이다. 그러데이션이나 부드러운 색상 표현은 힘들다.

② **아이섀도의 명칭**
  - ㉠ 베이스 컬러 : 눈 화장의 이미지를 좌우하는 컬러로서 눈두덩이나 아이 홀에 펴 바른다.
  - ㉡ 악센트 컬러 : 눈매를 강조하기 위해 바르는 컬러로 주로 진하고 선명한 색상을 사용한다.
  - ㉢ 하이라이트 컬러 : 돌출되어 보이도록 하거나 혹은 돌출된 부분에 경쾌함을 줄 수 있도록 한다. 밝은색이나 펄 컬러를 많이 사용한다.
  - ㉣ 섀도 컬러 : 넓은 얼굴을 좁아 보이게 하기 위해 진하게 표현하는 경우 주로 사용한다.
  - ㉤ 언더 컬러 : 아래 눈꺼풀에 바르는 컬러로 선적인 느낌으로 깨끗이 발라준다.

(3) 아이라이너

① **사용목적**
  눈 모양에 맞게 선의 폭이나 굵기를 조절하여 눈매를 수정할 수 있으며 얼굴의 이미지를 변화시켜 주는 역할을 한다.

② **제품의 종류**
  - ㉠ 펜슬 타입 : 사용이 간편하고 그린 후에 그러데이션이 가능하여 눈매를 자연 스럽게 표현한다.
  - ㉡ 리퀴드 타입 : 색상이 선명하며 붓으로 그리기 때문에 가늘고 섬세하게 그릴 수 있으나 광택으로 인하여 다소 인위적으로 보일 수 있다.
  - ㉢ 케이크 타입 : 물이나 스킨에 섞어서 사용하는 타입으로 물의 양에 따라 색감 조절이 가능하다.

(4) 마스카라

① 사용목적

속눈썹을 짙고 길어 보이게 하여, 눈매를 선명하게 보이는 역할을 한다. 흑색이 일반적이나 밤색, 청색, 녹색, 와인색 등 아이섀도와 어울리는 색상을 선택하며 훨씬 매력적인 눈매를 연출할 수 있다.

② 제품의 종류

㉠ 리퀴드 마스카라 : 액상타입이며 접착력이 뛰어나 속눈썹을 선명하게 표현해 주며 일반적으로 가장 많이 사용되는 제품이다.
㉡ 롱래쉬 마스카라 : 섬유소가 들어있어 속눈썹이 길어 보이는 효과가 있다.
㉢ 케이크 마스카라 : 물이나 스킨을 이용하여 붓에 묻혀서 사용하며 눈물 등에 번지기 쉽다는 단점이 있다.
㉣ 워터프루프 마스카라 : 내수성이 좋아 땀이나 얼룩에도 잘 지워지지 않으며 주로 여름철에 많이 사용한다.
㉤ 볼륨 마스카라 : 속눈썹의 숱을 풍성하게 해주어 눈매를 강조할 수 있다.

2) 립 메이크업 화장품

(1) 사용목적

얼굴 중에서 가장 움직임이 많고 표정을 좌우하는 곳이 입술이다. 입술화장은 입술의 형태나 색감에 의해 얼굴 전체를 생동감 있게 표현해 주며 이미지를 전달하는 가장 강력한 수단이기도 하다.

(2) 제품의 종류

① 립스틱

색감과 질감이 다양하고 사용이 간편하여 가장 일반적으로 사용되는 제품이다.

② 립글로스

오일 타입으로 입술에 윤기를 주어 촉촉하게 표현해주며 입술을 보호해준다. 지속력이 떨어지는 단점이 있다.

③ 립라이너

펜슬 타입으로 입술 선을 선명하게 표현할 수 있으며 입술화장이 얼룩지지 않게 오래 지속시켜 준다.

④ 립밤

보습효과가 뛰어나며 빠르게 흡수되어 입술이 건조할 때 바르면 효과적이다.

⑤ 페이스트 타입

용기에 담겨 있는 타입을 뜻하며 부드럽고 윤기가 있으며 색상 표현보다 입술보호 효과가 크다.

⑥ 립 크레용

오일의 함유량이 적은 제품이며 립 펜슬보다 두꺼운 형태이다.

3) 블러셔(Blusher)

(1) 사용 목적

얼굴에 혈색을 부여하며 여성미와 건강미를 강조할 수 있다. 또한 얼굴형에 음영을 주어 결점을 보완시켜 주는 역할을 하며 블러셔의 색상에 따라 개성 있는 이미지를 연출할 수 있다.

(2) 블러셔의 구비 요건

① 파운데이션과 친화성이 좋고, 바르기 쉬울 것
② 색상의 변화가 없을 것
③ 적당한 커버력, 광택성, 부착성이 있을 것
④ 제거 시에 쉽게 닦이고, 피부에 염착이 되지 않을 것

(3) 제품의 종류

① 케이크 타입

브러시를 이용하며, 색감표현이 자연스럽고 손쉽게 사용할 수 있다.

② 크림 타입

파우더 바르기 전에 사용하며 손가락이나 퍼프를 이용하여 펴 바른다. 케이크에 비해 지속력이 좋다.

③ 파우더 타입

가장 자연스럽게 표현할 수 있다.

3 메이크업 제품에 요구되는 성질

1) 제품의 색조가 좋을 것

① 외관색이 균일하고 도포된 색상과 실제 색상이 거의 동일한 것
② 광원의 종류에 따라 도포색이 크게 변하지 않는 것

2) 화장효과가 좋을 것

① 기대한 화장효과가 얻어지는 것
② 피부에 대한 부착성이 양호한 것
③ 도포 후 시간이 경과하여도 색의 변화가 없는 것

3) 사용감이 좋을 것

① 도포할 때 감촉이 소프트하고 도포 후 이질감이 없는 것

② 클렌징이 용이한 것
③ 제품의 성능을 뒷받침할 수 있는 도포용구가 포함된 것

4) 안정성이 좋을 것
① 시간이 경과함에 따라 변색, 변취, 변형 등의 품질 변화를 일으키지 않는 것
② 제품의 품질을 유지하는 데 충분한 기능을 지닌 용기에 담겨진 것

5) 안전성이 높을 것
① 피부, 점막에 자극을 주지 않는 것
② 유해물질을 함유하지 않은 것
③ 미생물에 오염되지 않은 것

CHAPTER 05 메이크업 시술

SECTION 01 기초화장 및 색조화장법

1 기초화장

세안 후 스킨, 로션, 에센스, 크림 등을 바르고, 각자의 피부 상태와 연출하고 싶은 이미지에 따라 세부적인 갈래가 나뉜다.

1) 메이크업 스케일 결정

(1) 가로로 3등분한 스케일

얼굴의 평면에 1 : 1 : 1로 3등분한 스케일이다.

(2) 세로로 5등분한 스케일

얼굴의 입체를 알 수 있는 스케일이다.

2) 기초화장 순서

① 기초 크림류를 적당히 덜어내어 얼굴 전체에 골고루 펴 바르는데, 이것은 피부의 표면이 수분을 유지하고 피지와 땀의 분비를 크림 등으로 흡수시켜서 적당히 분산시킴으로써 화장의 흐트러짐과 피부의 거침을 방지하기 위해 사용된다.
② 파운데이션을 얼굴 전체에 펴 바른다.
③ 얼굴에 음영을 만들어 입체감을 나타낸다.
④ 가루분을 바른다. 파운데이션을 두껍게 칠한 경우에는 가루분을 분첩에 묻혀서 누르면서 발라 파운데이션이 충분히 가루분에 잘 배여서 유분과 수분이 남지 않도록 해야만 화장의 흐트러짐을 방지해 준다.

② 색조화장

1) 볼 메이크업

볼 화장은 메이크업의 전체적인 분위기를 잡아주고 전체적인 완성도를 높인다. 얼굴에 음영을 주어 윤곽을 뚜렷하게 하고 혈색을 주어 생기있게 보이도록 한다.

(1) 사용 목적

① 음영을 주어 얼굴을 뚜렷하게 입체적으로 표현한다.
② 얼굴형을 원하는 이미지로 수정한다.
③ 얼굴에 혈색을 주어 여성미를 강조한다.

(2) 색상 선택

① 전체적인 메이크업의 이미지를 생각해서 선택한다.
② 피부색에 맞추는 것이 좋다.
  ㉠ 노르스름한 피부 : 연오렌지, 산호색
  ㉡ 혈색이 없는 흰 피부 : 핑크 계열
  ㉢ 검은 피부 : 브라운 계열

2) 눈 메이크업

눈의 형태를 고려하여 장점을 살리고 단점은 보완할 수 있도록 한다. 눈 메이크업은 본인의 피부색이나 의상 색상, 계절 감각을 고려하여 본인의 이미지에 맞게 연출할 수 있다.

(1) 사용 목적

① 눈에 음영을 주어 입체감을 강조할 수 있다.
② 눈매 수정과 단점을 커버할 수 있다.
③ 색감을 이용하여 다양한 이미지와 분위기를 연출할 수 있다.

(2) 색상 선택

① 의상 색상과 같은 계열이나 조화로운 색을 선택한다.
② 선호 색상과 눈의 형태를 고려하여 색상을 선택한다.
③ 유행색에 맞추도록 한다.
④ 계절 감각에 맞는 색을 선택하는 것이 좋다.
  ㉠ 봄 : 옐로, 오렌지, 그린, 핑크색
  ㉡ 여름 : 블루, 화이트
  ㉢ 가을 : 브라운, 카키, 골드
  ㉣ 겨울 : 레드, 블랙, 와인

3) 입술 메이크업

메이크업의 전체적인 이미지를 좌우하는 입술에 윤곽과 색감을 주어 얼굴 전체를 생동감 있게 표현한다.

(1) 사용 목적
① 입술 형태를 수정하여 본인 이미지에 맞는 입술 선을 연출할 수 있다.
② 외부 자극 시 입술을 보호할 수 있다.

(2) 색상 선택
① 전체 이미지에 맞추도록 한다.
② 의상 색상, 피부색에 맞추도록 한다.
③ 연령에 맞추도록 한다.
④ 입술 크기나 입술 색을 고려해서 선택하도록 한다.

SECTION 02 계절별 메이크업

1 봄

봄의 색상은 명도, 채도가 높고 깔끔하고 청순한 색이 많다. 봄에 어울리는 대표적인 색상은 노랑, 복숭아, 아이보리 색상 등의 밝고 가볍고 따뜻한 느낌을 주는 색들이다.

1) 피부화장
아름다운 모습을 연출하기 위해서 가장 중요한 것은 피부표현이다. 투명감을 살려주어 화사하고 내추럴하게 표현해 준다. 파운데이션의 색상은 중간 톤의 리퀴드 유형을 사용한다.

2) 눈화장
봄의 밝고 화사함을 느낄 수 있도록 핑크 계열로 차분하게 그러데이션해 준다. 포인트 컬러는 그린, 옐로, 핑크 등으로 파스텔 톤으로 표현한다. 아이라이너로 눈매를 선명하게 그리는데, 눈꼬리 부분을 강조하여 1~2mm 정도 올려 그려준다.

3) 입술화장
봄바람에 의해 건조하기 쉬운 입술은 핑크 톤의 입술 위에 촉촉하게 보이도록 립글로스를 발라준다.

4) 볼화장
핑크색과 장미색을 이용하여 볼 뼈 부분을 둥글게 발라준다.

② 여름

여름 색상은 부드러우면서 시원하고 옅은 느낌을 주며 모든 색에 흰색과 파랑의 톤이 들어 있다.

1) 피부화장

기초화장 후 시원한 감촉의 젤 타입 메이크업 베이스로 피부를 산뜻하게 정돈한다. 여름에는 자외선 차단제를 꼼꼼히 발라준 후 파운데이션으로 펴 바르고 땀과 물에 강한 트윈 케이크를 다시 덧바른다.

2) 눈화장

밤색 펜슬로 눈썹을 그려주어야 쉽게 지워지지 않는다. 아이섀도는 그린이나 붉은색이 도는 파스텔 톤의 연한 색으로 상큼한 눈매를 연출한다. 눈 아래의 언더 섀도는 좁은 팁을 이용해서 회색으로 눈꼬리 부분에서 1/3까지 자연스럽게 라인의 느낌으로 발라준다. 마지막으로 리퀴드 아이라이너와 마스카라로 더욱 또렷하고 신선한 눈매를 만들어 준다.

3) 입술화장

여름철 피부화장은 약하게 하고 와인색 등의 강렬한 색으로 입술에 포인트를 준다.

4) 볼 화장

여름에는 땀으로 인해 화장이 지워질 수 있으므로 볼 화장은 피부화장에서 음영만 살려준다.

③ 가을

가을은 주변 환경이나 심리적 상태가 여름에 비해 차분하게 가라앉고 여유로움을 찾게 되므로 차분한 톤의 중간색으로 이미지를 나타낼 수 있다. 모든 색에 노랑과 검정이 섞인 색이 어울리며 흑색, 회색, 백색은 피하고 명도와 채도가 낮은 색이 좋다.

1) 피부화장

그린 색 메이크업 베이스를 얇게 바른 다음 리퀴드 파운데이션을 소량 여러 번 덧발라줌으로써 건조하여 각질이 일어나기 쉬운 피부표현을 꼼꼼히 한다. T-존과 눈 밑 부분은 밝게 해줌으로써 전체적인 이미지는 밝아 보이도록 한다.

2) 눈화장

눈썹은 브라운 펜슬로 시원하게 일자형으로 그려준다. 아이섀도와 립스틱을 모두 브라운 톤으로 매치시키면 이지적으로 보인다. 눈두덩에 베이지색의 아이섀도를 전체적으로 균일하게 바르고 베이지보다 진한 초콜릿색으로 눈꼬리에 포인트를 준다. 선명한 눈매 연출을 위하여 검은색 마스카라로 풍부한 속눈썹을 만들어 준다.

3) 입술화장

입술라인은 진한 브라운 컬러의 립 라이너를 이용하여 둥글고 넓게 그려준 다음 브라운 컬러 립스틱을 바른다. 이때 립글로스를 살짝 덧바르면 입술이 보다 윤기있고 볼륨감 있어 보인다.

4) 볼화장

연한 브라운으로 볼 부분을 넓게 펴 발라 여성스러움을 살려준다.

❹ 겨울

겨울색은 생생하고 깔끔한 원색, 또는 차고 시원한 색조들이며 흰색, 검정 등의 무채색이 겨울 이미지를 더욱 부각시킨다.

1) 피부화장

따뜻함이 돋보이게 핑크빛 파운데이션으로 피부색을 표현하는 것이 중요하며 투명파우더를 사용하면 더욱 효과적이다.

2) 눈화장

눈썹은 각 지게 브라운으로 그려주어야 따뜻해 보일 수 있다. 섀도는 아이 홀 부위, 눈꼬리 쪽에서부터 와인색을 터치해 눈두덩 움푹 들어간 부위에 실루엣 처리함으로써 소프트하면서 입체적인 눈매를 만들어 준다. 검은색 마스카라를 위, 아래 속눈썹에 충분히 발라 강렬한 눈매를 연출한다.

3) 입술화장

립라이너로 윤곽을 살리고 레드 계열로 아웃커브형 입술을 만들어 주는 것이 매혹적인 분위기를 살릴 수 있는 포인트이다.

4) 볼화장

와인 계열의 색상으로서 연하게 얼굴라인 전체를 터치하고 광대뼈 부분은 조금 강하게 연출한다.

SECTION 얼굴형별 메이크업

1 달걀형

가장 이상적인 얼굴형으로 귀 위에서 턱까지 사선 또는 삼각형으로 연결하여 자연스럽게 셰이딩해준다.

2 둥근형

얼굴 길이는 짧고 광대뼈 부위가 넓어 얼굴 윤곽은 둥글고 이마가 좁다. 둥근 얼굴을 갸름하게 보이도록 양 볼의 뒷부분에 셰이딩해주고 이마, 턱, 콧등에 세로로 하이라이트 효과를 준다.

3 긴 형

길어 보이는 얼굴형으로 하이라이트를 가로의 느낌으로 발라 줌으로써 긴 얼굴을 수평 분할하여 볼이 통통해보이게 해주고 헤어라인 부분과 턱 끝선에 어두운 셰이딩 효과를 주어 긴 얼굴을 커버해 준다.

4 사각형

각이 진 턱선과 이마 양 옆에 셰이딩의 효과를 주어 얼굴 길이에 비해 넓어 보이는 얼굴 폭을 감소시키고 T존 부위에 세로의 하이라이트 효과를 준다.

5 역삼각형

이마 넓이보다 턱 부분이 좁기 때문에 양쪽 아랫볼 부분에 하이라이트 효과를 주어 통통해보이게 한다.

6 삼각형

이마 넓이보다 양 볼이 상대적으로 넓어 이마 양끝에 하이라이트 효과를 주어 넓어 보이도록 하고 양 볼 부분은 셰이딩을 주어 좁아 보이게 한다.

SECTION ❶ T. P. O에 따른 메이크업

1 Time(시간)에 따른 메이크업

1) 데이 타임 메이크업(Day Time Make-up)
낮 화장을 의미하며, 대부분의 여성들이 아침에 하는 자연스러운 화장이다. 인위적인 느낌보다는 자연 그대로를 표현하며 의상이나 헤어스타일과의 조화를 고려하여 색상을 선택하는 것이 좋다. 피부 톤과 크게 차이가 나지 않아야 하며 너무 강한 색상보다는 은은하고 자연스러운 색상을 선택하는 것이 좋다.

2) 나이트 타임 메이크업(Night Time Make-up)
저녁시간대의 모임이나 이벤트를 위한 화장으로 데이 메이크업에 비해 색상대비가 강하며 다소 인위적인 메이크업이다. 의상과의 조화를 고려하여야 하며 조명에 의해 반사되는 점을 이용한 화려한 컬러의 사용과 반짝이는 펄 제품을 이용하여 이벤트의 목적에 맞게 메이크업하는 것이 좋다.

3) 계절 메이크업

(1) 봄 메이크업
밝고 생동감 있는 이미지로 봄을 연상시키는 그린, 옐로, 핑크, 오렌지 계열의 가벼운 색상을 이용한 달콤하고 부드러운 느낌의 메이크업을 표현한다.

① 피부화장
산뜻하고 촉촉한 터치감으로 아름다운 색상을 오랫동안 지속시켜 주는 로션 타입의 리퀴드 파운데이션으로 내추럴하고 투명하게 피부를 표현한다.

② 눈화장
핑크 계열로 그러데이션 효과를 낸다. 먼저 핑크 계열의 베이스를 사용 한 후 핑크 톤을 약간 가라앉히는 느낌으로 진자주색을 가볍게 터치하고 연갈색을 쌍꺼풀 부위에 은은하게 펼쳐준다.

③ 입술화장
핑크 계열의 립스틱을 바르면 투명감을 살릴 수 있다.

④ 볼화장
핑크색과 장미색을 이용해서 불그스름하다기보다는 창백한 듯한 느낌으로 은은하게 펴 발라준다.

(2) 여름 메이크업
블루, 민트 등 시원한 계열의 색상을 활용한 활동감 넘치는 메이크업으로 표현한다.

① 피부화장

파운데이션을 사용할 때 경계가 지지 않도록 주의해서 바른다.

② 눈화장

시원한 분위기를 느낄 수 있도록 블루 계통의 아이섀도를 엷게 펴 바른 다음 위에 검은색 아이라인을 그려 주고 약간 진한 블루로 눈에 깊이를 주면 된다.

③ 입술화장

선명한 빨간색이나 청색기가 있는 로즈핑크를 선택해 메이크업에 포인트를 주며, 볼륨감 있게 입술화장을 마무리한다.

(3) 가을 메이크업

① 피부화장

자연스러운 분위기 연출을 위해 메이크업 베이스로 투명감 있는 피부색을 준 다음 액체 타입의 리퀴드 파운데이션과 크림 타입의 파운데이션으로 마무리한다.

② 눈화장

의상 색에 맞추어 화장을 하되 주로 브라운 계열로 표현한다.

③ 입술화장

아이섀도의 색상보다는 한 단계 진한 색상으로 본래의 입술보다 약간 볼륨감 있게 표현한다.

④ 볼화장

아이섀도와 조화를 이룰 수 있는 오렌지색과 커피색으로 얼굴의 윤곽을 가볍게 터치하여 입체감 있게 연출한다.

(4) 겨울 메이크업

① 피부화장

기초화장을 철저하게 한 후 베이지 톤의 파운데이션을 사용하여 얼굴의 요소요소에 자연스럽게 펼쳐준 다음 잘 마무리한다.

② 눈화장

옅은 황색을 눈두덩에 펼쳐 바른 후 진한 보라색으로 눈 앞머리에서부터 꼬리부분까지 점차 진하게 경계선이 보이지 않도록 번지듯 그려 준다. 여기에 다시 연분홍색으로 눈 전체를 가볍게 쓸어주면 성숙한 지성미로 연출할 수 있다.

③ 입술화장

메이크업 전체의 분위기에 어울릴 수 있는 흑장미색과 분홍색을 이용하여 지성미를 한층 돋보이게 연출한다.

❷ Place(장소)에 따른 메이크업

1) 호텔, 웨딩 홀
① 입체화장으로 또렷한 인상을 주도록 한다.
② 포인트 컬러로 눈과 입술을 선명하게 표현한다.
③ 피부 톤은 화사하게 표현한다.
④ 머리와 이마의 경계, 턱선 등에 셰이딩을 강하게 넣어 입체감을 살려준다.
⑤ 밝고 선명한 립스틱으로 매혹적인 입술을 연출한다.

2) 야외 식장
① 자연광 아래이므로 투명한 느낌이 들도록 피부를 맑게 표현한다.
② 자기 피부보다 한 단계 밝은 톤으로 표현하고, 투명 파우더로 산뜻한 느낌을 강조한다.
③ 눈과 입술은 선명하게 라인 처리한다.
④ 컬러풀한 섀도와 립스틱으로 포인트를 준다.

3) 교회나 성당
① 조명이 어두우므로 밝고 선명한 느낌이 들도록 표현한다.
② 자연스러운 피부 화장에 투명 파우더로 하이라이트를 준다.
③ 눈화장은 자연스럽고 신비한 연보라색으로 고급스럽고 우아한 이미지를 내도록 한다.
④ 와인이나 브라운 계열로 경건한 분위기에 맞춘다.

❸ Object(목적)에 따른 메이크업

1) 내추럴 메이크업
① 모든 화장 테크닉의 기초이자 근본이 되는 메이크업을 말한다.
② 모든 연령, 어떤 상황에서도 활용이 가능한 가장 많이 쓰이는 메이크업을 말한다.
③ 모델이 가지고 있는 개성을 그대로 살려서 자연스러운 아름다움을 줄 수 있다.

2) 글로시 메이크업
① 한 톤 낮은 베이스로 얼굴은 작아 보이게 하고 파우더를 적게 사용하여 촉촉한 피부를 연출하는 메이크업이다.
② 광택 있는 피부 표현을 위하여 파운데이션과 파우더에 펄을 섞어 준다.
③ 수분이 많은 모이스처라이저를 충분히 발라 준다.
④ 펄감이 있는 파스텔 색조의 아이섀도를 선택한다.
⑤ 컨실러를 이용해서 부분적으로 잡티를 커버해 준다.
⑥ 파우더 타입보다는 크림 타입의 블러셔를 사용한다.

3) 펄 메이크업

펄이 주는 신비함, 세련됨, 화사함 등이 강조되면서 계절에 관계없이 폭넓게 응용되고 있다.

4) 누드 메이크업

① 화장을 안 한 듯 보이는 화장을 말한다.
② 내추럴 화장에 비해 수정이나 색감을 거의 느낄 수 없다.
③ 베이비 모델, 어린이 모델, 혹은 세안용, 목욕용 제품 광고에 응용될 수 있다.

5) 그리스 페인트 메이크업(Grease Paint Make Up)

스테이지 메이크업(Stage Make-up)이라고도 하며, 무대화장을 일컫는 화장법이다.

6) 선번 메이크업(Sunburn Make Up)

햇볕 방지 화장법이다.

7) 소셜 메이크업(Social Make Up)

성장 화장으로 데이타임 메이크업보다 정성들여서 하는 짙은 화장이다.

SECTION 05 웨딩 메이크업

결혼식을 위한 메이크업으로 무엇보다 신부의 사랑스럽고 우아한 이미지를 강조하며, 가장 아름답게 표현해야 하는 메이크업이다.
예식장소, 시간, 웨딩드레스와 모델의 이미지를 고려하여 세심하고 지속력 있는 메이크업이 필요하다. 주로 핑크 계열이나 부드러운 느낌의 산호색 계열을 많이 사용하며 차분한 신부의 이미지를 표현할 때는 브라운 계열을 사용하기도 한다.
주의할 점은 신부화장에서 신부의 인중이 짧을 때는 윗입술과의 간격을 넓혀 주기 위해 윗입술을 작게 그리고 아랫입술은 크게 그려야 한다는 것이다.

SECTION 06 미디어 메이크업

미디어의 사전적 의미는 '매체, 수단'이라는 뜻으로서, 불특정 대중에게 공개, 간접적, 일방적으로 많은 정보를 전달하는 신문, 잡지, 영화, TV 등이 대표적이다. 매체의 종류에 따라 신문, 잡지 등의 인쇄매체(지면광고)와 TV, 라디오, 영화, CF 등의 전파매체로 구분되며 이와 같은 모든 매체에서 이루어지는 메이크업을 미디어 메이크업이라 한다. 미디어 메이크업은 아름다움을 목적으로 하는 뷰티 메이크업 분야와는 달리 표현하고자 하는 캐릭터나 광고의 상황에 맞는 이미지를 분석하는 총체적인 지식이 필요하다. 그러기 위해서는 메이크업의 기술뿐만 아니라 전체를 상황에 맞게 연출할 수 있는 지식과 기술, 판단력이 있어야 한다.

1 인쇄 매체(지면 광고)

신문, 잡지, 카탈로그, DM 등이 해당되는데, 주로 사진작업에 의해 이루어지는 광고라고 할 수 있으며 포토메이크업이 여기에 해당된다. 포토메이크업은 조명이 강하므로 얼굴을 입체감 있게 표현해야 한다. 무엇보다도 광고의 이미지에 맞는 의상과 메이크업의 조화가 중요하다.

2 전파 매체

영화, 드라마, CF, 방송 프로그램 등이 해당되며 필름에 의한 메이크업이다. 모델의 움직임에 따라 세심하게 메이크업을 해야 한다. 방송에 대한 지식이 요구되며 스텝들과 공동 작업이 많으므로 책임감 있는 전문인으로서의 자세가 필요한 분야이다. 방송 프로그램이나 광고, 드라마에 등장하는 연기자의 성격을 분석하여 그에 맞는 의상과 메이크업, 헤어스타일을 적절하게 표현해야 한다.

CHAPTER 06 피부와 피부 부속 기관

SECTION 01 피부구조 및 기능

1 피부의 정의

피부는 신체의 전체 표면을 덮고 있는 질긴 막으로서 신체를 보호하고 체온조절, 물질대사, 지방분의 저장 등의 기능을 영위한다. 표피, 진피 및 피하 조직으로 이루어지며, 피부의 면적이나 두께는 사람에 따라 조금씩 다르다. 일반적으로 평균 피하조직을 제외한 표피와 진피의 두께는 약 1.4mm 정도이고 피부의 면적은 성인의 경우 1.6~1.8m²이고 중량은 약 4.0kg이다.

2 피부의 구조

1) 표피

표피는 피부의 가장 외층으로 안쪽에서 바깥쪽으로 기저층, 유극층, 과립층, 투명층, 각질층으로 구분된다. 다른 상피조직과 마찬가지로 표피에는 혈관이 없다. 표피의 부속물은 주로 각질세포로 되어 있고, 멜라닌 생성세포, 랑거한스 세포, 마르피기 세포 등으로 구성되어 있다.

(1) 각질층

표피 중 가장 바깥쪽에 있는 층으로 편평하고 핵이 없는 다수의 죽은 각질세포가 약 15~20겹 정도로 존재한다. 이러한 각질층은 죽은 세포로 구성되어 피부 밖으로 탈락하게 되는데 머리에는 비듬, 피부에서는 때로 나타나며 이러한 박리현상에 걸리는 기간은 약 28일 정도이다. 각질층의 수분함량은 10~20%가 정상이며 10% 이하가 되면 피부가 건조해지고 거칠어지며 예민해지므로 수분함량은 피부표면의 탄력성 유지와 피부의 손상방지에 매우 중요하다. 정상적인 각질층의 주성분은 케라틴 단백질이며 그 밖에 수용성 물질, 유지방체, 수분으로 되어 있으며 천연보습인자 등이 존재한다.

> **천연보습인자(NMF ; Natural Moisturizing Factor)**
> 각질층에 존재하는 수용성 보습 인자로 수분을 흡수하여 피부 표면의 긴장 완화 및 보습의 유지 작용을 한다. 구성 성분은 아미노산이 40%, 카르복시산 12%, 젖산염 12%, 요소 7%, 기타 성분 등으로 구성되어 있다.

(2) 투명층

각질층 아래의 광택이 나는 층으로서 핵, 소기관, 세포막이 보이지 않아 투명한 세포층이다. 입술이나 손바닥이나 발바닥 같은 두꺼운 부위에만 볼 수 있으며 외부로부터의 직접적인 손상을 방어하는 층이다.

(3) 과립층

작은 과립모양의 각화유리질 과립이 함유되어 있어 본격적인 각질화 과정이 시작된다.

(4) 유극층

표피 중에서 가장 두꺼운 층이다. 면역기능을 담당하는 랑게르한스 세포가 존재한다.

(5) 기저층

표피의 가장 바닥에 위치한 층으로 원주형의 세포가 단층으로 구성되어 있으며 물결모양을 가지며, 피부색상을 결정하는 멜라닌 세포가 주로 분포되어 있다. 이외에 각질형성세포, 촉각세포, 색소형성세포(멜라노사이트)가 존재한다.

> **멜라닌**
> 세포 내의 소기관인 리보솜(Ribosome)에서 티로시나아제라는 효소의 생합성에서 합성되기 시작한다. 이 효소의 작용으로 아미노산의 일종인 티로신(Tyrosine)에서 몇 단계를 거쳐 합성되어, 멜라노사이트라는 흑색소포 표면에 침착하여 멜라노솜(Melanosome)이라는 멜라닌 과립이 생긴다.
>
> **피부의 각화과정(Keratinization)**
> 피부세포가 기저층에서 각질층까지 분열되어 올라가 죽은 각질 세포로 되는 현상이다.
> 표피(기저층)와 진피(유두층) 사이의 경계는 유두모양의 반복으로 물결의 형태로 이루어지게 된다.

2) 진피

표피 아래 치밀 결합조직으로 이루어진 층으로 표피 바로 밑의 유두층과 깊은 층의 망상층으로 구별되며 피부조직 외에 부속기관인 혈관, 신경관, 림프관, 땀샘, 기름샘, 모발과 입모근을 포함하고 있다.

(1) 유두층

산소와 영양소가 유두의 모세혈관으로부터 조직액을 통한 확산을 통해 산소와 영양소가 확산해 들어가 피부에 필요한 영양소를 운반하여 표피의 각화가 원활해지도록 도와서 피부표면을 매끄럽게 하므로 피부에 긴장감과 탄력을 준다. 또한 촉각 및 통각이 위치한다.

(2) 망상층

진피의 80% 이상을 차지하는 층으로, 콜라겐 섬유와 엘라스틴 섬유들이 더 치밀하고 규칙적으로 배열되어 있으며, 혈관, 림프, 신경과 땀샘이 복잡하게 분포하고 있다. 피부에 상처가 날 경우 치유하는 역할을 하는 것은 교원섬유이다.

3) 피하조직

지방이 축적되는 부위로서 피하지방 조직이라고도 하는데, 피하지방층이 지나치게 두꺼우면 비만 상태가 된다. 피하조직은 사실 피부의 일부분이 아니며 진피를 그 밑의 장기와 연결시켜 주는 부분으로 다른 기관의 혈관, 림프관, 신경관 등과 함께 연결되어 있어 영양분과 산소를 공급하고 노폐물과 이산화탄소를 거두어들인다. 피하조직의 작용은 외부의 압력, 충격으로부터 몸을 보호하고, 수분을 조절하고 영양소를 저장한다. 혈액순환 및 림프액의 순환이 원활하지 못하면 셀룰라이트를 형성한다.

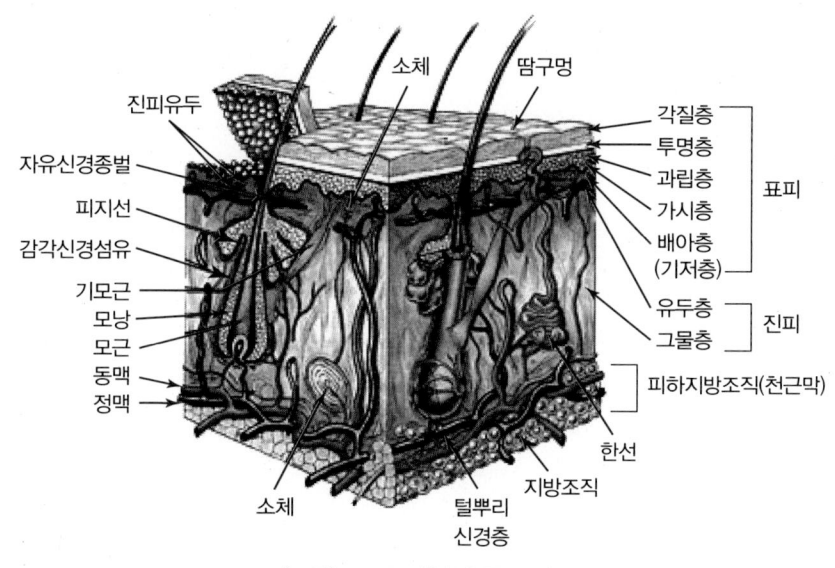

〈그림 1-18 피부의 구조도〉

❸ 피부의 기능

1) 보호 작용

(1) 물리적 보호

피부는 미생물, 물 그리고 과다 자외선으로부터 인체를 보호하는 보호막 역할을 한다. 피부 표면에 산성보호막(약 pH 4.5~5.5)을 형성해 피부에 대한 세균침입을 억제해 주고 항박테리아 작용을 한다.

(2) 세균으로부터의 보호

자유지방산과 증발과정에서 남은 산 찌꺼기 등은 피부에 산성막을 형성해 세균의 감염과 미생물의 침입으로부터 피부를 보호한다.

(3) 광선으로부터의 보호

멜라닌색소와 표피의 투명층이 자외선에 의한 손상이나 열의 침투를 방지한다.

2) 감각기관으로서의 기능

① 피부는 외부의 자극을 바로 뇌에 전달하여 통각, 촉각, 냉각, 온각, 한각, 소양감 등을 느끼게 한다.
② 촉각·통각·소양감은 진피의 유두층에서, 압각·온각·한각은 진피의 망상층에서 감지한다.

〈표 1-2〉 피부에 분포하는 감각 수용기

수용기	감각	구조
촉각소체 마이스너소체	촉각, 압각 및 진동감각	난원형의 결합조직 피막이 가지돌기를 싸고 있음
촉각원반 메르켈원반	촉각 및 압각	가지돌기가 메르켈세포의 기저면과 접촉
층판소체 바터-파치니소체	압각 및 진동감각	양파 모양으로 여러 층의 결합조직이 가지돌기를 싸고 있음
털뿌리얼기	촉각	자유신경종말(가지돌기)이 털주머니 주위를 싸고 있음
자유신경종말	온도감각과 통각	자유신경종말(가지돌기)

3) 체온조절 작용

근육세포의 대사로부터 체내의 열이 발생하게 되는데 혈관 확장으로 복사열을 방출하거나 땀 분비를 통해 체온을 하강시키거나 혈관 수축으로 열을 축적하기도 한다.

4) 호흡 및 흡수작용

피부를 통한 호흡작용은 전체 폐호흡의 1% 정도를 차지하며, 흡수작용은 외부에서 영양이나 수분을 흡수하여 피부를 촉촉하고 건강하게 해준다.

5) 분비 및 배설작용

피지선에서 피지, 한선에서 땀을 분비하여 피지막을 형성하고 피부 건조를 막아 유연성 및 탄력성을 주며 외부 유해물의 침입을 막아준다. 또 체내의 유해물질을 땀, 피지 등으로 배설하기도 한다.

6) 비타민 D 합성작용

비타민 D를 생성하는 멜라닌과 케라틴은 외계에서 합성되고, 활성화된 비타민 D는 혈액 속으로 들어가 칼슘과 인의 대사를 조절하여 뼈의 발달에 중요한 영향을 미친다. 따라서 비타민 D의 합성이 충분하지 않아 결핍 시에는 구루병(Rickets)이 생긴다.

SECTION 02 피부 부속 기관의 구조 및 기능

모발, 손·발톱, 선(腺, Gland)들은 표피층에서 유도된 것으로 피부부속기관 또는 표피유도체라고 한다.

1 피지선(기름샘)의 특징 및 기능

1) 특징
① 진피 내 망상층에 위치한다. 손바닥과 발바닥을 제외한 신체의 대부분에 분포한다.
② 피지 분비량은 평균 하루에 약 1~2g이며, 피지분비자극 호르몬 중 안드로겐에 의해 피지선이 자극되어 사춘기 남성에게서 집중적으로 분비된다.
③ 모발의 난포상피로부터 발생하는 피지선은 모발의 줄기로 피지를 분비하는 전분비선이다. 피지는 지질이 대부분이며 모발의 줄기로부터 피부 표면으로 퍼져나가 피부 각질층의 윤활작용과 방수역할을 하고 또한 모발이 푸석거리지 않게 도와준다. 피지선이 막히면 여드름이 생기게 된다.
④ 모낭이 없기 때문에 피지선이 직접 피부 표면으로 연결되어 피지를 분비하는 피지선을 독립피지선이라고 한다.
⑤ 피지 분비량이 증가하는 경우는 기온이 높아질 때, 사춘기 때, 임신기간 중 일 때 등이다. 특히 임신 중일 때는 겨드랑이 부분에서 많이 분비된다.
⑥ 목욕, 세안 등의 원인으로 피지가 없어졌다가 원상태로 회복될 때까지는 3~4시간이며, 얼굴에는 2시간 정도이다.

2) 기능
① 피부와 모발에 촉촉함과 윤기를 부여하고, 체온저하를 막아준다.
② 피지는 수분증발 억제작용, 살균작용, 흡수조절작용, 비타민 D의 생성작용을 한다.
③ 피부를 약산성 상태로 유지하며 알칼리를 중화하는 작용을 한다.
④ 피지의 지방 성분은 땀과 기름을 유화시키는 역할을 한다.

2 한선(땀샘)의 특징 및 기능

1) 특징
① 나선형으로 말려있는 관의 형태로서 손·발바닥·겨드랑이·음부 그리고 이마에 가장 많이 분포되어 있다.
② 피부 표면으로 땀을 분비하여 증발함으로써 체온을 내려주는 역할을 할 뿐 아니라 불순물을 배출하는 역할도 한다.
③ 한선에는 에크린선(Eccrine Gland, 소한선)과 아포크린선(Apocrine Gland, 대한선) 두 종류가 있다.

2) 에크린선(Eccrine Gland, 소한선)

① 실밥을 둥글게 한 것 같은 모양으로 진피 내에 존재한다.
② 입술, 음부를 제외한 거의 전신에 분포되어 있다. 특히 이마, 손·발 바닥에 많이 분포한다.
③ 무색, 무취로서 약 99%가 수분이다.

3) 아포크린선(Apocrine Gland, 대한선)

① 에크린선보다 더 큰 선으로 모낭에 부착되어 있다. 주로 겨드랑이, 배꼽, 음부에 분포되어 있다. 사춘기가 되어서 분비가 발달하므로 2차 성징의 하나로 보기도 한다.
② 아포크린선에서 분비되는 땀 자체는 무취, 무색, 무균성이나 분비 이상으로 세균의 감염을 받아 부패하여 겨드랑이 냄새를 유발하기도 한다.
③ 사춘기 이후에 주로 분비되며, 인종적으로 흑인이 가장 많이 분비된다.

3 모발의 특징 및 기능

1) 특징

① 경단백질인 케라틴이 주성분이다.
② 약 130~140만 개 정도 분포하며, 온 몸에 퍼져 있는 솜털이 감각을 느낄 수 있게 한다.
③ 모발의 수분 함량은 약 8~10% 정도이다.

2) 모발의 기능

① 보호기능 : 체온조절, 외부의 자극으로부터 피부를 보호한다.
② 장식기능 : 외모를 장식하는 미용적 효과가 있다.
③ 지각기능 : 감각을 전달한다.
④ 배출기능 : 노페물을 배출한다.

3) 모발의 구조

(1) 모수질

털의 가장 안쪽 층으로서 비교적 부드러운 각화세포이다.

(2) 모피질

모발의 80~90%를 차지하는 털의 중간에 위치한 층으로서 세로 모양의 긴 방추형 각화세포이다. 모발 색을 결정하는 과립상의 멜라닌 색소를 함유하고 있다.

(3) 모표피

털의 가장 바깥층으로서 비늘 모양으로 싸고 있으며, 모발의 10~20%를 차지한다.

(4) 모유두

혈관과 림프관이 분포되어 있어 털에 영양공급을 하고 발육에 관여한다.

(5) 모구

모근 아래쪽에 위치한 이곳에서부터 털이 성장한다.

(6) 입모근(기모근)

외부의 자극이나 온도 변화에 의해 털을 세운다.

(7) 모간

피부 표면 밖으로 나와 있는 부분으로서 비늘층과 섬유층으로 이루어져 있다.

(8) 모근

피부 속에 매몰되어 있는 부분을 말한다.

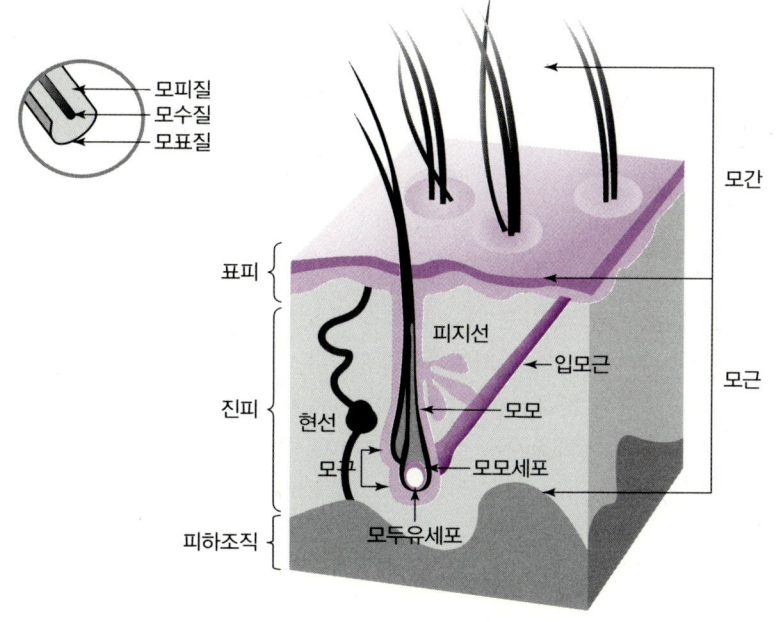

〈그림 1-19 모발의 구조〉

CHAPTER 07 피부유형분석

SECTION 01 정상피부의 성상 및 특징

1 정상피부의 성상

피부 조직의 생리활동이 정상적이며, 피부에 이상증상이 나타나지 않고, 외관으로 보아 피부 결의 입자가 섬세하고 고우며 가볍게 윤기가 난다. 또한 피부의 탄력성과 혈색도 좋고 피부가 촉촉하다. 가장 이상적인 피부 형태로 현대 생활에서는 찾아보기 어려우며, 개인에 따라 얼마 동안 정상피부 상태에 있다가도 신체 및 정신적 조건에 따라 쉽게 변화된다.

2 정상피부의 특징

① 건강한 피부로 촉촉하고 윤기있다.
② 피부의 수분과 유분 활동이 정상적이다.
③ 피부 표면이 고르고 윤기가 난다.
④ 피부 표면에 저항을 느낄 수 있는 탄력성이 있다.
⑤ 환경에 따라 피부 변화가 있지만 곧 회복된다.
⑥ 세안 후에도 당김이 적다. 일반세안의 목적은 피부 표면의 불순물을 제거하기 위해서이다.
⑦ 색소침착이 없으며, 자외선에 그을린 피부색소도 곧 회복된다.

SECTION 02 건성피부의 성상 및 특징

1 건성피부의 성상

피부의 수화(Hydration) 기능과 피지분비기능이 원활하지 못하거나 조화롭지 못할 때 피부의 건성이 초래된다. 건성피부는 수분 결핍의 건성피부와 유분 결핍의 건성피부, 유분과 수분 결핍의 건성피부로 나눌 수 있다. 수분 결핍의 건성피부는 피지선과 한선의 역할은 정상이나 피부세포가 지닌 보습량 부족으로 건조한 상태를 말한다. 즉 진피 결체조직의 수분 함량이 저하된 피부이다. 유분 결핍의 건성피부는 피지선의 기능 저하로 인하여 피부에 피지 분비가 감소하므로 얼굴에 윤기가 없고 거칠며 탄력이 없다. 대체로 땀구멍과 모공은 섬세하다. 유분과 수분 결핍의 건성피부는 피부에 수분이 결핍되면서 자연적으로 유분이 결핍되는 현상까지 동반하는 것이다. 또한 지방성, 여드름성 피부를 피지분비 억제의 목적으로 심하게 관리할 경우 그 역반응으로 유분과 수분 결핍 피부가 나타난다.

2 건성피부의 특징

① 피지선 기능이 원활하지 못하거나 피지선 자극호르몬의 분비가 부족하여 피지와 땀의 분비가 적어 피부표면은 항상 건조하고 윤기가 없다.
② 메이크업이 잘 받지 않는다.
③ 특히 나이가 들거나 겨울이 되면 건조가 더욱 심해지고 저항력이 약해져 상처가 발생하기 쉬우며 염증성의 피부병이 잘 생긴다.
④ 세안 후 손질을 하지 않으면 피부가 당기는 느낌이 들며 피부가 손상되기 쉬우며 주름도 빨리 생겨 노화현상이 다른 피부유형보다 빠르다.
⑤ 피부의 색소 침착이 있다.
⑥ 세안 후 피부 당김이 있고 오랫동안 지속된다.
⑦ 피부의 탄력이 줄어들면서 늘어짐이 빨리 진행된다.

SECTION 지성피부의 성상 및 특징

1 지성피부의 성상

피지분비의 증가(남성 호르몬인 안드로겐의 증가)로 피지가 피부를 덮어 번들거리거나, 피지가 모낭 밖으로 배출되지 못하고 속에 쌓이거나 여드름을 유발한다. 그리고 유분으로 인해 번들거리고 모공이 점차 넓어지며 각질층은 두꺼워져 피부가 두꺼워 보인다. 또한 피부 결은 거칠어지고 혈액순환이 나빠져 노란 회색의 안색을 띤다. 지성피부는 피지 분비가 많기 때문에 먼지와 피지가 결합해서 생기는 노폐물도 많으며, 여드름이나 피부 트러블을 일으키기 쉽다. 주요 원인은 지나치게 왕성한 피지선의 활동으로 인한 모공의 확대 때문이다.

> **여드름**
> 모공 속 피지가 과도하게 분비되어 피지가 모공에서 바깥으로 배출되지 못하고 모공 내에서 뭉쳐 염증을 일으키는 현상이다.

2 지성피부의 특징

① 피부 표면이 피지 분비의 과다로 인해 번들거리고 끈적거리며, 피부 트러블이 생기기가 쉽다.
② 불순물이 묻기 쉬우며, 화장을 했을 때 쉽게 지워진다.
③ 피부의 모공이 넓고, 피부 표면이 무거워 보이고 탁하다.
④ 피부의 저항력이 약해서 여드름이 잘 생긴다.
⑤ 피부의 각질층 조직이 두껍다.
⑥ 자외선에 의한 피부 색소 침착이 빠르다.
⑦ 군데군데 블랙헤드(Blackhead)나 화이트헤드(Whitehead)가 보인다.
⑧ 특히 T-zone 부위에 유분이 많고, 피부 염증이 잘 일어난다.

SECTION 민감성피부의 성상 및 특징

1 민감성피부의 성상

어떤 요인에 의하여 비정상적으로 외부 자극에 민감할 뿐만 아니라 얇고, 섬세한 조직으로 염증이나 피부 병변을 일으키기 쉬우며, 화학적·역학적 반응에 예민하다. 주위 환경에 민감해 실내외 온도의 변화, 기후, 피부의 자극, 화장품 등에 쉽게 반응한다. 외관상 피부 결은 섬세하여 깨끗해 보이나 건조하기 쉽고 자극에 민감하므로 피부가 쉽게 피곤함을 느끼며, 계절이 바뀔 때마다 일시적으로 불안정해진다. 중성피부에 비하여 조절 기능이 저하되어 사소한 자극에도 강한 예민 반응을 나타낸다. 탄력이 없고, 혈색이 없는 약한 피부이다.

2 민감성피부의 특징

① 피부조직이 얇고, 투명하며, 섬세하다.
② 각종 자극에 민감하고, 피부 가려움이 잦다.
③ 얼굴 표면에 모세혈관이 드러나 보인다.
④ 피부 색소가 잘 나타난다.
⑤ 피부색이 창백하고 탄력성이 적으며 정맥이 드러나 보이는 약한 피부로, 손질 시에는 강한 알칼리성 비누나 알코올 함량이 많은 화장수의 사용을 피하는 것이 좋다.

SECTION   복합성피부의 성상 및 특징

1 복합성피부의 성상

피지의 소비량이 균형을 이루지 못하여 두 가지 이상의 피부 성질이 한 얼굴에 공존하는 피부유형이다. 일반적으로 건성피부와 지성피부의 공존을 말하는데 얼굴의 T-zone 부위는 피지분비가 활발하여 지성을 나타내지만 볼과 눈 주위는 정상 피부이거나 민감성, 건성일 경우가 많다. 일반적으로 여성에게 이런 피부유형이 많다. 또 나이가 들어가면서 더욱 복합성 피부 경향으로 변화되어 간다.

2 복합성피부의 특징

① 피부 느낌이 불안정하며 기후 변화에 쉽게 균형을 잃는다. 이는 피지 소비량 불균형으로 두 가지 이상의 피부 성질이 한 얼굴에 나타나는 상태이다.
② 세안 후에 피부가 잡아당겨지는 느낌이 있으며 잔주름이 형성된다.
③ 피부조직이 전체적으로 고르지 않다.
④ 볼 뼈 주위가 민감하고 색소가 잘 나타난다.
⑤ 화장이 잘 받지 않으며, 잘 맞는 화장품을 발견하기가 쉽지 않다.

SECTION   노화피부의 성상 및 특징

1 노화피부의 성상

노화피부는 연령 증가로 인해 피부가 노화되는 것이 아니라 젊은 연령층에서 발생되는 조기 노화현상을 말한다. 조기노화를 조장하는 요인은 메이크업 미용사라면 관심을 가져야 할 내용으로 이는 피부의 수분과 유분 부족에서 기인한다. 또한 신체의 신진대사 활동의 저하로 피부의 혈액순환이 나빠지고, 여성의 경우 폐경기 이후로는 호르몬의 영향을 받아 피부 상태에 변화가 나타난다.

2 노화피부의 특징

① 노화피부의 주요현상은 탄력성 저하와 주름이다.
② 피부의 함몰 현상과 색소 침착 현상이 나타난다.
③ 피부 건조와 세안 후 당김이 심하다.
④ 탄력성이 저하되고 피부 보습력이 떨어져 거칠어 보인다.
⑤ 피부의 부드러움과 윤기가 없다.
⑥ 혈액순환 불균형과 피부세포 내의 영양 섭취 능력 저하 등으로 결체 조직이 위축된다.

CHAPTER 08 피부와 영양

SECTION 01 3대 영양소, 비타민, 무기질

1 영양소란?

식품으로부터 공급되어 생명을 유지하고 신체를 구성하며 일상생활과 활동에 필요한 에너지를 공급함으로써 신체의 성장발육 또는 정상적인 생리기능을 원활하게 하기 위해서는 인체가 필요로 하는 물질을 끊임없이 보충해 주어야 한다. 사람은 신체에 반드시 필요한 이러한 물질을 음식물로부터 얻고 있는데 음식물을 이루고 있는 기본물질을 살펴보면 화학물질임을 알 수 있으며, 이 물질들을 영양소(Nutrient)라고 한다. 사람이 정상적인 성장을 하고 유지하기 위해 필요한 영양소는 현재까지 밝혀진 것만 50개 정도로 알려져 있다. 이 중 탄수화물(당질), 단백질, 지방을 3대 영양소라 하고, 여기에 무기질과 비타민을 더하여 5대 영양소라고 한다.

2 3대 영양소

1) 탄수화물

(1) 역할

신체의 중요한 에너지원으로 1g당 4kcal의 열량을 공급하며, 혈당을 유지시키고 소장에서 포도당 형태로 흡수된다.

(2) 결핍증세

체중과 기력이 감소한다.

(3) 과잉증세

혈액의 산도를 높이며, 체중 증가의 원인이 된다.

(4) 영양소로서의 특징

① 체내에서 산화분해되기 쉬우며 신체에 부담을 주지 않는다.
② 피로회복에 도움이 된다.

(5) 급원식품

주로 곡류 및 감자류이고 과일, 꿀, 설탕 등에 포함되어 있다.

2) 지방

(1) 역할
1g당 9kcal의 열량을 공급하며 체내에서는 합성되지 않는다. 신체의 체온 조절 및 피지선의 기능을 조절하여 피부의 건조를 방지하고 윤기있게 해준다.

(2) 결핍증세
체중이 감소하며 성장이 멈추기도 한다.

(3) 과잉증세
콜레스테롤과 관련된 질병인 비만, 동맥경화, 심장병 등의 유발 원인이 된다.

(4) 영양소로서의 특징
중요한 지용성 비타민의 흡수를 돕고 필수지방산을 공급한다.

(5) 급원식품
버터, 코코넛, 우지, 수소를 첨가한 쇼트닝 등은 모두 포화지방산의 급원이 되는 식품이다. 불포화지방산인 리놀산과 리놀렌산, 아라키돈산 등은 옥수수기름, 콩기름, 참기름 및 들기름, 어유 등에 함유되어 있다.

> **지방산**
> - 필수지방산 : 사람이 생명을 유지하는 데 꼭 필요한 지방산으로 체내에서는 합성되지 않기 때문에 음식물을 통해 섭취해야 하는 것으로, 주로 식물성 기름에 많이 함유되어 있다.
> - 불포화지방산 : 하나 이상의 이중결합을 가진 지방산으로 상온에서는 액체 상태를 유지하며, 식물성 기름에 많이 함유되어 있다.
> - 포화지방산 : 이중결합이나 삼중결합을 포함하지 않는 지방산으로 상온에서는 고체 상태를 유지하며, 동물성 기름에 많이 함유되어 있다.

3) 단백질

(1) 역할
1g당 4kcal의 열량을 공급하며, 생체 구성 물질로 세포의 발육 및 성장하는 에너지원이 된다. 또한 조직의 pH를 조절한다.

(2) 결핍증세
빈혈과 발육불량, 면역성 저하, 피부노화, 부종 등이 나타난다.

(3) 과잉증세
혈액순환 장애가 나타난다.

(4) 영양소로서의 특징
신체 조직을 구성할 뿐만 아니라 오래된 조직을 새로운 조직으로 교환하며 보수한다.

(5) 급원식품

① 동물성 단백질 : 닭고기, 쇠고기, 돼지고기 등
② 식물성 단백질 : 콩, 두부 등

> **케라틴**
> 피부의 기초를 이루며, 머리털·손톱·피부 등 상피구조의 기본을 형성하는 단백질로 각질(角質)이라고도 하는데 머리털·양털·깃털·뿔·손톱·말굽 등을 구성하는 진성(眞性) 케라틴과, 피부·신경조직 등에 존재하는 유사 케라틴으로 구별된다.

3 비타민

소량으로 체내의 생리작용을 조절하며, 특히 비타민 D를 제외한 비타민은 체내에서 생성할 수 없으므로 반드시 음식물로부터 섭취해야 한다. 비타민은 성장 촉진, 생리대사의 보조역할, 신경안정과 면역기능 강화 등의 역할을 한다.

1) 수용성 비타민

물에 잘 녹으며 과잉으로 섭취하더라도 몸에 축적되지 않고 쉽게 배설된다. 따라서 매일의 식사를 통해 계속 섭취하여야 한다. 수용성 비타민으로서는 비타민 C와 비타민 B군이 대표적이다. 그 중 비타민 C는 피부 색소를 퇴색시키며 기미, 주근깨 등의 치료에 주로 쓰인다. 비타민 C가 풍부한 과일과 야채는 비타민 C뿐만 아니라 수천 가지의 생리 활성을 가진 화학성분들을 함유하고 있는데, 이를 바이오플라보노이드(Bioflavonoid) 또는 비타민 P라고 한다. 비타민 P는 모세혈관을 강화하는 효과가 있다.

〈표1-3〉 수용성 비타민의 역할과 급원식품

일반명	화학명	역 할	급 원 식 품
비타민 B_1	티아민(Thiamin)	소화기능 유지, 탄수화물 대상에 관여	돼지고기, 간, 곡류
비타민 B_2	리보플라빈(Riboflavin)	피지분비 조절, 신진대사 촉진에 관여	우유, 녹색야채, 곡류, 빵, 달걀
비타민 B_6	피리독신(Pyridoxine)	아미노산 대사 및 혈액 형성에 관여	돼지고기, 난황, 보리, 옥수수
비타민 B_{12}	코발라민(Cobalamin)	정상적인 혈액 생성, 골수 및 신경세포의 정상 유지	간, 육류, 달걀, 우유 및 유제품
나이아신(Niacin)	니코틴산(Nicotinic Acid)	• 산화, 환원 반응에 관여 • 당질, 지방, 단백질의 에너지 방출에 필수적, 장에서 흡수되며 소변으로 배설	육류, 간, 생선(고등어, 멸치), 곡류, 땅콩
비타민 C	아스코르빈산(Ascorbic Acid)	• 미백효과, 멜라닌 증가를 억제 • 골격 사이의 물질 형성 및 유지 • 모세혈관의 저항성을 강화하여 출혈 방지	• 과일(귤, 레몬, 딸기, 오렌지, 키위, 토마토) • 야채(풋고추, 시금치)

2) 지용성 비타민

비타민 A, D, E, K가 있으며, 지방과 함께 체내로 소화, 흡수 및 운반되어 간이나 지방조직에 저장된다. 결핍증상은 진행이 느리고, 신체에 저장된 보유량 때문에 매일 섭취할 필요는 없다. 특히 비타민 A, D는 장기간 다량 투여 시 독이 될 수 있으므로 주의해야 한다.

〈표 1-4〉 지용성 비타민의 역할과 급원식품

일반명	화학명	역할	급원식품
비타민 A	레티놀 (Retinal)	골격, 치아 형성, 상피조직 세포 유지, 눈의 건강 유지	당근, 호박, 시금치 등의 녹황색 채소, 고구마, 김
비타민 D	칼시페롤 (Calciferol)	칼슘과 인의 흡수와 대사에 관여(뼈와 치아 구성)	비타민 D 강화우유, 간, 난황
비타민 E	토코페롤 (Tocopherol)	항산화 작용(세포막의 불포화 지방), 세포손상방지, 노화방지	콩, 옥수수, 녹색 채소류, 호두
비타민 K	메나디온 (Menadione)	혈액응고 기전에 관여하는 프로트롬빈 합성, 혈액응고	녹색 채소류, 간, 토마토, 양배추

❹ 무기질

인체를 구성하고 있는 여러 화학원소들 중에서 물과 유기물을 구성하고 있는 C, H, O 및 N 등을 제외한 나머지를 무기질 또는 미네랄(Minerals)이라고 총칭한다. 체중의 약 4% 정도이며 어떤 무기질은 인체를 구성해 주고, 인체 대사과정을 조절하도록 돕는다.

1) 다량 무기질

무기질 중에서 가장 많이 함유되어 있는 것이 칼슘(Ca)과 인(P)이고, 그밖에 칼륨(K), 염소(Cl), 나트륨(Na) 및 마그네슘(Mg) 등을 다량 무기질이라 한다.

〈표 1-5〉 다량무기질의 역할과 급원식품

무기질	역할	급원식품
칼슘(Ca)	골격과 치아 형성, 혈액응고, 근육의 수축과 이완, 신경의 흥분과 자극전	우유, 크림, 치즈, 멸치, 뱅어포, 뼈째 먹는 생선, 녹색 채소류, 두류, 콩
인(P)	치아 및 뼈의 구성, 근수축에 관여	콩, 치즈, 달걀, 간, 우유, 밀, 건포도
칼륨(K)	단백질 합성, 체액의 산-알칼리 평형, 혈압의 유지	콩, 감자, 시금치, 올리브
나트륨(Na)	체액의 산-알칼리 평형 유지, 삼투 조절, 과잉 수분 방지	소금, 간장, 소금을 함유하는 식품
염소(Cl)	위에서 염산의 형성, 체액균형 유지	소금, 간장, 양배추, 대합, 김치
마그네슘(Mg)	근육 수축의 정상 유지, 신경안정	초콜릿, 코코아, 콩, 시금치, 호두

2) 미량 무기질

체중의 0.005% 이하의 미량으로 들어 있는 것을 미량무기질 또는 미량원소라고 한다.

〈표 1-6〉 미량무기질의 역할과 급원식품

무기질	역할	급원식품
아연(Zn)	정상발육 및 조직호흡에 관여	간, 굴, 완두, 시금치, 콩
철(Fe)	혈색소의 생성, 산소운반 및 조직 호흡에 관여	쇠고기, 간, 강낭콩, 콩, 노른자위
셀레늄(Se)	항산화제 역할로서 세포 손상 방지	해산물, 내장, 육류, 곡류
구리(Cu)	철의 흡수를 도움	코코아, 간, 버섯, 굴, 완두콩
요오드(I)	갑상선 호르몬의 구성 성분, 기초 대사량의 조절	생선, 굴, 작은 새우

SECTION 02 피부와 영양

1 정상피부(Normal Skin)와 영양

정상피부라도 영양상태, 계절, 환경인자, 스트레스, 화장품 등 여러 인자에 의해 변화되므로 정상기능을 유지하기 위해 피부 유·수분 균형 유지와 노화예방에 대한 영양관리가 가장 중요하다. 영양관리로는 정상적인 피부조직의 구성을 위해 적당량의 단백질 식품을 섭취하고 피부세포의 안정성과 노화예방을 위해 비타민 A, C, E 함유 식품을 섭취한다.

2 지성피부(Oily Skin)와 영양

피지선에서 정상보다 과다하게 피지가 분비되고 표면을 덮고 있어 피부가 번들거린다. 특히 이마, 코 부분의 T-zone과 턱 부분의 U-zone이 가장 심한 상태를 말하는데 T-zone 부위는 모공에 기름이 축적되어 검은 면포(Black Head)나 여드름이 생기는 경우도 있다. 비타민 B_1, B_6, 비타민 C의 부족, 당질과 지방성 음식의 과다섭취 및 향신료, 기호식품의 과잉 섭취 등이 요인들로 작용한다. 비타민 B_1, B_2, B_6, 비타민 C 등의 비타민 함유식품을 충분히 섭취한다.

3 건성피부(Dry Skin)와 영양

피부의 피지선과 한선기능의 저하로 피지량이 적고 각질층의 수분량이 10% 이하로 감소되어 건조한 상태를 말한다. 건성피부의 원인은 자외선에 의한 피부 수분의 증발, 자연 보습인자의 부족, 체내의 수분 부족, 잦은 사우나 등이 있다. 영양관리로는 지방함유식품 및 단백질 식품을 충분하게 섭취하여 피부 조직을 구성하고 수분 증발을 방지해 준다. 또한 건성피부와 각질화를 예방하기 위해 비타민 A 함유 식품을 섭취한다.

4 민감성피부(Sensitive Skin)와 영양

피부조직이 섬세하고 얇아서 외부의 자극에 민감하게 반응하여 쉽게 피부 병변이 일어나는 피부유형이다. 영양관리로는 주로 건성피부나 알레르기성 피부일 경우 많이 나타나므로 피부가 건성이 되지 않도록 하거나 알레르기를 일으키는 원인을 찾아서 그 식품이나 화학물질들을 제한하도록 한다. 자극성 있는 음식, 술, 담배 등은 제한한다. 콜라겐 조직의 안정성 유지 및 항스트레스 및 항산화제 작용을 하는 비타민 C 함유식품을 충분히 섭취한다.

5 노화피부(Aging Skin)와 영양

연령의 증가로 인해 피부가 노화되는 현상이 아니고 젊은 연령층에서 발생되는 조기노화현상을 말한다. 노화피부의 주요 현상은 탄력성 저하와 주름 발생, 혈액순환 불균형과 피부 세포 내의 영양 섭취 능력 저하 등으로 인한 결체조직 위축 등이다. 영양관리로는 콜라겐과 엘라스틴의 구성성분인 단백질 식품과 각질화와 건성피부의 안정성을 유지해주는 비타민 A, E와 콜라겐의 안정성 유지와 항산화제로 작용하는 비타민 C 함유식품을 섭취해야 한다.

SECTION 체형과 영양

1 체형관리 계획

선천적으로 타고 난 키와 골격은 수정하기 어렵지만 규칙적인 운동과 올바른 식생활 및 적절한 영양섭취를 통하여 아름답고 건강한 체형으로 변화시킬 수 있다. 메이크업미용사는 특히 비만에 관한 정확한 이론과 비만관리법에 대하여 숙지하고 고객의 체형관리를 위해 체형관리 계획에 대한 대화와 조언을 해줄 수 있어야 한다. 따라서 메이크업미용사의 관리와 고객의 평소 생활 습관 개선을 통하여 자신이 원하는 아름답고 멋진 체형을 가꿀 수 있게 된다.

2 비만관리

1) 비만의 정의
① 인체 내의 구성성분 중에서 지방 조직이 차지하는 비율이 정상 이상으로 증가된 상태
② 지방세포의 크기가 증가한 것으로 체지방의 증가를 기준으로 한다.
③ 체지방의 비율이 남자의 경우 체중의 25% 이상이고 여자의 경우 30% 이상인 경우로 정의한다.

2) 비만의 원인
① 섭취열량과 소비열량 간의 불균형
② 인스턴트, 패스트푸드 식품의 습관적 섭취나 편식
③ 열량의 섭취량보다 부족한 운동량
④ 유전적인 영향과 식생활 습관
⑤ 내분비계 이상으로 인한 호르몬 분비의 이상

3) 비만의 분류

(1) 비만의 원인에 의한 분류
① 단순성 비만
과식하면서 운동은 부족한 상태에서 야기되는 비만으로 비만의 90% 이상이 단순성 비만이다.

② 증후성 비만
유전적이거나 내분비계 호르몬 분비의 이상으로 인해 비만이 발생된 경우이다.

(2) 지방조직의 형태에 의한 분류
① 지방세포 증식형 비만
지방세포의 크기는 정상이나 세포 수가 증가하는 비만으로 소아비만의 경우에 성인이 되면 심각한 비만상태에 이르게 된다.

② 지방세포 비대형 비만
지방세포 수의 증가보다는 크기의 증가에 의한 비만이다.

③ 혼합형 비만
지방세포의 수와 크기가 동시에 증가하는 형태의 비만이다.

(3) 지방분포 부위에 따른 분류
① 상반신 비만
상반신이 하반신보다 체지방이 더 높은 비만상태이다.

② 하반신 비만

상반신에 비해 하반신에 체지방이 집중된 경우로서 주로 대퇴부위에 지방이 축적하게 된다.

③ 내장지방형 비만

장기 사이사이에 지방이 축적된 경우로서 당과 지질 대사에 이상이 생겨서 성인병의 발병률이 높다.

④ 피하지방형 비만

피하조직에 지방이 축적된 경우이다.

(4) 셀룰라이트형 비만

호르몬의 급격한 변화, 지방세포 결합조직에 물이나 독성, 노폐물의 축적으로 피하지방이 축적되어 뭉친 비만상태이다.

4) 비만의 측정방법

(1) 표준체중법(Broca's 지수)

보통 쉽게 산출되며 널리 이용되고 있는 것이 브로커 지수로 (신장－100)×0.9의 공식으로 결정하며, 표준 체중에 비해 ±10% 이내를 정상, 10% 이상~30% 미만을 비만, 30% 이상을 병적 비만으로 판정하고 있다.

비만도 계산은 표준체중을 산출한 다음에 실제 체중과 비교하여 백분율로 나타내는 방법이 일반적으로 사용되는데 자신의 체격을 판단하는 데 유익한 지표가 된다.

$$비만도(\%) = (\text{실제체중} - \text{표준체중}) / \text{표준체중} \times 100$$

위의 공식으로 결정되는데, 비만도가 표준체중의 10% 이내를 정상, 10% 이상을 과체중, 20% 이상을 비만이라고 한다.

(2) 체격지수에 의한 방법

① 체질량지수(Body Mass Index : BMI)

체질량지수는 질환과의 상관성이 높고, 사망률의 예민한 지표가 되는 데 사용하는 체중과 신장의 관계로서 성인에서 체지방과 상관관계가 있는 공식이며 체중(kg)을 신장(m)의 제곱으로 나누어 구한다.

$$BMI = 체중(kg) / 신장(m^2)$$

② 로러지수(Rohrer Index)

학령기 이후 사춘기 이전 아동의 비만 판정에 이용되는 방법으로 공식은 다음과 같다.

$$\text{로러지수} = \text{체중(kg)} / \text{신장(cm}^3) \times 107$$

로러지수는 신장에 따라서 등급을 구분하는데, 신장이 110~129cm이면 180 이상, 130~149cm이면 170 이상, 150cm 이상에서는 160 이상을 비만으로 판정한다.

(3) 피하지방 두께 측정법

캘리퍼(Caliper)를 사용하여 한국인의 경우 상완, 견갑골 하부 피하 지방 두께를 측정하여 그 합으로부터 체밀도를 계산하여 체지방률을 알아내는 방법이다. 남자의 경우 30mm 이상을 과체중, 45mm 이상을 비만으로 보며, 여자의 경우에는 45mm 이상을 과체중, 60mm 이상을 비만으로 본다.

5) 비만으로 인해 발생하기 쉬운 성인병

① 복부 비만 : 고혈압, 당뇨병, 고지혈증 등
② 팔과 다리의 비만 : 정맥류, 통풍
③ 그 밖의 비만 : 관절염, 호흡곤란, 보행 장애 등

6) 비만의 관리방법

(1) 식이요법

비만을 관리하기 위해서는 바람직한 식이요법을 선택해야 한다. 1일 열량 1,400kcal 이하 섭취하는 식이요법이다. 시간이 부족하고 조리가 힘든 경우 자신이 먹는 흔한 요리의 열량을 알고 자신이 필요로 하는 열량보다 하루 100kcal 정도 적게 먹도록 한다.

(2) 운동요법

비만관리에 있어서 운동요법은 다양한 이점을 가지고 있지만 운동요법 단독으로는 체중감소 효과가 적다. 관절염이 있는 사람이나 비만인 사람은 운동량을 많이 할 수 없으나 식이요법과 병행하면서 운동량을 늘리도록 계획을 수립한다.

① 하루 1시간 이내의 운동은 식욕을 줄이는 효과가 있다.
② 식이요법과 병행해야 효과적이다.
③ 높은 강도의 운동보다는 낮은 강도의 유산소 운동이 더 유용하다.

> **유산소 운동**
> 숨이 차지 않으며 큰 힘을 들이지 않고도 할 수 있는 운동으로 몸 안에 최대한 많은 양의 산소를 공급시킴으로써 심장과 폐의 기능을 향상시키고 강한 혈관조직을 갖게 하는 효과가 있다. 따라서 장기간에 걸쳐 규칙적으로 실시하면 운동 부족과 관련이 높은 고혈압, 동맥경화, 고지혈증, 허혈성 심장질환, 당뇨병 등의 성인병을 적절히 예방할 수 있을 뿐만 아니라, 비만 해소와 노화현상을 지연시킬 수 있다. 조깅, 달리기, 수영, 자전거 타기, 에어로빅 댄스 등이 여기에 속한다.

④ 상체비만에는 걷기, 속보 등이 효과적이다.
⑤ 하체비만에는 에어로빅, 헬스, 스쿼시 등이 도움이 된다.
⑥ 관절이 튼튼하지 못하거나 허리부위를 수술했거나 평소에 운동을 잘 하지 않던 사람이 운동을 시작할 때에는 다른 운동보다 수영이 좋다.

(3) 행동요법

비만관리를 위해 잘못된 습관을 파악하여 교정하는 방법이다. 행동요법은 보통 8주 정도 실시하고 이때 체중감소는 약 3.5kg 정도 일어난다.

CHAPTER 09 피부와 광선

> **SECTION 01** 자외선이 미치는 영향

자외선의 종류에 따라 살균작용을 하여 우리 인체에 이롭게 사용되기도 하지만, 피부층에 직접적으로 영향을 미쳐 여러 가지 피부질환을 일으키기도 한다. 자외선은 파장의 길이에 따라 장파장(UVA), 중파장(UVB), 단파장(UVC)으로 구별되고 피부에 각각 다른 영향을 준다.

1 자외선의 분류

1) UVA(Ultraviolet-A, 장파장)

파장이 320~400nm인 가장 긴 파장의 자외선을 말한다. 색소침착 및 콜라겐을 손상시키는 원인이 된다.

2) UVB(Ultraviolet-B, 중파장)

파장이 290~320nm인 중간 파장의 자외선을 말한다. 표피와 진피의 상부까지 침투한다. 이 자외선이 적당량인 경우에는 면역력을 강화하고 여드름 치료에 도움을 주며 프로비타민 D를 활성화하여 구루병을 예방한다. 그러나 자외선의 양이 많은 경우 피부각화를 가속화시키고 홍반이나 수포, 일광화상 등을 유발하며 색소침착을 일으킨다.

3) UVC(Ultraviolet-C, 단파장)

파장이 200~290nm인 가장 짧은 파장의 자외선을 말한다. 이 자외선은 오존층에 의해 차단되므로, 인체에 영향을 미치지는 않는다.

2 자외선이 피부에 미치는 영향

1) 홍반반응

자외선의 영향으로 인한 부정적 효과로, 자외선에 일정 시간 이상 노출되었을 때 피부가 빨갛게 되는 현상이다.

2) 색소침착

홍반 후에는 피부가 노출되어 검어지는 현상인 색소침착이 온다. 색소침착은 멜라닌 색소의 축적에 의해 일어나는 것으로서 이것은 피부의 기저세포층에서 멜라닌 싹 세포(Melanoblast)에 의해 형성된 후 상피의 표피층으로 이동한다. 일반적으로 자외선은 멜라닌 싹 세포 내에서 티로시나아제(Tyrosinase) 효소의 생산을 자극하여 멜라닌 색소 생산을 촉진시킨다.

3) 비타민 D_3의 형성

비타민 D_3는 장에서 칼슘과 인을 혈류로 흡수시키는 데 필요한 요소로서 자외선 조사는 비타민 D_3의 형성을 가속화시킨다.

4) 살균효과

자외선은 박테리아, 바이러스, 진균류에 대한 살균효과가 있어 피부상처나 감염치료에 효과적이다.

5) 강장효과

자외선에 전신을 노출하면 일반적으로 식욕이나 수면의 증진, 신경성이나 자극성의 감소에 이르는 강장효과가 나타난다.

SECTION 02 적외선이 미치는 영향

1 적외선의 분류

1) 근적외선
① 발광 타입의 근적외선은 약 1,000nm가량의 짧은 파장의 빛을 분산한다.
② 피부 심부조직에 5~10mm 깊이까지 침투한다.
③ 혈관, 피하조직에 직접 영향을 줄 수 있다.

2) 원적외선
① 무광 타입의 원적외선은 약 4,000nm의 긴 파장을 분산한다.
② 피부 심부조직에 2mm 깊이까지 침투한다.
③ 피부 상부층(0.5mm)에서 흡수된다.

❷ 적외선의 효과

1) 신체조직의 열전달
조직에 적외선이 흡수되면 그 부분에 열이 발생된다.

2) 신진대사의 증가
신진대사는 표피조직과 같이 열이 가장 많이 발생되는 부위에서 최대로 증가된다.

3) 체온의 전체적인 상승
신체 한 부분이 오랫동안 열을 받게 되면 전도와 복사에 의해 신체의 전반적인 체온상승이 발생한다.

4) 순환의 증가와 혈관확장
열의 발생은 발생된 열을 식히기 위한 혈류의 증가로 이어져 직접적인 혈관 확장의 효과를 유발한다.

5) 근육조직에 대한 효과
온도상승으로 인하여 근육조직이 이완되고 고통이나 긴장이 완화되며 혈액순환의 증가로 인하여 근육활동에 필요한 산소와 영양분이 공급되고 노폐물의 제거가 활발해진다.

6) 한선의 활동 증가
체온이 상승함으로써 두뇌의 열조절기관이 영향을 받는다. 신체의 열을 발산하기 위하여 한선이 자극을 받아 땀을 흘리게 되는데, 이것은 노폐물의 제거를 증가시킨다.

CHAPTER 10 피부면역

SECTION 01 면역의 종류와 작용

면역이란 외부로부터 침입하는 미생물이나 화학물질 등의 침입에 인체가 저항하는 방어작용이다.

1 면역의 종류

1) 선천적 면역
선천적으로 타고난 저항력 또는 방어력으로 스스로 병을 치유해가는 면역으로, 체내로 침입한 이물질을 백혈구, 탐식세포 등이 제거하는 것을 말한다.

2) 후천적 면역
체내에 침범한 비자기인 물질(항원)만을 림프구가 체내에 있어 영구적으로 기억한다. 똑같은 종류의 항원이 침범했을 때 그 항원을 인식하는 림프구가 활성화되고 항원을 배제하는 것을 말한다.

2 면역세포에 의한 면역

1) 체액성 면역
B림프구에 의해 만들어진 면역 글로불린이란 항체를 생성한다. 항원과 접촉한 항체는 항원을 중화하여 식세포가 잡아먹을 수 있도록 돕거나 보체와 함께 신속하게 분화하여 대량으로 항체를 만든다.

2) 세포성 면역
T림프구에 의해 일어나는 면역으로 바이러스에 의해 감염된 세포를 파괴한다.

CHAPTER 11 피부노화

SECTION 01 피부노화의 원인

① 내적 원인

나이가 듦에 따라 피부 내의 성분이 변하여 노화가 진행되는 것을 말하며 피부 주름과 탄력에 중요한 역할을 하는 콜라겐과 엘라스틴의 탄력도가 떨어져 주름의 원인이 되고, 피부노화도 나타난다.

② 외적 원인

주변 환경이나 생활여건 등의 외적 영향을 받아 일어나는 노화를 의미하며 일광, 흡연, 바람, 공해 등이 이에 속한다. 이러한 외적 원인에 의한 노화는 나이가 들어감에 따라 생리학적 노화, 즉 내적 원인의 노화를 촉진시키거나 추가적 변화를 초래한다.

SECTION 02 피부노화현상

① 내인성 노화(Intrinsic Aging)

피부의 기능이 떨어져 생기는 주름살은 노화현상으로 자연적인 노화를 말한다.

② 외인성 노화(Extrinsic Aging)

환경적인 요소, 즉 자외선에 의해 피부가 탄력을 잃고 주름이 생기며 표피가 두꺼워진다. 광노화라고도 한다.

출제예상문제

01 최초로 화장품 사용이 있었던 시대는?
① 그리스 시대 ② 로마 시대
③ 이집트 시대 ④ 중세 시대

> 고대 이집트 시대에 종교의식, 장례의식에서 주술적 의미의 화장품을 최초로 사용했다.

02 메이크업을 할 때 얼굴에 입체감을 주기 위해 사용되는 브러시는?
① 네일 브러시 ② 립 라인 브러시
③ 섀도 브러시 ④ 아이브로 브러시

> 섀도 브러시는 얼굴에 입체감을 주고 다양한 컬러의 섀도를 바를 때 사용한다.

03 다음 중 흰 얼굴에 가장 알맞은 백분의 색깔은?
① 갈색계 ② 베이지계
③ 핑크계 ④ 흰색

> 흰 얼굴에 사용되는 백분의 색깔은 핑크계가 알맞다.

04 통일신라시대의 화장에 대한 설명으로 맞는 것은?
① 고구려의 영향을 받아 화려해졌다.
② 남자들만 화장을 하였다.
③ 엷은 화장을 하였다.
④ 중국의 영향을 받아 다소 화려하게 되었다.

> 통일신라시대의 화장은 여성의 복제를 중국식으로 바꿀 때 짙은 색조화장도 함께 들어와 메이크업이 다소 화려해지고 동백이나 아주까리 기름을 짜서 머리를 치장하고 백분으로 얼굴을 희게 하였다.

05 우리나라 최초의 관허 화장품은?
① 박가 분 ② 서가 분
③ 장가 분 ④ 최가 분

> 1916년 가내수공업으로 제조되기 시작한 박가분이 정식으로 제조 허가를 받았다.

06 눈가에 콜(Kohl)을 사용하여 화장을 한 나라는?
① 미국 ② 아랍
③ 이집트 ④ 인도

> 이집트에서는 녹청색과 검은 화장먹(Kohl)으로 눈을 강조하고 모양을 확대해서 그렸다.

07 조선시대의 신부화장술을 설명한 것으로 옳지 않은 것은?
① 눈썹은 실로 밀어낸 후 따로 그렸다.
② 머릿기름을 반질거릴 정도로 많이 발랐다.
③ 분화장을 했다.
④ 연지는 뺨 쪽에, 곤지는 이마에 찍었다.

> 조선시대에는 머릿기름 사용은 없었으며 밑화장용으로 참기름을 사용하였다.

08 분대화장(짙은 화장)을 행한 시기는?
① 삼한시대 ② 삼국시대
③ 고려시대 ④ 조선시대

> 고려시대에 분대화장과 비분대 화장이 있었으며 분대화장은 기생 중심으로 행해졌다.

정답
01 ③ 02 ③ 03 ③ 04 ④ 05 ①
06 ③ 07 ② 08 ③

09 파운데이션 선택 시에 가장 알맞은 것은?
① 자신의 피부색과 동일한 색상을 선택한다.
② 자신의 피부색과는 관계없이 유행하는 색상을 선택한다.
③ 자신의 피부색보다 짙은 색을 선택한다.
④ 자신의 피부색보다 하얀 색을 선택한다.

> 파운데이션의 기본 색상은 자신의 피부색과 동일한 색상을 선택하는 것이 좋다.

10 다음 중 UV-A(장파장 자외선)의 파장 범위는?
① 100~200nm ② 200~290nm
③ 290~320nm ④ 320~400nm

> UV-A의 파장 범위는 320~400nm이다.

11 화장은 목적에 따라 여러 가지로 분류한다. 이 중에서 데이 타임 메이크업을 설명한 것은?
① 낮화장
② 사진을 찍을 경우의 화장
③ 성장화장
④ 스테이지 메이크업

> 데이 타임 메이크업은 낮화장으로 가벼운 화장을 의미한다.

12 메이크업의 기원설에 속하지 않는 것은?
① 보호설 ② 반응설
③ 장식설 ④ 종교설

> 메이크업의 기원설은 장식설, 이성 유인설, 보호설, 종교설, 신분 표시설이 있다.

13 페이스(Face) 파우더(가루형 분)의 주요 사용 목적은?
① 주름살을 감추려고
② 깨끗하지 않은 부분을 감추려고
③ 파운데이션의 번들거림을 낮추려고
④ 파운데이션을 사용하지 않으려고

> 땀과 피지로 번지는 것을 방지하기 위해 파우더를 사용한다.

14 르네상스 시대의 메이크업 특징이 아닌 것은?
① 눈썹과 헤어 라인을 깎아 낸 넓은 이마
② 두껍게 화장하고 얼굴을 매우 희게 강조
③ 메이크업을 하지 않은 눈
④ 연한 색조의 입술과 뺨

> 로코코 시대에는 두껍게 화장하고 얼굴을 매우 희게 강조하였다.

15 패치(Patch)가 본격적으로 유행한 시기는 언제인가?
① 그리스 시대 ② 로코코 시대
③ 르네상스 시대 ④ 바로크 시대

> 바로크 시대에는 애교점이라 불리는 점(패치 ; Patch)이 출현하였다.

16 다음 중 메이크업의 효과와 거리가 먼 것은?
① 미적 효과 ② 보호적 효과
③ 세정 효과 ④ 심리적 효과

> 메이크업은 미적, 심리적, 보호적 역할을 한다.

17 그림색과 배경색의 색상차가 클수록 각각의 채도가 높게 느껴지는 현상은?
① 명도대비 ② 보색대비
③ 연변대비 ④ 채도대비

> 보색대비는 그림색과 배경색의 색상차가 클수록 각각의 채도가 높게 느껴지는 현상이다.

정답 09 ① 10 ④ 11 ① 12 ② 13 ③
      14 ② 15 ④ 16 ③ 17 ②

18 작은 눈을 크게 보이도록 아이섀도를 이용한 눈 부분 수정 화장법으로 가장 적당한 것은?

① 아래 눈꺼풀의 눈꼬리 부분에만 바른다.
② 위 눈꺼풀의 눈꼬리 부분에 강하게 표현한다.
③ 위 눈꺼풀의 안쪽 끝부분에 아이섀도를 강하게 칠한다.
④ 위 눈꺼풀의 전체에 갈색 아이섀도를 고루 바른다.

> 작은 눈은 갈색 계열의 섀도를 전체에 발라 눈이 들어가 보이도록 한다.

19 다음 중 화장을 하였을 때 주름이 더욱 눈에 띄게 되는 경우로 맞는 것은?

① 베이스크림을 발랐을 때
② 아이섀도를 진하게 했을 때
③ 파우더를 많이 발랐을 때
④ 파운데이션을 많이 발랐을 때

> 화장을 할 때 파우더를 너무 많이 바르면 피부건조와 함께 주름이 더욱 눈에 띄게 된다.

20 수분을 많이 함유하고 있어 수분 부족 피부에 가장 적당한 파운데이션은?

① 수분베이스 파운데이션
② 스틱 타입 파운데이션
③ 오일 프리 파운데이션
④ 유분베이스 파운데이션

> 수분베이스 파운데이션은 수분이 유분보다 많아 수분 부족 피부에 효과적이고 자연스러운 메이크업 표현이 가능하다.

21 자연스러운 메이크업을 말하는 것으로 가장 많이 쓰이는 메이크업은?

① 광고 메이크업
② 누드 메이크업
③ 내추럴 메이크업
④ 패션 메이크업

> 내추럴 메이크업은 모든 메이크업 테크닉의 기초이자 근본이 되는 메이크업을 말한다. 모든 연령, 어떤 상황에서도 활용이 가능한 가장 많이 쓰이는 메이크업이다.

22 메이크업의 정의가 아닌 것은?

① 개인에게 맞는 시술을 디자인하는 것이다.
② 보통 화장의 형태이다.
③ 분장을 하기 위한 기본 과정이다.
④ 화장 또는 화장품의 의미로 사용되었다.

> 일반적인 메이크업의 정의는 화장품이나 도구를 사용하여 얼굴 또는 신체의 장점을 부각하고 결점은 수정 및 보완하여 개성 있고 아름답게 꾸미고 표현하는 것이다.

23 신부화장에서 신부의 인중이 짧을 때는 어디를 수정해야 가장 적절한가?

① 윗입술은 크게 아랫입술은 작게 그린다.
② 윗입술을 작게 그리고 아랫입술을 크게 그린다.
③ 인중을 크게 그린다.
④ 코벽을 세운다.

> 인중이 짧을 경우 윗입술과의 간격을 넓혀주기 위해 윗입술은 작게 그리고 아랫입술을 크게 그린다.

24 색의 속성 중에서 우리 눈에 가장 민감한 속성은?

① 명도   ② 색상
③ 색조   ④ 채도

> 색의 3속성 중 명도가 우리 눈에 가장 민감하다.

정답   18 ④ 19 ③ 20 ① 21 ③ 22 ④
       23 ② 24 ①

25 다음 중 피지가 지나치게 많이 분비되면 어떤 피부가 되는가?

① 건성피부
② 모세혈관 확장 피부
③ 정상피부
④ 지성피부

> 지성피부는 과다한 피지 분비로 인해 피부트러블이 생기기 쉽다.

26 원형 얼굴을 달걀형으로 보이게 하는 수정 화장으로 옳은 것은?

① 눈썹을 활 모양으로 크게 그린다.
② 얼굴의 옆폭을 세로로 엷게 바르고 이마와 턱의 중앙부분을 진하게 바른다.
③ 얼굴의 옆폭을 세로로 진하게 바르고 이마와 턱의 중앙부분을 밝게 한다.
④ 이마부분을 진하게 하고 턱 부분을 밝게, 얼굴의 옆폭은 진하게 바른다.

> 원형 얼굴을 달걀형에 가깝게 하기 위해서는 옆얼굴을 진하게 하여 축소되어 보이도록 하는 것이 좋다.

27 다음 중 피지의 분비량이 증가하는 경우가 아닌 것은?

① 기온이 높아질 때
② 사춘기 때
③ 사춘기가 지난 청년 때
④ 임신기간 중 겨드랑이 부분

> 피지는 사춘기 이전에는 매우 양이 적다가 사춘기에 이르면 급증하고 사춘기 이후에는 분비량이 점점 감소한다.

28 피부가 손상되기 쉬우며 주름도 빨리 와서 노화현상이 다른 피부유형보다 빠른 피부는?

① 건성피부 ② 알레르기성 피부
③ 정상피부 ④ 지성피부

> 건성피부는 세안 후 손질을 하지 않으면 피부가 당기는 느낌이 들고 피부가 손상되기 쉬우며 주름도 빨리 와서 노화현상이 다른 피부유형보다 빠르다.

29 다음 중 가장 이상적인 피부는?

① 건성피부 ② 복합성피부
③ 중성피부 ④ 지성피부

> 중성피부는 충분한 수분과 피지를 갖고 있는 가장 이상적인 피부이다.

30 중성피부에 대한 설명으로 거리가 먼 것은?

① 살결이 가늘어 피부결이 부드럽고 곱다.
② 피부 표면이 탄력이 있고 윤기가 있으며 싱싱하다.
③ 피지 분비량이 적당하여 항상 표면이 촉촉하고 팽팽하다.
④ 화장을 했을 때 쉽게 지워지며 지속력이 좋지 않다.

> 지성피부는 불순물이 묻기 쉬우며, 화장을 했을 때 쉽게 지워진다.

31 다음 중 피지 소비량의 불균형으로 두 가지 이상의 피부 성질이 한 얼굴에 나타나는 상태의 피부는?

① 건성피부
② 복합성피부
③ 알레르기성피부
④ 중성피부

> 복합성 피부는 피부 느낌이 불안정하며 기후 변화에 쉽게 균형을 잃는다. 이는 피지 소비량 불균형으로 두 가지 이상의 피부 성질이 한 얼굴에 나타나는 상태이다.

정답	25 ④	26 ③	27 ③	28 ①	29 ③
	30 ④	31 ②			

32 다음 중 수분이 부족한 건성피부의 원인으로 볼 수 없는 것은?

① 자연 보습인자의 부족
② 잦은 사우나
③ 체내의 수분 부족
④ 피지선의 기능저하

> 수분이 부족한 건성피부의 원인은 한선의 기능저하로 자외선에 의한 피부 수분의 증발, 자연 보습인자의 부족, 체내의 수분 부족, 잦은 사우나 등이다.

33 다음 중 탄력이 없고 혈색이 없는 약한 피부는?

① 건성피부   ② 민감성피부
③ 알레르기성피부   ④ 중성피부

> 민감성 피부는 중성피부에 비하여 그 조절 기능이 저하되어 사소한 자극도 강하게 감지되어 아무렇지도 않은 물질에 대해서도 강한 예민 반응을 나타내는 피부로 탄력과 혈색이 없는 약한 피부이다.

34 노화피부에 대한 전형적인 증세가 아닌 것은?

① 각질의 형성이 빨라져 거칠어지는 피부이다.
② 유분과 수분이 적당해 촉촉하다.
③ 잡티, 노인성 반점, 검버섯이 생긴다.
④ 주름이 생기고 탄력이 부족하다.

> 노화피부는 피하지방의 감소와 수분과 피지의 부족으로 주름이 생기고 탄력이 부족하며 각질의 형성이 빨라져 거칠어지는 피부이다. 잡티, 노인성 반점, 검버섯이 생기는 것은 대표적인 피부노화현상이다. 또한 신체 신진대사 활동의 저하로 인하여 피부의 혈액순환이 나빠지고, 여성의 경우 폐경기 이후로 호르몬의 영향을 받아 피부의 상태에 변화가 나타난다.

35 화장시술에 사용되는 메이크업(Make-up)용 브러시(Brush)가 아닌 것은?

① 마스카라 브러시(Mascara Brush)
② 섀도 브러시(Shadow Brush)
③ 아이브로 브러시(Eye Brow Brush)
④ 페이스 브러시(Face Brush)

> 페이스 브러시는 팩 제를 바를 때나 각질을 제거할 때 사용한다.

36 피부의 유형에 따른 다음 설명 중 옳지 않은 것은?

① 건성피부 : 부드럽고 탄력이 있으며 윤택이 나는 피부
② 노화피부 : 각질의 형성이 빨라져 거칠어지는 피부
③ 민감성피부 : 탄력이 없고 혈색이 없는 약한 피부
④ 지성피부 : 과다한 피지 분비로 인해 피부 트러블이 생기기 쉬운 피부

> 부드럽고 탄력이 있으며 윤택이 나는 피부는 중성피부이다.

37 다음 중 복합성피부의 설명으로 옳지 않은 것은?

① 민감성피부에 흔히 볼 수 있는 유형이다.
② 피부 결은 섬세하고 부드럽다.
③ 피지 분비가 많은 부위는 여드름이나 뾰루지가 나기도 한다.
④ 피지 분비량의 불균형으로 두 가지 이상의 피부성질이 나타난다.

> 복합성피부는 피부 느낌이 불안정하다.

38 건조피부는 무엇의 부족인가?

① 단백질   ② 땀
③ 수분   ④ 피지

> 건조피부는 피지가 부족하여 세안 후 손질을 하지 않으면 피부가 당기는 느낌이 들고 피부가 손상되기 쉬우며 주름과 노화현상이 일찍 발생한다.

정답	32 ④	33 ②	34 ②	35 ④	36 ①
	37 ②	38 ④			

39 충분한 수분과 피지를 갖고 있는 피부는?

① 건성피부 ② 민감성피부
③ 알레르기성피부 ④ 중성피부

> 중성피부는 충분한 수분과 피지를 갖고 있는 피부이다.

40 다음 중 중성피부의 설명으로 옳지 않은 것은?

① 살결이 가늘어 피부 결이 부드럽고 곱다.
② 화장을 했을 때 쉽게 지워지며 지속력이 좋지 않다.
③ 피부 표면이 탄력 있고 윤기 있으며 싱싱하다.
④ 피지 분비량이 적당하여 항상 표면이 촉촉하고 팽팽하다.

> 화장을 했을 때 쉽게 지워지며 지속력이 좋지 않은 피부는 지성 피부이다.

41 마름모꼴 얼굴 특색을 옳게 설명한 것은?

① 이마가 넓고 턱이 좁으며 양 볼이 넓은 얼굴이다.
② 이마와 턱의 폭이 좁고 양 볼 뼈가 나온 얼굴이다.
③ 이마와 턱의 폭이 좁고 양 볼 뼈가 들어간 얼굴이다.
④ 이마와 턱이 넓고 양 볼이 좁은 얼굴이다.

> 마름모꼴 얼굴 특색은 위와 아래가 좁고 가운데가 넓은 형태의 얼굴이다.

42 일반세안의 목적으로 옳은 것은?

① 노화를 지연시키기 위한 것이다.
② 묵은 각질을 제거하는 것이다.
③ 피부 표면의 불순물을 제거하기 위한 것이다.
④ 피부의 수분을 보충하기 위한 것이다.

> 일반세안의 목적은 피부 표면의 불순물을 제거하기 위해서이다.

43 다음 중 여드름이 많이 나고 특히 호르몬이 왕성한 젊은층에게 나타나는 피부의 유형은?

① 건성피부
② 모세혈관 확장피부
③ 중성피부
④ 지성피부

> 지성피부는 피지 분비가 많기 때문에 먼지와 피지가 결합해서 생기는 노폐물이 많으며, 여드름이나 피부 트러블을 일으키기 쉽다. 주요 원인은 지나치게 왕성한 피지선의 활동으로 인한 모공의 확대 때문이다.

44 파운데이션 선택 시에 가장 알맞은 내용은 어느 것인가?

① 자신의 피부색과는 관계없이 유행하는 색상을 선택한다.
② 자신의 피부색보다 짙은 색을 선택한다.
③ 자신의 피부색보다 하얀색을 선택한다.
④ 자신의 피부색보다 한 단계 밝게 또는 어둡게 선택한다.

> 파운데이션은 부분화장을 돋보이게 하는데, 자신의 피부색보다 한 단계 밝게 또는 어둡게 선택하는 것이 효과적이다.

45 둥근(원형) 얼굴형에 대한 화장술로 가장 적합한 것은?

① 모난 부분을 밝게 표현한다.
② 뺨은 풍요하게 턱은 팽팽하게 보이도록 한다.
③ 양 옆쪽을 좁게 보이도록 한다.
④ 위와 아래를 짧게 보이도록 한다.

> 둥근 얼굴형은 길어 보이도록 옆을 축소시키는 화장을 한다.

| 정답 | 39 ④ 40 ② 41 ② 42 ③ 43 ④
44 ④ 45 ③ |

46 피부의 깊은 주름의 주원인은?
① 각질층의 수분과 지방의 양이 적어져서
② 수면의 부족으로
③ 콜라겐 섬유의 구조 변화로
④ 피하조직의 지방과 수분의 감소로

> 진피의 망상층에 있는 콜라겐과 엘라스틴은 피부의 탄력을 유지시키는데 탄력도가 떨어지면 주름의 원인이 된다.

47 눈썹에 대한 설명 중 부적합한 것은?
① 눈썹 산의 표준 형태는 전체 눈썹의 1/2 되는 지점에 위치하는 것이다.
② 눈썹 산이 전체 눈썹의 1/2 되는 지점에 위치해 있으면 볼이 넓게 보이게 된다.
③ 눈썹은 크게 눈썹머리, 눈썹 산, 눈썹꼬리로 나눌 수 있다.
④ 수평상 눈썹은 긴 얼굴을 짧아 보이게 할 때 효과적이다.

> 눈썹 산의 표준 형태는 눈썹 꼬리로부터 1/3 지점에 눈썹 산이 있다.

48 화장 시 아이섀도에 쓰이는 색상은 다양하다. 이 중 귀여운 이미지 연출에 가장 적당한 색상은?
① 녹색   ② 보라색
③ 청색   ④ 핑크색

> 아이섀도에 쓰이는 색상에 따른 이미지 중에서 귀여운 이미지 연출은 핑크색이 가장 적당하고 안정되고 성숙한 이미지 연출은 보라색이 적당하며, 산뜻하고 밝은 이미지 연출은 청색이 적당하다.

49 이마의 양쪽 끝과 턱의 끝부분을 진하게, 뺨 부분을 엷게 화장하면 가장 잘 어울리는 얼굴형은?
① 사각형 얼굴   ② 삼각형 얼굴
③ 역삼각형 얼굴 ④ 원형 얼굴

> 역삼각형의 얼굴은 이마의 양끝과 턱의 뾰족한 부분을 진하게 하고 얼굴의 옆(뺨)을 밝게 한다.

50 파운데이션의 종류 중 가벼움, 부드러움, 산뜻함 등의 특징을 가지며 피부에 빠르게 흡수되고 피지분비가 많은 여성에게 적합한 것은?
① 리퀴드 타입의 파운데이션
② 케이크 타입의 파운데이션
③ 크림 타입의 파운데이션
④ 파우더 타입의 파운데이션

> 피지분비가 많은 경우 파우더 타입의 파운데이션을 사용한다.

51 아이 섀도에 있어서 돌출되어 보이도록 하거나 혹은 돌출된 부분에 경쾌함을 줄 수 있는 것으로 가장 적합한 것은?
① 베이스 컬러(Base Color)
② 섀도 컬러(Shadow Color)
③ 악센트 컬러(Accent Color)
④ 하이라이트 컬러(High Light Color)

> 돌출되어 보이도록 하는 컬러는 하이라이트 컬러이다.

52 가장 이상적인 얼굴의 기본형은?
① 달걀형
② 둥근형
③ 역삼각형
④ 장방형

> 달걀형 얼굴은 이마가 턱보다 약간 넓은 형으로 특별한 수정화장이 필요 없는 이상적 얼굴형이다.

정답	46 ③ 47 ① 48 ④ 49 ③ 50 ④
	51 ④ 52 ①

53 메이크업(Daytime Make-up)의 설명이 잘못 연결된 것은?

① 그리스 페인트 메이크업(Grease Paint Make Up) – 무대 화장
② 데이 타임 메이크업(Day Time Make Up) – 짙은 화장
③ 선번 메이크업(Sunburn Make Up) – 햇볕 방지 화장
④ 소셜 메이크업(Social Make Up) – 성장 화장

> 데이 타임 메이크업은 보통 외출 시 가볍고 산뜻하게 하는 화장법이다.

54 코의 모양에 따른 코화장 방법에 대한 설명 중 부적당한 것은?

① 낮은 코 : 코의 양쪽 옆면은 세로로 색이 진하게, 콧등은 색이 엷게 화장한다.
② 높은 코 : 코 전체에 진한 색을 펴 바르고 양측 면에 옅은 색을 바른다.
③ 둥근 코 : 양 콧방울에 진한 색을 펴 바르고, 코끝에 엷은 색을 펴 바른다.
④ 큰 코 : 코의 전체를 색이 연하게, 색에 걸친 부분을 색이 엷게 화장을 한다.

> 큰 코는 다른 부분보다 진한 색을 코 전체에 펴 바른다.

55 입술이 약간 큰 경우 립스틱은 어떻게 화장하여야 하는가?

① 입술선보다 1mm 정도 작게
② 입술선보다 2mm 정도 크게
③ 입술선보다 3mm 정도 작게
④ 입술선보다 4mm 정도 크게

> 입술 선을 수정 화장할 경우 입술선보다 1mm 범위 내에서 크게 또는 작게 그린다.

56 다음 중 뺨 부분을 진하게 하고 이마와 턱은 엷게 하여야 할 얼굴형은?

① 마름모형 얼굴
② 삼각형 얼굴
③ 원형 얼굴
④ 역삼각형 얼굴

> 삼각형 얼굴은 턱의 양끝 부분을 진하게 하고, 이마 부분은 엷게 한다. 역삼각형 얼굴은 턱 부분에 살이 없으므로 전체적으로 볼륨감을 주어 수정한다. 마름모형 얼굴은 양 협골과 턱 부분을 진하게 하고 이마 부분을 엷게 한다.

57 검은 얼굴을 화장할 때는 어떻게 하는 것이 적당한가?

① 밝은 색상을 사용한다.
② 산뜻한 화장을 한다.
③ 피부의 투명도를 높인다.
④ 피부표현을 안하여도 무방하다.

> 검은 얼굴을 화장할 때에는 피부의 투명도를 높이는 것이 중요하고, 어두운 계열의 화장품을 사용한다.

58 다음 중 립스틱 선택방법으로 올바르지 않은 것은?

① 계절, 연령, 장소 등을 고려한다.
② 전체적인 메이크업과 조화를 이루어야 한다.
③ 젊은층은 밝고 화사하게 표현한다.
④ 직장 여성은 진한 색으로 연출한다.

> 직장 여성은 너무 진한 색보다 깔끔하고 단정하게 보이도록 한다.

정답	53 ② 54 ④ 55 ① 56 ③ 57 ③ 58 ④

59 파운데이션의 종류와 적합한 피부의 연결이 옳지 않은 것은?
① 리퀴드 타입의 파운데이션 – 건성피부
② 케이크 타입의 파운데이션 – 건성피부
③ 크림 타입의 파운데이션 – 건성피부
④ 파우더 타입의 파운데이션 – 지성피부

> 리퀴드나 크림 타입의 파운데이션은 건성피부, 파우더나 케이크 타입의 파운데이션은 지성피부에 적합하다.

60 메이크업에서 T. P. O에 속하지 않는 것은?
① 목적 ② 시간
③ 장소 ④ 체형

> 메이크업의 T. P. O는 시간, 장소, 목적이다.

61 눈꺼풀에 색감을 주어 입체감을 살려 눈의 표정을 강조하는 화장품은?
① 마스카라 ② 아이라이너
③ 아이브로 펜슬 ④ 아이섀도

> 아이섀도는 색조화장으로 눈의 입체감을 살리는 것이다.

62 좁은 이마와 넓은 턱을 가진 사람에게는 어떻게 메이크업을 하는 것이 가장 적당한가?
① 얼굴의 형을 살리도록 화장한다.
② 얼굴은 좁게 보이게 하며 이마는 넓게 보이게 한다.
③ 이마를 넓게 보이도록 하며 얼굴을 길게 보이게 한다.
④ 이마를 좁게 보이게 하며 턱을 넓게 보이게 한다.

> 좁은 이마와 넓은 턱의 삼각형 얼굴화장은 이마를 넓어 보이게 하고 얼굴은 길어 보이게 하는 화장법을 택한다.

63 표피와 진피의 경계선 형태는?
① 물결상 ② 사선
③ 점선 ④ 직선

> 표피(기저층)와 진피(유두층) 사이의 경계는 유두모양의 반복으로 물결의 형태로 이루어지게 된다.

64 입욕 미용법 설명 중에서 맞지 않는 것은?
① 온욕은 일반적으로 피부의 생리기능을 좋게 한다.
② 온탕에 들어가면 혈액이 피부표면에서 심부로 급격히 들어간다.
③ 온탕의 온도는 37℃ 전후가 알맞다.
④ 적당한 온탕은 혈관을 이완시킨다.

> 입욕은 생리기능 활성화, 혈관의 이완이 되는 장점이 있다. 혈액의 이동은 아니다.

65 다음의 클렌징 종류 중 지방 성분이 없어 세정력이 우수하며 매뉴얼 테크닉과 클렌징의 효과가 있는 것은?
① 클렌징 오일 ② 클렌징 워터
③ 클렌징 젤 ④ 폼 클렌징

> 클렌징 젤은 지방성분이 없어 지방에 예민한 알레르기성 피부에 좋으며, 세정력이 우수하고 염증과 자극을 완화시켜 주며, 보습효과를 준다.

66 비누 세안 후 유연 화장수를 사용하는 주된 목적을 설명한 것으로 옳은 것은?
① 피부를 수축시키기 위하여
② 피부의 거칠음을 방지하고 부드러움을 주기 위하여
③ 피부에 남아 있는 비누의 알칼리 성분을 중화시키기 위하여
④ 피부에 영양을 주기 위하여

정답	59 ② 60 ④ 61 ④ 62 ③ 63 ①
	64 ② 65 ③ 66 ③

화장수는 피부표면에 보습과 수렴효과를 부여하고 피부의 생리작용을 도우며, 피부의 pH 밸런스 유지를 목적으로 사용한다. 또한 피부에 붙어있는 노폐물이나 피지 등의 분비물을 제거하고 피부에 남아있는 클렌징 크림이나 로션의 잔여물을 닦아낸다.

67 보색에 관한 설명으로 가장 적합한 것은?
① 색상환에서 거리가 인접한 색 간의 관계
② 2개의 원색을 혼색했을 때 나타나는 색
③ 혼색했을 때 보라색이 되는 색들 간의 관계
④ 혼합 시 무채색이 되는 2색의 관계

색상환에서 서로 마주보는 위치에 있는 색으로 혼합하여 무채색이 되는 두 가지 색을 서로 보색 관계에 있으며 서로 상대방에 대한 보색이라고 한다.

68 피부색깔에 따른 올바른 화장법은?
① 검은 피부 : 암갈색
② 붉은 피부 : 밝은색
③ 푸른 피부 : 붉은색
④ 흰 피부 : 핑크색

검은 피부는 오렌지색, 붉은 피부는 파란색, 창백한 피부에는 핑크색을 사용한다.

69 눈썹의 모양을 강하지 않은 둥근 느낌으로 만들면 가장 효과적인 얼굴형은?
① 마름모형 얼굴   ② 사각형 얼굴
③ 원형 얼굴   ④ 장방형 얼굴

눈썹의 모양을 둥근 느낌으로 만들면 가장 효과적인 얼굴형은 각진형 즉, 사각형 얼굴이다.

70 이마의 양끝과 턱의 끝부분을 진하게 하고 얼굴 부분은 엷게 화장하는 것이 가장 잘 어울리는 얼굴형은?
① 사각형   ② 삼각형
③ 역삼각형   ④ 원형

얼굴의 윗부분 양쪽과 아래 부분 가운데를 축소하는 화장법은 역삼각형 얼굴에 적당하다.

71 얼굴형에 따른 화장법으로 이마와 상부의 턱의 하부를 진하게 표현하고 관자놀이의 눈꼬리와 귀 밑으로 이어지는 부분을 특히 밝게 표현하며 눈썹은 一자로 그리되 살짝 빗겨 올라가도록 그리는 화장법이 필요한 얼굴형은?
① 마름모형   ② 삼각형
③ 사각형   ④ 장방형

장방형의 얼굴형은 눈썹을 일자눈썹으로 그린다.

72 작은 눈을 크게 보이도록 아이섀도를 이용한 눈 부분 수정화장법으로 가장 적당한 것은?
① 아래 눈꺼풀의 눈 꼬리 부분에만 바른다.
② 윗 눈꺼풀의 눈 꼬리 부분에 강하게 표현한다.
③ 윗 눈꺼풀의 안쪽 끝부분에 아이섀도를 강하게 칠한다.
④ 윗 눈꺼풀 전체에 갈색 아이섀도를 고르게 바른다.

작은 눈을 커버하기 위한 수정화장법으로는 눈 꼬리 윗부분에 아이섀도를 강하게 칠한다.

73 어떠한 피부색에도 어울리는 립스틱 색상은?
① 오렌지색   ② 자홍색
③ 적색   ④ 핑크색

붉은색은 어떠한 피부색이나 어떠한 의상에도 무난하게 잘 어울린다.

정답 67 ④ 68 ③ 69 ② 70 ③ 71 ④
      72 ③ 73 ③

74 잘 어울리는 파운데이션을 선택하기 위하여 가장 주의해야 할 점은?

① 눈동자의 색깔　② 모발의 색
③ 얼굴의 크기　　④ 피부의 색

> 파운데이션 선택 시 우선해야 할 것은 피부의 유형과 색조에 맞는 제품을 선택하는 것이다.

75 립스틱을 바른 입술에 선명함과 윤기를 부여하는 것은?

① 립글로스　② 립라이너
③ 립크림　　④ 펄립스틱

> 립스틱을 바른 후 립글로스를 덧바르면 입술이 윤기 있어 보이고 촉촉해 보인다.

76 아이래시 컬을 이용하는 부분 화장은?

① 마스카라　② 문신
③ 아이라이너　④ 아이섀도

> 아이래시 컬은 마스카라를 하기 전 속눈썹을 올려주는 기구를 말한다.

77 베이스 컬러라고도 하며 얼굴의 잡티 등을 감춰 줄 수 있는 화장품은?

① 메이크업 베이스　② 영양크림
③ 클렌징크림　　　④ 파운데이션

> 파운데이션을 베이스 컬러라고도 한다.

78 얼굴 중앙부분이 넓으며 돌출된 형으로 얼굴 상하 부분이 좁은 것이 특징인 얼굴형은?

① 둥근형　② 마름모형
③ 삼각형　④ 역삼각형

> 마름모형 얼굴에는 살이 별로 없어서 광대뼈가 나오고, 턱이 뾰족하고, 몸이 마른 사람에게서 흔히 볼 수 있다.

79 메이크업은 때와 장소와 목적에 따라 달라진다. 이를 표현하는 용어로 바른 것은?

① T. I. O　② T. M. O
③ T-ZONE　④ T. P. O

> T. P. O(Time-시간, Place-장소, Object-목적)

80 루즈 색에 따라 어울리는 피부에 대한 것 중 옳지 않은 것은?

① 핑크계-검은 피부의 젊은 여성에게 알맞다.
② 자홍색계-흰 피부의 중년 이후 여성에게 알맞다.
③ 적색계-어떤 피부에도, 어떤 연령에도 두루 알맞다.
④ 오렌지계-소맥색 피부의 젊은 여성에게 알맞다.

> 핑크계는 흰 피부의 젊은 여성에게 알맞다.

81 가장 이상적인 얼굴의 기본형은?

① 달걀형　② 둥근형
③ 삼각형　④ 장방형

> 달걀형 얼굴은 이마가 턱보다 약간 넓은 형으로 특별한 수정화장이 필요 없는 이상적 얼굴형이다.

82 화장술에 있어 화장 컬러의 이미지를 나열한 것 중 틀린 것은?

① 산뜻한 이미지 : 청색
② 건강한 이미지 : 자주색
③ 세련된 이미지 : 회색이나 갈색
④ 귀여운 이미지 : 핑크색

> 건강해 보이는 이미지는 오렌지색이며, 자주색은 고귀하고 위엄있는 이미지이다.

정답	74 ④　75 ①　76 ①　77 ④　78 ②
	79 ④　80 ①　81 ①　82 ②

83 피부색깔에 따른 화장법은?

① 검은 피부 : 암갈색
② 붉은 피부 : 밝은색
③ 푸른 피부 : 붉은색
④ 흰 피부 : 핑크색

> 검은 피부는 오렌지색, 붉은 피부는 파란색, 창백한 피부에는 핑크색을 사용한다.

84 자외선에 과도하게 노출되거나 칼슘이 부족한 경우에 피부에 나타나는 반응은?

① 민감성피부   ② 복합성피부
③ 여드름피부   ④ 지성피부

> 민감성피부는 주위 환경에 민감해 실내외 온도의 변화, 기후, 피부의 자극, 화장품 등에 쉽게 반응한다.

85 피부 결이 섬세하고 화장이 잘 받지 않으며 쉽게 지워지지도 않는 피부는?

① 건성피부   ② 민감성피부
③ 중성피부   ④ 지방성피부

> 건성피부는 피부 결이 섬세하고 메이크업이 잘 받지 않는다. 그리고 피부의 탄력이 줄어들면서 늘어짐이 빨리 진행된다.

86 글로시 메이크업 테크닉으로 적절하지 않은 것은?

① 립 라인을 강조하고 진한 색으로 입술을 발라 준다.
② 수분이 많은 모이스처라이저를 충분히 발라 준다.
③ 파우더 타입보다는 크림 타입의 블러셔를 사용한다.
④ 컨실러를 이용해서 부분적으로 잡티를 커버해 준다.

> 액티브 메이크업은 립 라인을 강조하고 진한 색으로 입술을 발라 발랄함을 표현한다.

87 건강한 피부는 어떤 것인가?

① 색깔이 푸르스름한 피부
② 색이 창백한 피부
③ 벗겨 떨어지는 피부
④ 촉촉하고 윤기 있는 피부

> 건강한 피부란 항상 촉촉하고 윤기 있는 정상 피부를 말한다.

88 다음 중 지성피부의 특징으로 옳지 않은 것은?

① 남성 피부에 많다.
② 모공이 넓다.
③ 피부 결이 섬세하고 곱다.
④ 피부의 저항력이 약해서 여드름이 생긴다.

> 피부 결이 섬세하고 고운 피부는 정상피부이다.

89 피부색이 창백하고 탄력성이 적으며 정맥이 피부로 드러나 보이는 약한 피부로서 피부 손질 시는 강한 알칼리성 비누나 알코올 함량이 많은 화장수의 사용을 피하는 것이 좋은 것은?

① 건조성 피부   ② 민감성 피부
③ 이상성 피부   ④ 지방성 피부

> 어떤 요인에 의하여 비정상적으로 외부의 자극에 민감할 뿐만 아니라 얇고, 섬세한 조직으로 염증이나 피부 병변을 일으키기 쉬운 피부로 화학적, 역학적인 반응에 예민하다.

90 봄에 어울리는 대표적인 색상은?

① 노란 빛이 돌고 복숭아와 아이보리 색상
② 모든 색에 노랑과 검정이 섞인 색상
③ 모든 색에 흰색과 파랑톤이 도는 색상
④ 흰색과 검은색 등의 무채색 색상

정답	83 ③ 84 ① 85 ① 86 ① 87 ④
	88 ③ 89 ② 90 ①

봄에는 명도, 채도가 높고 깔끔하며 청순한 색이 많다. 봄에 어울리는 대표적인 색상은 노란빛이 돌고 복숭아, 아이보리 색상 등의 밝고 가볍고 따뜻한 느낌을 주는 색이다.

91 인체 피부 표피의 각질 세포는 어느 정도의 수분을 함유하고 있어야 정상인가?

① 5~10% ② 10~20%
③ 25~35% ④ 30~40%

각질층의 수분함량은 10~20%가 정상이며 10% 이하가 되면 피부가 건조해지고 거칠어지며 예민해지므로 수분함량은 피부표면의 탄력성 유지와 피부의 손상방지에 매우 중요하다.

92 표피의 구조는 육안으로 볼 수 있는 맨 윗부분인 각질층으로부터 어떤 순서로 이루어져 있는가?

① 각질층-과립층-투명층-기저층-유극층
② 각질층-투명층-과립층-유극층-기저층
③ 각질층-기저층-유극층-과립층-투명층
④ 각질층-유극층-과립층-투명층-기저층

표피는 피부의 가장 바깥층인 각질층, 그 밑에 투명층이 있으며, 과립층, 유극층, 기저층의 순서로 이루어져 있다.

93 피부의 구조 중 진피에 속하는 것은?

① 과립층 ② 기저층
③ 유극층 ④ 망상층

진피의 구조는 유두층과 망상층이다.

94 결합섬유와 탄력섬유로 구성되어 있으며 혈관, 신경세포, 림프액 등 많은 조직이 분포되어 있는 곳은?

① 멜라닌 ② 진피
③ 표피 ④ 피하조직

진피에는 유두층과 망상층이 있으며 망상층은 결합섬유(교원섬유)와 탄력섬유로 구성되어 있다.

95 피부 구조 중 마르피기 세포와 색소 세포가 있는 곳은?

① 림프선 ② 진피
③ 표피 ④ 피하조직

표피의 부속물은 주로 각질세포로 되어 있고, 멜라닌 생성세포, 랑게르한스 세포, 마르피기 세포 등으로 구성되어 있다.

96 인체의 피부에서 모세혈관이 위치하고 있는 부분은?

① 상피 ② 진피
③ 표피 ④ 피하조직

진피의 유두층은 산소와 영양소가 유두의 모세혈관으로부터 조직액을 통해 산소와 영양소가 확산해 들어가 피부에 필요한 영양소를 운반하여 표피의 각화가 원활해지도록 도와서 피부표면을 매끄럽게 함으로써 피부에 긴장감과 탄력을 준다.

97 피부 구조에서 진피 중 피하조직과 연결되어 있는 것은?

① 기저층 ② 망상층
③ 유극층 ④ 유두층

망상층은 유두층의 하부에 위치하며 피하조직과 연결되어 있고, 유두층보다 두꺼우며 콜라겐 섬유나 엘라스틴 섬유들이 더 치밀하고 규칙적으로 배열되어 있다.

정답 91 ② 92 ② 93 ④ 94 ② 95 ③
　　　96 ② 97 ②

98 진피에 대한 설명으로 틀린 것은?

① 단백질의 일종인 교원섬유와 탄력섬유로 구성되어 있다.
② 피부가 노화될 때에는 탄력섬유의 변성으로 보아야 한다.
③ 피부의 상처는 탄력섬유의 손상이며 엘라스틴을 공급하면 치유된다.
④ 피부의 영양, 감각, 분비의 중요한 기능을 한다.

> 피부에 상처가 날 경우 치유하는 역할을 하는 것은 교원섬유이다.

99 원주상의 세포가 단층으로 이어져 각질형성세포와 색소형성세포가 존재하는 피부 세포층은?

① 기저층 ② 유극층
③ 유두층 ④ 투명층

> 기저층은 각질세포, 멜라닌세포, 촉각세포, 무색소과립가지세포와 같은 세포들로 구성되어 있어 각질로 떨어져 나가는 표피세포의 보충과 피부색을 결정하거나 색소침착을 일으킨다.

100 피부의 상피 내에 특수 장벽이라고 할 만한 층이 있다. 이 층의 역할이 아닌 것은?

① 내부로부터 새로운 층이 올라와 때와 함께 제거된다.
② 외부로부터 침입하는 각종 물질을 방어한다.
③ 체액이 외부로 새어 나가는 것을 방지한다.
④ 피부의 색소를 만든다.

> 각질층은 표피 중 가장 바깥쪽에 있는 층으로 약 20~30개의 납작한 비늘과 같은 세포층으로 이루어져 있으며 매일 수천 개의 죽은 세포들이 피부표면에서 각질화되어 박리된다. 이러한 각질화 현상은 피부를 보호하는 데 중요한 작용을 하는데 피부 표면의 마찰이 생길수록 기저층과 유극층에서 세포분열이 더욱 활발해져 굳은살이 더 형성되어 보호작용이 강화된다. 피부의 색소를 만드는 층은 기저층이다.

101 피부에 관한 다음 설명 중 잘못된 것은?

① 표피는 진피와 피하조직 사이에 있다.
② 표피의 각화작용으로 비듬이나 때가 떨어져 나간다.
③ 피부영양은 진피의 유두층에 피를 통하여 공급된다.
④ 피부의 주성분은 단백질이다.

> 표피는 피부의 제일 겉층에 존재하는 층으로 매우 얇으며 표피층의 아래에서부터 기저층, 유극층, 과립층, 투명층, 각질층으로 구분된다.

102 피부구조에 있어 유두층에 대한 설명 중 잘못된 것은?

① 수분을 다량으로 함유하고 있다.
② 표피층에 위치하여 모낭 주위에 존재한다.
③ 혈관과 신경이 있다.
④ 혈액을 통하여 표피에 영양을 보내주고 있다.

> 유두층은 콜라겐 섬유와 엘라스틴 섬유로 구성되어 진피의 상층에 위치한다. 신경 말단부나 모세혈관 종말부가 있으며 유두층의 수분은 피부의 팽창도 및 탄력도와 관련이 깊다. 산소와 영양소가 유두의 모세혈관으로부터 조직액을 통해 산소와 영양소가 확산 들어가 피부에 필요한 영양소를 운반하여 표피의 각화가 원활해지도록 도와서 피부표면을 매끄럽게 하므로 피부에 긴장감과 탄력을 준다.

103 피부에서 선글라스와 같은 역할을 하는 것은?

① 각질층 ② 과립층
③ 유극층 ④ 투명층

> 각질층은 피부방어상 중요한 역할을 하며, 자외선을 막는 작용을 한다.

정답 98 ③ 99 ① 100 ④ 101 ① 102 ② 103 ①

104 피부의 색소와 관계가 없는 것은?

① 멜라닌   ② 에크린
③ 카로틴   ④ 헤모글로빈

> 멜라닌(흑색), 카로틴(황색) 헤모글로빈(적색), 에크린은 땀샘을 말한다.

105 진피의 조직에 속하지 않는 것은?

① 교원섬유 및 탄성섬유
② 망상층
③ 유두층
④ 투명층

> 투명층은 표피에 해당한다.

106 피부의 각질, 털, 손톱, 발톱의 구성성분인 케라틴을 가장 많이 함유한 것은?

① 동물성 단백질   ② 동물성 지방
③ 식물성 지방질   ④ 탄수화물

> 케라틴은 피부의 기초를 이루며, 머리털·손톱·피부 등 상피구조의 기본을 형성하는 단백질로 각질(角質)이라고도 한다. 머리털·양털·깃털·뿔·손톱·말굽 등을 구성하는 진성(眞性) 케라틴과, 피부·신경조직 등에 존재하는 유사 케라틴으로 구별된다.

107 손톱의 주성분은 무엇으로 구성되는가?

① 시스틴   ② 칼슘
③ 케라틴   ④ 콜레스테롤

> 손톱은 케라틴으로 구성되어 있다.

108 피부의 표피구조 중 주로 손바닥과 발뒤꿈치 같은 두꺼운 피부에 존재하는 층은?

① 각질층   ② 과립층
③ 유극층   ④ 투명층

> 투명층은 손바닥이나 발바닥 같은 두꺼운 부위에만 볼 수 있으며 직접적인 외부로부터의 손상을 방어하는 층이다.

109 피부구조 중 표피의 기저층 세포는 모두 몇 층으로 되어 있는가?

① 단층   ② 다층
③ 2층   ④ 4층

> 표피의 기저층 세포는 단층으로 구성되어 있으며 물결모양을 가진다.

110 피부의 구조는?

① 각질층, 투명층, 과립층
② 교원섬유, 탄력섬유
③ 표피, 진피, 피하조직
④ 피지선, 한선, 유선

> 피부의 구조는 크게 표피, 진피, 피하조직으로 나뉜다.

111 진피에 속하지 않는 섬유는?

① 결합섬유   ② 교원섬유
③ 탄력섬유   ④ 평편섬유

> 진피는 그물모양의 섬유성 결합조직으로 교원섬유와 탄력섬유가 매우 조밀하게 구성되어 있다.

112 다음 중 피하조직에 대한 설명 중 잘못된 것은?

① 뼈나 근육을 외부압력으로부터 보호한다.
② 지방막의 두께는 성별, 부위, 연령, 영양상태, 신체부위에 따라 다르다.
③ 피하지방이 축적되는 저장세포로 채워져 있다.
④ 혈관, 림프관, 신경관 등은 연결되어 있지 않다.

> 피하조직은 다른 기관의 혈관, 림프관, 신경관 등과 함께 연결되어 있어 영양분과 산소를 공급하고 노폐물과 이산화탄소를 거두어들인다.

정답 104 ② 105 ④ 106 ① 107 ③ 108 ④
     109 ① 110 ③ 111 ④ 112 ④

113 다음 중 피하조직의 작용에 대한 내용으로 옳지 않은 것은?

① 수분을 조절하는 기능이 있다.
② 영양소를 저장하는 기능이 없다.
③ 체온의 손실을 막는 체온조절기능이 있다.
④ 탄력성을 유지한다.

> 피하조직의 작용은 외부의 압력, 충격으로부터 몸을 보호하고, 영양소를 저장하는 기능이 있으며, 혈액순환 및 림프액의 순환이 원활하지 못하면 셀룰라이트를 형성한다.

114 겨드랑이 냄새는 어떤 분비물의 증가와 이상이 있기 때문인가?

① 대한선(아포크린선)
② 소한선(에크린선)
③ 스테로이드
④ 콜레스테롤

> 겨드랑이나 젖꼭지에 존재하는 것은 대한선(아포크린선)이다.

115 다음 피지에 대한 설명 중 틀린 것은?

① 손바닥과 발바닥에는 피지의 분비가 거의 없다.
② 일반적으로 남자는 여자보다 피지의 분비가 적다.
③ 피지의 분비는 사춘기에 왕성하다.
④ 피지의 분비는 외계의 온도가 상승하면 높아진다.

> 일반적으로 남자가 여자보다 피지 분비량이 많다.

116 피부의 색소인 멜라닌(Melanin)은 어떤 아미노산으로부터 합성되는가?

① 글루탐산(Glutamic Acid)
② 글리신(Glycerine)
③ 알라닌(Alanine)
④ 티로신(Tyrosine)

> 멜라닌은 세포 내의 소기관인 리보솜(Ribosome)에서 티로시나아제라는 효소의 생합성에서 합성되기 시작한다. 이 효소의 작용으로 아미노산의 일종인 티로신(Tyrosine)에서 몇 단계를 거쳐 합성되어, 멜라노사이트라는 흑색소포 표면에 침착하여 멜라노솜(Melanosome)이라는 멜라닌 과립이 생긴다.

117 각질층의 병변현상과 관계가 먼 것은 무엇인가?

① 건선   ② 비듬
③ 여드름   ④ 티눈

> 여드름은 모공 속 피지분비가 과도하게 분비되어 피지가 모공에서 바깥으로 배출되지 못하고 모공 내에서 피지가 뭉쳐 염증을 일으키는 현상으로 각질층의 병변현상과는 관계가 없다.

118 피부의 역할과 거리가 먼 것은?

① 보호작용
② 분비작용
③ 영양분 생성작용
④ 체온조절작용

> 피부는 외부의 충격, 자외선 등의 자극으로부터 보호작용, 땀샘을 통한 노폐물의 분비작용, 신체의 신진대사활성화를 위한 영양분 교환기관으로서의 작용, 외부의 변화에 따라 피부의 항상성을 유지하기 위한 체온조절작용을 한다.

119 피부가 느낄 수 있는 감각 중에서 가장 예민한 감각은?

① 냉각   ② 압각
③ 촉각   ④ 통각

> 통각이 다른 피부감각과 다른 점은 통각을 일으키는 자극의 종류가 특정한 것이 아니라는 것이다. 어떠한 자극도 그것이 매우 강해서 생체에 유해 작용을 미칠 때에는 통증으로 느끼게 된다.

정답 113 ② 114 ① 115 ② 116 ④ 117 ③
      118 ④ 119 ④

120 피부의 피지막에 대한 설명 중 잘못된 것은?

① 땀과 피지가 섞여서 합쳐진 막이다.
② 보통 알칼리성을 나타내고 독물을 중화시킨다.
③ 세균 또는 백선균이 죽거나 발육이 억제당한다.
④ 피지막 형성은 피부의 상태에 따라 그 정도가 다르다.

> 피지막은 피부를 약산성 상태로 유지하며 알칼리를 중화하는 피부중화작용을 한다.

121 피지선에 대한 설명 중 맞지 않는 것은?

① 피지를 분비하는 선으로 진피 중에 위치한다.
② 피지선은 손바닥에는 전혀 없다.
③ 피지선의 1일 분비량은 10~20g 정도이다.
④ 피지선이 많은 부위는 코 주위이다.

> 피지 분비량은 평균 하루에 1~2g이며, 피지분비자극 호르몬 중 안드로겐에 의해 피지선이 자극된다.

122 피지에 관한 설명 중 맞지 않는 것은?

① 일반적으로 남자가 여자보다 많다.
② 피부와 털을 보호한다.
③ 피지는 땀샘에서 땀하고 같이 분비된다.
④ 피지는 화농성 균에 강하다.

> 모발의 난포상피로부터 발생하는 피지선은 모발의 줄기로 피지를 분비하는 진피에 있는 분비선이다. 피지는 지질이 대부분이며 모발의 줄기로부터 피부 표면으로 퍼져나가 피부 각질층의 윤활작용과 방수역할을 하고 또한 모발이 푸석거리지 않게 도와준다. 피지선이 막히면 여드름이 생기게 된다.

123 성인의 하루 피지량은?

① 0.5g ② 2g
③ 3g   ④ 4g

> 피지 분비량은 평균 하루에 1~2g이다.

124 피부 각질층에 대한 설명 중 옳지 않은 것은?

① 비늘의 형태
② 생명력이 없는 세포
③ 피부의 방어대 역할 담당
④ 혈관이 얕게 분포되어 있다.

> 표피에는 모세혈관이나 신경이 존재하지 않는다.

125 피부의 투명도에 영향을 주지 않는 것은?

① 각질층의 두께
② 유극세포층 내의 수분 함량
③ 진피의 혈관분포 상태
④ 청색모반

> 피부의 투명도는 긴장도가 높을수록 피부의 투명도가 높아진다. 그리고 각질층의 두께, 색소 함량, 유극세포층 내의 수분 함량 등에 의해 투명도는 달라진다.

126 화학적 물질이 피부 표면에 묻었을 때 피부 자체의 동화작용으로 보호하는 것은?

① 땀과 피지   ② 멜라닌 색소의 작용
③ 표피 각질의 작용 ④ 혈관 림프 작용

> 땀과 피지는 막을 형성하여 피부를 보호한다.

127 일반적으로 피부는 약 며칠을 주기로 생성, 사멸되는가?

① 20일 ② 28일
③ 38일 ④ 40일

> 우리 피부는 한 번 형성된 후 그대로 유지되는 것이 아니라 28일을 주기로 끊임없이 새로운 피부를 만들어낸다.

정답	120 ②	121 ③	122 ③	123 ②	124 ④
	125 ③	126 ①	127 ②		

128 추운 날씨에 피부의 털을 세우는 역할을 하는 것은?

① 입모근 ② 피지선
③ 한선(땀샘) ④ 혈관

> 수축 시에는 털을 세우는데 털 하나에는 1~2개의 입모근이 있다.

129 얼굴의 피지가 세안으로 없어졌다가 원상태로 회복될 때까지의 일반적인 소요시간은 어느 정도인가?

① 10분 정도 ② 30분 정도
③ 2시간 정도 ④ 4시간 정도

> 목욕, 세안 등의 원인으로 피지가 없어졌다가 원상태로 회복될 때까지는 3~4시간이며, 얼굴에는 2시간 정도이다.

130 피부에 관한 사항 중 옳지 않은 것은?

① 감각 수용기를 통해 외부의 갖가지 자극을 받아들인다.
② 자외선으로부터 몸을 보호해준다.
③ 체액의 건조를 방지해 준다.
④ 피부는 신체의 내부를 둘러싸고 있는 조직이다.

> 피부는 전신을 덮고 있는 기관으로 신체 외부를 싸고 있는 조직이다.

131 흡연과 피부의 관계에 관하여 잘못 설명한 것은?

① 노화 촉진은 담배 속의 니코틴 때문이다.
② 담배 속의 니코틴은 모세혈관을 자극하여 혈액순환을 촉진시킨다.
③ 흡연은 폐질환과 심장질환을 일으킬 우려가 있다.
④ 흡연은 피부노화를 촉진해 주름살을 빨리 생기게 한다.

> 담배 속의 니코틴은 혈관을 수축시키고 혈압을 오르게 한다. 모세혈관이 일단 수축되면 혈액의 순환은 잘 되지 않기 때문에 혈색이 없어보이게 된다.

132 10대의 사춘기에 여드름이 많이 나는 근본적인 원인은?

① 단 음식의 다량 섭취
② 원인균의 침입
③ 피부의 불결
④ 호르몬 분비활동 증가

> 사춘기 때 여드름이 많이 나는 근본적인 원인은 호르몬 분비의 증가이다.

133 여드름의 발생 원인과 가장 거리가 먼 것은?

① 변비
② 위장 장애
③ 피부의 수분감소
④ 호르몬의 불균형

> 피부의 수분감소는 여드름 발생 원인보다는 노화피부의 발생 원인이다.

134 피부의 상피조직은 다음 어느 상피에 속하는가?

① 섬모상피 ② 입방상피
③ 중층상피 ④ 편평상피

> 편평상피는 비늘같이 납작한 세포층으로 피부, 구강 등을 덮고 있다.

135 다음 중 대한선(큰 땀샘)의 분포가 가장 많은 부위는 어디인가?

① 겨드랑이 ② 볼
③ 상지와 하지 ④ 이마

| 정답 | 128 ① | 129 ③ | 130 ④ | 131 ② | 132 ④ |
| | 133 ③ | 134 ④ | 135 ① | | |

> 대한선(아포크린선)은 에크린선보다 더 큰 선으로 겨드랑이와 음부에 분포되어 있으며 모낭으로 사춘기 이후가 되어야 분비를 시작한다.

136 다음의 분비선 중에서 모낭에 부착되어 있는 것은?

① 내분비선
② 대한선(아포크린선)
③ 소한선(에크린선)
④ 모세혈관

> 대한선은 '아포크린선'이라고도 불리며 모낭에 부착되어 있다. 주로 겨드랑이, 가슴, 눈꺼풀 등에 존재하며 사춘기가 되어서 분비가 발달하므로 2차 성징의 하나로 보기도 한다.

137 다음 중 아포크린선(대한선) 분포가 많은 곳에 해당되지 않는 것은?

① 겨드랑이　② 귀 부위
③ 배꼽 주변　④ 입술

> 아포크린선(대한선)은 주로 겨드랑이, 가슴 등에 존재하며 입술은 독립 피지선이다.

138 소한선(에크린선)에 대한 설명 중 옳지 않은 것은?

① 겨드랑이, 유두 등의 몇몇 부위에만 분포되어 있다.
② 무색 무취로서 99%가 수분으로 땀을 구성한다.
③ 에크린선은 혈관계와 더불어 신체의 2대 체온조절기관이다.
④ 에크린선의 한선체는 진피 내에 있다.

> 주로 겨드랑이, 가슴, 눈꺼풀 등에 존재하는 것은 대한선이다.

139 인체 피부 표면에서 살균작용을 하거나 세균의 번식을 막는 역할을 하는 것은?

① 땀샘　　　② 멜라닌 색소
③ 산성막　　④ 수분

> 산성막은 물리적, 화학적 손상으로부터 피부를 보호하고, 미생물의 증식을 억제하는 항박테리아 작용을 한다.

140 입술에 있는 피지선은 다음 중 어느 것에 속하는가?

① 독립 피지선
② 무 피지선
③ 작은 피지선
④ 큰 피지선

> 독립 피지선은 털과 관계없이 피지선이 존재하는 것으로 손바닥, 발바닥, 입술 등에 존재한다.

141 다음 중 피지선이 전혀 없는 것은?

① 손바닥　② 이마
③ 입술　　④ 코 주위

> 피지선이 전혀 없는 것은 손바닥이다.

142 얼굴에서 피지선이 가장 발달한 곳은?

① 뺨 부분　② 이마 부분
③ 턱 부분　④ 코 옆 부분

> 얼굴에서 피지 분비가 가장 활발한 곳은 코 주변이다.

143 다음 중 피부 건조를 막아주는 역할을 하는 것은?

① 과립층　② 기저층
③ 유극층　④ 피지막

> 피지선에서는 피지, 한선에서는 땀을 분비하여 피지막을 형성하고 피부건조를 막아 유연성 및 탄력성을 주며 외부로부터 유해물의 침입을 막아준다.

정답	136 ②	137 ④	138 ①	139 ③	140 ①
	141 ①	142 ④	143 ④		

144 피부에 있어 자율신경의 지배를 받지 않는 곳은 어느 곳인가?

① 입모근　　② 피지선
③ 한선　　　④ 혈관

> 피지선은 자율신경의 지배를 받지 않는다.

145 피부의 부속기관이 아닌 것은?

① 기관지　　② 손톱, 발톱
③ 피지선　　④ 한선

> 모발, 손·발톱, 선들은 표피층에서 유도된 것으로 피부부속기관 또는 표피유도체라고 한다.

146 다음 중 가장 이상적인 피부의 pH 범위는?

① pH 0.5~2.5
② pH 2.5~4.5
③ pH 4.5~6.5
④ pH 6.5~8.5

> 피부의 pH는 4.5~6.5 정도(약산성)일 때 가장 좋은 피부라고 한다.

147 다음 중 피부색을 결정짓는 주요인에 속하는 것은?

① 근육의 탄력　　② 지방의 양
③ 털의 양　　　　④ 혈액 공급량

> 피부색을 결정짓는 요인으로 가장 많은 부분을 차지하는 것은 헤모글로빈과 멜라닌 그리고 카테킨이 있다. 헤모글로빈은 혈액 내 적혈구에 있으며 산소를 운반하는데 헤모글로빈이 적어지면 불그스름한 얼굴빛을 띄게 된다. 멜라닌은 표피 내 기저층에 있으며 흑갈색을 띈다. 카테킨은 진피 내 피하조직에 있으며 여자보다 남자가 더 많고 황색을 낸다.

148 피부의 두께는 평균해서 약 몇 mm나 되는가?

① 1~1.5mm　　② 2~2.2mm
③ 3mm　　　　④ 4mm

> 피부의 두께는 평균 2~2.2mm이며 피하조직을 제외한 두께는 약 1.4mm 정도인데 신체 부위 중 가장 얇은 곳은 눈꺼풀이며 가장 두터운 곳은 손, 발바닥이다.

149 피부 표면의 pH 조성에 가장 큰 영향을 끼치는 것은?

① 땀의 분비
② 신체부위
③ 피부 자체 작용이나 주위 조건
④ 피지

> 피부 표면의 pH 조성에 가장 큰 영향을 끼치는 것은 피부자체 작용이나 주위의 환경이다.

150 체내에 부족하면 괴혈병을 유발시키며 피부와 잇몸에서 피가 나오게 하고, 또한 빈혈을 일으켜 피부를 창백하게 하는 것은?

① 비타민 A　　② 비타민 B_2
③ 비타민 C　　④ 비타민 K

> 괴혈병은 비타민C 결핍에 의해 콜라겐 생성을 방해 받아 약해진 모세혈관이 손상되어 피가 나오기 때문에 일어난다. 출혈, 전신 권태감, 힘 빠짐, 식욕부진 등이 나타나며 피부가 건조하고 꺼칠꺼칠해지다가 결국은 피하 출혈이 나타난다. 병이 진행되면 잇몸, 근육, 골막, 피하점막에서도 피가 나고 그 부위가 몹시 아프다.

151 햇빛에 과민한 피부, 습진, 머리의 부스럼, 빨간 코, 입술 염증의 치료에 쓰이는 비타민은 무엇인가?

① 비타민 A　　② 비타민 B_2
③ 비타민 C　　④ 비타민 K

> 비타민 B_2는 탄수화물·지방·단백질 등 열량소의 대사에 없어서는 안 되며, 결핍되면 이들의 대사가 저해되어 여러 가지 신체장애를 일으킨다. 결핍증으로서 설염·구순염·구각염·피부병·결막염이나 백내장 같은 눈병이 나타난다. 우유·치즈·간·달걀·돼지고기·내장고기·녹색채소에 많다.

정답	144 ②	145 ①	146 ③	147 ④	148 ②
	149 ③	150 ③	151 ②		

152 멜라닌 생성저하 물질인 것은?

① 비타민 C　　② 엘라스틴
③ 콜라겐　　　④ 티로시나제

> Adrenaline과 Dopa로부터 멜라닌 색소가 생성되는데 이 생화학반응을 비타민 C가 저해함으로서 멜라닌 색소의 생성을 방해한다. 비타민 C가 기미·주근깨를 방지한다는 것은 이러한 작용 때문이다.

153 유용성 비타민으로서 간유, 버터 등에 함유되어 있으며, 결핍되면 건성피부가 되고 각질층이 두꺼워지며 피부가 세균감염을 일으키기 쉬운 비타민은 무엇인가?

① 비타민 A　　② 비타민 B_1
③ 비타민 B_2　④ 비타민 C

> 비타민 A는 동물의 간, 알의 노른자위, 버터 따위에 많이 들어 있는데 이것이 부족하면 발육 불량, 세균에 대한 저항력의 감퇴, 야맹증, 각질 경화 따위를 일으킨다.

154 기미, 주근깨에 알맞은 비타민은?

① 비타민 A　　② 비타민 B
③ 비타민 B_2　④ 비타민 C

> Adrenaline과 Dopa로부터 멜라닌 색소가 생성되는데 이 생화학반응을 비타민 C가 저해함으로서 멜라닌 색소의 생성을 방해한다. 비타민 C가 기미·주근깨를 방지한다는 것은 이러한 작용 때문이다.

155 비타민 B 중에서 가장 중요한 것으로 리보플라빈이라고 불리는 비타민은?

① 비타민 B_1　② 비타민 B_2
③ 비타민 B_6　④ 비타민 B_{12}

> 비타민 B_2를 리보플라빈이라고 하며 공급원은 달걀, 육류, 유제품, 푸른 채소 등이고, 결핍되면 구강염, 설염, 피부염, 우울증, 현기증 등이 나타나며, 효능과 생리적 기능은 탄수화물, 단백질 지방의 에너지 대사에 관여, 건강한 피부 유지, 시력을 돕고 눈의 피로를 감소시킨다.

156 백발화의 촉진 원인이 되는 쇼크와 스트레스를 예방하는 데 가장 효과가 큰 비타민은 무엇인가?

① 비타민 A　　② 비타민 B_1
③ 비타민 C　　④ 비타민 F

> 비타민 C는 혈색소 형성 및 스트레스 예방에 효과적이다.

157 감, 귤, 딸기처럼 괴혈병에 좋은 비타민은?

① 비타민 A　　② 비타민 B_6
③ 비타민 C　　④ 비타민 D

> 비타민 C는 항산화제 및 철분을 흡수하며 과일, 채소류에 풍부하고, 결핍 시 괴혈병이 나타난다.

158 다음 중 지용성 비타민에 해당되는 것은?

① 비타민 A　　② 비타민 B
③ 비타민 B_2　④ 비타민 C

> 버터기름, 간유, 콩기름 따위에 녹아들어 있는 비타민으로 발육이나 생식 기능 따위의 생체 유지에 필수적이다. 비타민 A, D, E, F, K, U 따위이다.

159 피부를 희게 하고 혈액순환을 왕성하게 하려면 어떤 비타민이 좋은가?

① 비타민 A　　② 비타민 B
③ 비타민 C　　④ 비타민 D

> 비타민 C는 멜라닌 색소의 형성을 억제하여 기미·주근깨 예방에 효과적이고, 혈액순환을 촉진시키며 미백효과가 있다.

160 피부를 구성하는 주성분은?

① 단백질　　　② 비타민
③ 지방　　　　④ 탄수화물

> 피부를 구성하는 표피각질의 결합조직, 탄성섬유 등은 모두 단백질로 이루어져 있다.

정답	152 ①	153 ①	154 ④	155 ②	156 ③
	157 ③	158 ①	159 ③	160 ①	

161 비타민 C 부족 시 어떤 증상이 주로 일어날 수 있는가?

① 색소, 기미가 생긴다.
② 여드름의 발생 원인이 된다.
③ 지방이 많이 낀다.
④ 피부가 촉촉해진다.

> 비타민 C 부족 시에 주름살과 늘어진 피부, 조기 노화, 색소, 기미가 생긴다.

162 다음 중 산성식품에 해당하는 것은?

① 당근　　② 배추
③ 쇠고기　④ 우유

> 산성 식품에는 고기류·생선류·알류 등의 동물성 식품과 쌀 등의 곡류가 속하는데, 주로 단백질·탄수화물·지방 등의 3대 영양소를 많이 함유한 식품이 여기에 해당한다.

163 여드름 피부를 관리하기 위한 식품으로 가장 적당한 것은?

① 새우튀김　② 야채주스
③ 초콜릿　　④ 커피

> 단것과 기름진 것, 커피, 초콜릿, 튀김류는 좋지 않다.

164 양질의 단백질이나 지방의 영양 섭취를 적게 섭취하였을 때 나타나는 피부 현상은 어느 것인가?

① 건조성 피부로 변한다.
② 검은색 피부로 변한다.
③ 지루성 피부로 변한다.
④ 피부 색상이 희어진다.

> 피부를 구성하는 표피 각질의 결합조직이나 탄성섬유의 주요 성분인 단백질이나 지방의 섭취가 적어지면 피부가 건조하고 거칠어지며 건성피부의 성격을 띠게 된다.

165 짙은 화장은 피부의 어떤 생리작용을 가장 방해하는가?

① 신경작용, 생성작용
② 표정작용, 보호작용
③ 호흡작용, 분비작용
④ 흡수작용, 체온조절작용

> 우리의 피부는 끊임없이 소멸과 생성을 반복하는데, 거기에 화장을 짙게 하면 피부는 호흡을 할 수 없게 되고, 피부호흡을 통한 배설도 충분히 이루어지지 않는다.

166 깊은 주름의 주원인은?

① 각질층의 수분과 지방의 양이 적어져서
② 수면의 부족으로
③ 콜라겐 섬유의 구조변화로
④ 피하조직의 지방과 수분의 감소로

> 깊은 주름은 콜라겐 섬유의 퇴화, 변성, 위축 등의 구조변화로 인해 생기는 것이다.

167 자외선이 인체에 미치는 효과에 해당하지 않는 것은?

① 살균작용
② 생체 내 비타민 D의 생성 촉진
③ 피부색소의 침착
④ 혈액순환 증진

> 혈액순환 증진은 적외선이 온열 자극을 주어 인체에 미치는 효과이다.

168 피지의 과잉분비를 억제하고 피부를 수축시켜 주는 것은?

① 소염　② 수렴
③ 영양　④ 유연

> 피부의 과잉 지방분을 억제하고 피부를 수축시켜 주는 것을 수렴이라 한다.

정답	161 ①	162 ③	163 ②	164 ①	165 ③
			166 ③	167 ④	168 ②

169 자외선의 작용이 아닌 것은?
① 비타민 D 형성
② 살균작용
③ 아포사멸
④ 피부 색소 침착

> 자외선을 쬐면 세균을 죽이는 살균작용은 하지만 아포까지는 사멸시키지 못한다.

170 피부표면의 구조와 생리를 설명한 것으로 옳은 것은?
① 피부의 이상적인 산성도(pH)는 6.2~7.8이다.
② 피부의 pH는 성별, 계절별로 변화가 거의 없다.
③ 피부의 피지막은 건강상태 및 위생과는 상관없다.
④ 피지막의 친수성분을 천연보습인자(NMF)라 한다.

> 건강한 피부는 pH 4.5~6.5로 약산성을 띄고, 이는 성별, 계절, 인종, 연령, 건강상태 등에서 영향을 받는다.

171 피부의 면역에 관한 설명으로 옳은 것은?
① B림프구는 면역글로불린이라고 불리는 항체를 생성한다.
② 세포성 면역에는 보체, 항체 등이 있다.
③ 표피에 존재하는 각질형성세포는 면역 조절에 작용하지 않는다.
④ T림프구는 항원전달세포에 해당한다.

> 체액성 면역은 B림프구에 의해 만들어진 면역 글로불린이란 항체를 생성한다. 항원과 접촉한 항체는 항원을 중화하여 식세포가 잡아먹을 수 있도록 돕거나 보체와 함께 신속하게 분화하여 대량으로 항체를 만든다.

172 피부가 건조해지고 주름살이 생기고 윤기가 없어지게 되는 현상은?
① 알레르기 현상
② 피부의 각화 현상
③ 피부의 노화 현상
④ 피부질환 발생 현상

> 피부의 기능이 떨어져 생기는 주름살은 노화현상이며 자연적인 노화를 내인성 노화라고 한다.

173 피부의 노화원인이 아닌 것은?
① 영양 불균형
② 엘라스틴 섬유의 조직 강화
③ 피부결합조직 약화
④ 피하지방 결핍

> 피부 노화의 원인은 진피의 교원섬유와 탄력섬유의 기질 변화, 피하지방의 감소, 자외선 노출 등이다. 엘라스틴 섬유의 조직이 강화되는 것이 아니라 약화된다.

174 피부노화의 가장 직접적인 원인은?
① 비타민 부족
② 수분 부족
③ 자외선 장기 조사
④ 좋지 않은 화장품

> 피부노화의 주된 원인은 자외선의 장기 노출이다.

175 피부노화 예방의 근본적인 방법은?
① 체중을 최대한 줄인다.
② 하루에 3~4회 깨끗이 세안한다.
③ 햇볕을 쬐고 스킨로션을 바른다.
④ 햇볕을 주의하고 1주에 1회 정도 팩을 한다.

> 피부노화의 가장 큰 적은 자외선으로, 콜라겐은 자외선에 닿으면 변질되기 때문이다.

정답 169 ③ 170 ④ 171 ① 172 ③ 173 ② 174 ③ 175 ④

176 혈액 구성원으로서 체내에 저장되지 않으며, 특히 임산부나 신생아에 더 많은 공급을 해야 되는 것은?

① 비타민 A ② 식염
③ 철분 ④ 칼슘

> 임산부나 신생아에 특히 많은 양이 요구되는 철분은 소의 간, 달걀노른자, 멸치, 어패류에 많이 함유되어 있다.

177 피부의 멜라닌을 증가시키는 요인과 거리가 먼 것은?

① 내분비계 이상
② 산성 체질
③ 알칼리성 체질
④ 자외선에 의한 자극

> 임신 중에는 여성호르몬이 증가하기 때문에 기미가 생길 확률이 높다. 몸이 산성화로 기울면 펜옥시타제라는 활동이 높아져 멜라닌 색소가 증가한다. 또한 자외선이 피부 내에 침투하면 기저세포층에 있는 멜라노사이트가 자극되고 활발하게 움직여 멜라닌 생성되어 증가한다.

178 지방이 연소되는 데 필수적인 공기 성분은?

① 산소 ② 질소
③ 탄소 ④ 황

> 유산소운동은 숨이 차거나 큰 힘을 들이지 않고도 할 수 있는 운동으로 몸 안에 최대한 많은 양의 산소를 공급시킴으로써 심장과 폐의 기능을 향상시키고 강한 혈관조직을 갖게 하는 효과가 있다. 따라서 장기간에 걸쳐 규칙적으로 실시하면 운동 부족과 관련이 높은 고혈압, 동맥경화, 고지혈증, 허혈성 심장질환, 당뇨병 등의 성인병을 적절히 예방할 수 있을 뿐만 아니라, 비만 해소와 노화 현상을 지연시킬 수 있다. 조깅, 달리기, 수영, 자전거타기, 에어로빅댄스 등이 여기에 속한다.

179 세포를 구성하는 기본요소로 생명체를 구성하고 유지시키는 데 필요한 성분은?

① 단백질 ② 비타민
③ 지방 ④ 탄수화물

> 단백질은 인체의 구성성분 중 약 16%로 세포를 구성하는 기본요소이며 생명체를 구성하고 유지시키는 데 필요한 성분이다.

180 다음 중 무기질 영양소의 종류와 특징이 잘못 연결된 것은?

① 나트륨 – 체액의 삼투압을 조절하고, 혈액의 삼투압 유지
② 마그네슘 – 체내의 에너지 대사와 단백질 생성에 작용
③ 인 – 치아와 뼈 조직에 있는 미량의 규소와 불소의 조직 형성에 필요
④ 칼슘 – 뼈와 치아를 형성하며 혈액의 산성화를 막고 혈액을 응고시킨다.

> 마그네슘은 체액의 알칼리성을 유지한다. 체내의 에너지 대사와 단백질 생성에 작용하는 것은 요오드이다.

정답 176 ③ 177 ③ 178 ① 179 ① 180 ②

PART 02

공중위생관리학

1 공중보건학 총론
2 질병관리
3 가족 및 노인보건
4 환경보건
5 산업보건
6 식품위생과 영양
7 보건행정
8 소독의 정의 및 분류
9 미생물 총론
10 병원성 미생물
11 소독방법

12 분야별 위생·소독
13 공중위생관리법의 목적 및 정의
14 영업의 신고 및 폐업
15 영업자 준수사항
16 이·미용사의 면허
17 이·미용사의 업무
18 행정지도 감독
19 업소 위생등급
20 보수교육
21 벌칙
22 법령, 법규사항

CHAPTER 01 공중보건학 총론

SECTION 01 공중보건학의 개념

1 공중보건학의 성격

공중보건학에서 공중(公衆, Public)의 의미는 경제, 사회, 문화, 환경, 건강 등 인간생활의 여러 분야에서 상호 공통관심을 가지고 살아가는 비특정 다수의 인구집단을 뜻하는 것이고, 보건이란 건강(健康, Health)과 동의어라고 할 수 있기 때문에 공중보건학은 특정 개인이 아닌 지역주민 또는 국민 전체의 건강을 추구하는 학문이라 할 수 있다.

2 공중보건학의 정의

윈슬로우(Winslow)는 공중보건학을 "조직적인 지역사회의 노력에 의하여 질병을 예방하고 수명을 연장시키며, 신체적·정신적 효율을 증진시키는 기술이며 과학"이라고 정의하였다. 여기에는 조직화된 지역사회의 노력으로 인한 ① 환경위생, ② 전염병 관리, ③ 개인위생에 관한 보건교육, ④ 질병의 조기발견과 예방적 치료를 할 수 있는 의료 서비스의 조직화, ⑤ 모든 사람이 자기의 건강을 유지하는 데 적합한 생활수준을 보장받도록 하는 사회적 기전의 발전을 포함하고 있다.

3 공중보건학의 대상

개인이 아닌 지역사회의 지역주민 또는 한 나라의 국민을 대상으로 한다.

4 공중보건학의 분류

1) 환경보건 분야

환경위생, 식품위생, 위생곤충, 환경오염관리, 산업보건, 수질환경 등

2) 질병관리 분야

전염병 관리, 역학, 기생충 질병관리, 비전염성 질환관리, 소독학, 성인병관리 등

3) 보건관리 분야

보건행정, 보건교육, 모자보건, 학교보건, 의료보장제도, 보건영양, 인구보건, 가족계획, 보건통계, 정신보건, 영유아보건, 사고관리 등

SECTION 건강과 질병

1 건강의 개념

1) 건강의 정의

건강은 생명의 존엄성을 유지하는 기본 요소이자, 삶의 가치를 실현하는 데 아주 중요한 요소이다. 1948년 4월 7일 세계 보건기구(WHO ; World Health Organization) 헌장에서는 "건강이란 단순히 질병이 없거나 허약하지 않다는 것만을 의미하는 것이 아니라 신체적·정신적·사회적으로 완전히 안녕한 상태에 놓여 있는 것이다."라고 하였다.

이는 건강이 단순히 질병의 부재상태가 아니라 신체적·정신적으로 완전한 상태이며, 복잡한 사회환경 속에서 각 개인이 주어진 역할과 기능을 충실히 수행할 수 있는 지속적인 행동과정으로서 사회적 안녕을 강조하고 있다.

2) 건강의 성립 조건

클라크(F. G. Clark)는 건강의 성립 조건으로 삼원론을 제시하였다. 건강은 병인, 숙주, 환경의 3요인이 상호 작용되어 성립된다고 했으며, 병인이 우세하거나 환경이 병인에게 유리하게 작용하면 건강이 저해되고 질병이 발생하며, 반대로 숙주가 우세하거나 숙주에게 유리한 환경이 되면 건강이 좋아진다고 하였다. 따라서 이 3요인이 균형을 이룰 때 건강이 유지된다고 하였다.

3) 건강과 생활 습관

누구나 건강한 상태로 일생을 살기를 소원한다. 그러나 건강한 생활 습관을 유지하지 못하거나 규칙적이지 못한 생활 또는 위생적이지 못한 환경 속에서 생활을 계속하게 되면 질병에 걸리게 된다. 질병에 걸렸을 때 치료하는 것도 중요하지만 질병에 걸리지 않도록 미리 예방하는 것이 더욱 중요하다.

2 질병의 발생과 예방

1) 질병의 원인

질병이란 우리 몸에 신체적·정신적으로 이상이 생겨 정상적인 기능을 하지 못하는 것을 말한다. 즉 질병은 몸의 균형이 깨져 불편하게 된 상태를 의미한다. 질병은 병원체, 환경, 숙주 요인이 서로 상호 작용하여 발생하게 된다.

2) 질병 예방대책

질병 예방은 질병이 발생하기 전에 예방하는 것부터 이미 발병된 질병을 조기에 발견하고 조기 치료하여 더 이상 진행되지 않게 하는 것과 회복에 이르기까지의 전 과정을 말한다.

(1) 1차 예방(질병 발생 억제 단계)

건강한 개인을 대상으로 질병이나 특정 건강문제가 발생하기 전에 질병을 예방하거나 만일 발생하더라도 질병 발생 정도를 최소화하는 것을 말한다. 즉, 현재의 건강을 유지 및 증진시키고 위험요인의 감소나 건강 관련 위험 행위를 줄이는 것이다.
1차 예방 활동에는 건강증진, 건강유지, 질병예방, 보건교육, 환경위생 개선, 산전간호, 예방접종, 비만예방 등이 있다.

(2) 2차 예방(조기발견과 조기치료 단계)

질병의 초기에 가능한 한 빨리 찾아내서 적절한 치료를 통해 질병을 조기에 차단하여 건강상태를 원래대로 찾도록 하는 것이다. 건강검진이나 집단검진을 통한 질병의 조기 발견 및 당뇨병 환자에게 식이 요법을 실시하여 질병이 악화되는 것을 예방하는 것이 그 예에 해당된다.

(3) 3차 예방(재활 및 사회복귀 단계)

남아 있는 기능을 최대한으로 활용하게 하여 원만한 사회생활을 영위할 수 있도록 물리치료나 작업치료를 통한 재활서비스를 제공하거나 사회복귀 훈련을 시키는 것이다.

SECTION 03 인구보건 및 보건지표

1 인구보건

1) 인구의 개념

인구란 '일정한 시기에 일정한 지역 내에 거주하는 인간의 집단'으로 시공(時空) 공동체의 의미를 말한다.

2) 인구 이론

(1) 맬서스주의

영국의 경제학자 맬서스(Malthus)는 그의 저서 『인구원리론』에서 "인구는 기하급수적으로 증가하고, 식량은 산술급수적으로 증가한다."는 인구론을 주장하였다. 또한 인구의 급격한 증가를 억제하기 위해서는 만혼, 성순결 등의 도덕적 억제가 필요하다고 강조하였다.

(2) 신맬서스주의

프레이스(Place)가 맬서스의 인구론을 지지하면서 인구 억제책으로 피임법을 중시하고 적극 권장하였다.

3) 인구 피라미드

인구 피라미드는 성별·연령별 인구 구조의 모양을 그래프로 나타낸 것으로 여성은 우측에, 남성은 좌측에 표시한다. 크게 5가지의 모형으로 분류할 수 있다.

(1) 피라미드형(인구 증가형)

출생률과 사망률이 높은 다산다사형으로 사망률보다 출생률이 더 높아 인구가 증가하는 모형

(2) 종형(인구 정지형)

출생률과 사망률이 모두 낮은 소산소사형으로 인구가 정체되는 단계의 모형

(3) 항아리형(인구 감소형)

출생률이 사망률보다 더욱 낮아 인구가 감소하는 감소형

(4) 별형

도시형, 인구유입형으로 생산연령 인구가 많이 유입되어 15~64세 인구가 전체 인구의 50% 이상인 모형

(5) 표주박형(호로형)

농촌형, 인구유출형으로 생산연령 인구가 많이 유출되어 15~64세 인구가 전체 인구의 50% 미만인 모형

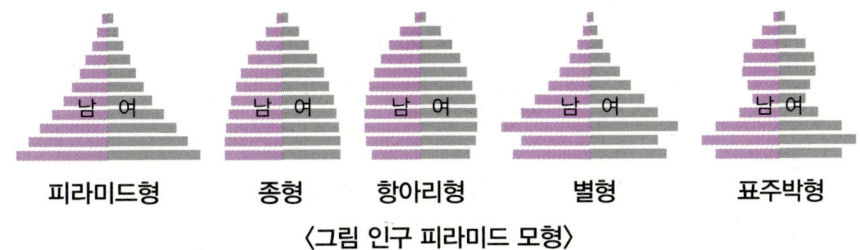

〈그림 인구 피라미드 모형〉

4) 인구변천이론

블레커(Blacker)는 농경사회에서부터 산업화된 현대사회로의 변천 과정을 인구성장 5단계로 구분하였다.

(1) 제1단계(고위정지기)

다산다사의 인구정지형으로 인구 증가 잠재력이 있는 후진국형의 인구형태

(2) 제2단계(초기확장기)

다산소사의 인구증가형으로 인구 증가가 계속되는 경제개발 초기의 인구형태

(3) 제3단계(후기확장기)

소산소사의 인구성장 둔화형으로 산업의 발달과 핵가족화 경향이 있는 국가들의 인구형태

(4) 제4단계(저위정지기)

출생률과 사망률이 최저에 달하는 인구 증가 정지형의 인구형태

(5) 제5단계(감퇴기)

출생률보다 사망률이 커 인구가 감소하는 경향이 있는 인구감소형 국가의 인구형태

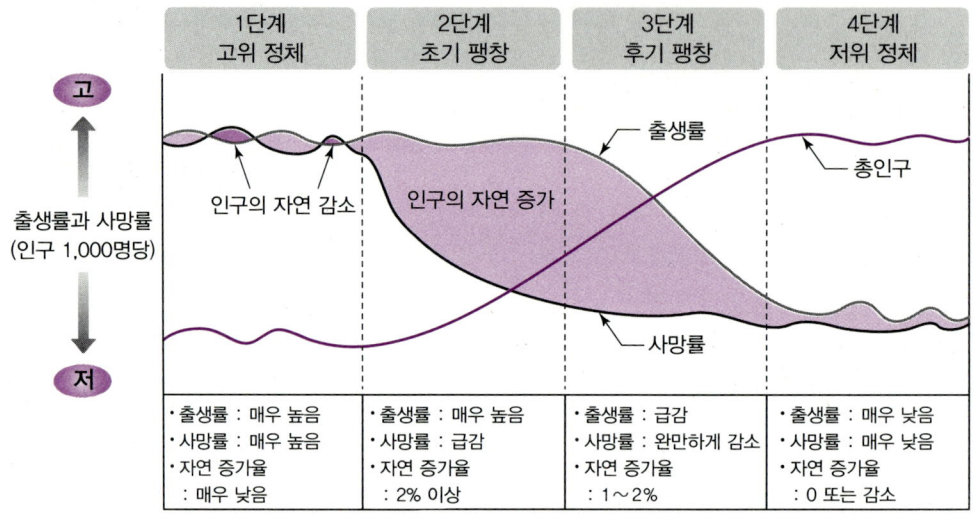

〈인구변천단계 모형〉

2 보건지표

보건지표(Health Index)란 인구집단의 건강상태뿐만 아니라 이와 관련된 제반 상태를 총체적이고도 집약적으로 나타내어 보건의 양적·질적 측면을 파악할 수 있게 해주는 척도이다.

1) 출산지표

(1) 조출생률

1년간 발생한 총 출생아 수를 당해 연도의 중앙인구로 나타낸 것으로 보통출생률이라고도 한다.

$$조출생률 = \frac{같은 \ 해의 \ 총 \ 출생아 \ 수}{특정 \ 연도의 \ 연앙인구} \times 1,000$$

(2) 일반출산율

임신이 가능한 연령(15~49세)의 여자인구 1,000명당 출생률을 말한다.

$$일반출산율 = \frac{같은\ 해의\ 총\ 출생아\ 수}{가임연령\ 여성의\ 연앙인구} \times 1,000$$

2) 사망지표

(1) 영아사망률

어떤 연도 중 정상 출생아 수 1,000명에 대한 1년 미만의 영아 사망 수이다. 일반적으로 영아는 주위의 환경, 영양, 질병 등에 매우 민감하기 때문에 국가별 보건지표 및 지역사회 건강수준 상태나 모자보건사업 수준을 평가할 때 가장 가치 있는 지표이다. 영아사망률에 영향을 끼치는 요인은 경제상태, 환경 위생상태, 교육 정도 등이 있다.

$$영아사망률 = \frac{같은\ 해의\ 1년\ 미만\ 사망아\ 수}{특정\ 연도의\ 총\ 출생아\ 수} \times 1,000$$

(2) 모성사망률

15~49세 가임여성 수에 대한 모성 사망자 수를 의미한다.

$$모성사망률 = \frac{같은\ 해\ 임신\cdot분만\cdot산욕으로\ 인한\ 모성\ 사망자\ 수}{15~49세\ 가임여성\ 수} \times 100,000$$

(3) 모성사망비

모성사망 측정 지표 중 가장 많이 사용되는 지표이다.

$$모성사망률 = \frac{같은\ 해\ 임신\cdot분만\cdot산욕으로\ 인한\ 모성\ 사망자\ 수}{연간\ 총\ 출생아\ 수} \times 100,000$$

(4) 비례사망지수

1년 동안 전체 사망자 수 중에서 50세 이상의 사망자 수를 나타내는 비율이다.

$$비례사망지수 = \frac{같은\ 해에\ 일어난\ 50세\ 이상의\ 사망자\ 수}{연간\ 총\ 출생아\ 수} \times 100$$

CHAPTER 02 질병관리

SECTION 01 역학

1 역학의 정의

역학(疫學)은 역병을 연구하는 학문이라는 의미에서 사용되었지만, 오늘날에는 질병의 원인 규명의 학문적 기능 등을 수행함으로써 궁극적으로는 인구집단의 건강 수준을 향상시키는 데 목적이 있다.

2 역학의 역할

1) 질병 발생의 원인 파악
질병의 예방대책을 위해 질병 발생의 원인이나 유행의 원인을 찾아내는 것이 역학의 가장 중요한 역할이다.

2) 지역사회의 질병 규모 파악
지역사회의 주요 질병에 관한 발생률, 유병률 등을 파악하는 것은 지역사회 건강상태를 파악하는 데 주요한 역할을 한다.

3) 보건의료 정책 수립과 평가자료 제공
각종 공중보건사업 및 의료사업의 기획과 집행 및 효과의 결과를 평가하는 역할을 한다.

4) 질병관리방법의 효과 평가
질병관리에 있어서 선택한 질병관리방법이 증상을 경감시키거나 이환 기간 및 사망률을 감소시키는 등 효과가 있는지 평가한다.

5) 연구전략 개발의 역할
질병의 임상적 연구에 활용된다.

SECTION 02 감염병관리

1 질병 발생의 3요소

1) 병인(병원체)
건강 문제 발생의 직접적인 원인이 되는 요소

(1) 물리학적 요인
　온도, 습도, 기압 등

(2) 생물학적 요인
　바이러스, 리케차, 원충, 곰팡이, 절지동물 등

(3) 화학적 요인
　물, 음식첨가물, 오염과 관계된 유해가스, 중금속 등

2) 환경
병인과 숙주 간에 매개 역할을 하거나 이들에게 영향을 주는 요소
① 생물학적 환경 : 매개곤충 및 매개동물
② 물리·화학적 환경 : 기후, 상하수도, 지형 등
③ 사회·경제적 환경 : 직업, 경제상태, 생활관습, 위생상태의 차이 등

3) 숙주
병인(병원체)에 대한 감수성이나 저항력이 다양한 변수로 작용하는 요소
① 생물학적 요인 : 인종, 성별, 연령 등
② 행태 요인 : 직업, 생활습관, 사회·경제적 계급 등
③ 체질적 요인 : 선천적 인자, 면역력, 영양상태 등

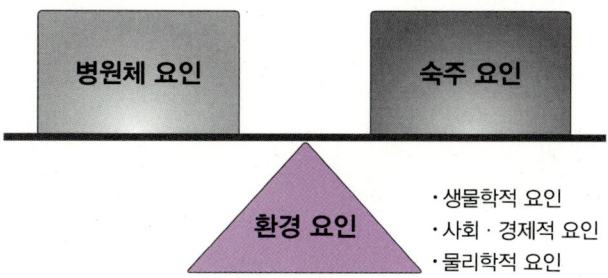

〈그림 2-1 질병의 발생기전〉

2 감염병 발생의 6대 요소

감염병이 발생되는 과정은 일반적으로 6개 요소가 있어야만 이루어진다. 병원체 → 병원소 → 병원소로부터 병원체의 탈출 → 전파 → 새로운 숙주에의 침입 → 감수성 있는 숙주의 감염과 면역 등으로 연결되는 일련의 과정으로서, 이 과정 중 어느 한 가지라도 차단되면 감염병의 생성은 이루어지지 않는다.

1) 병원체

숙주를 침범하여 병을 일으키는 미생물이다. 세균, 바이러스, 리케차, 기생충, 진균류 등의 종류가 있다.

(1) 세균(Bacteria)

〈표 2-1〉 세균의 종류

분류	모양	종류
구균(Coccus)	둥근 모양	포도상구균, 연쇄상구균, 임균, 폐렴균
간균(Bacillus)	막대기 모양	장티푸스균, 결핵균, 디프테리아균, 한센병균 등
나선균(Spirillum)	S자형 또는 나선형	콜레라균

(2) 바이러스(Virus)

① 전자현미경으로 볼 수 있을 정도로 병원체 중에서 가장 작다.
② 세균 여과막을 통과하므로 여과성 병원체라고 한다.
③ 살아 있는 세포 내에서 번식하므로 세포 내 병원체라고 한다.
④ 항생물질과 설파제에 저항하여 항생제로 치료가 가능하지 않다.

(3) 리케차(Rickettsia)

① 세균과 바이러스의 중간 크기에 속한다.
② 세포 내에 기생하는 점은 바이러스와 비슷하다.
③ 화학요법제에 대해 감수성이 있다.
④ 대개 곤충류가 매개한다.

(4) 기생충(Parasite)

동물에 기생하는 것으로 크기와 형태는 여러 가지이며, 육안으로 볼 수 있다. 회충. 구충, 간디스토마 등이 있다.

(5) 진균류(Fungus)

버섯, 곰팡이, 효모 등이 해당한다.

2) 병원소

병원체가 생활하고 증식하면서 다른 숙주에 전파시킬 수 있는 상태로 저장되는 장소이다. 분류하면 다음과 같다.

(1) 인간 병원소

① 환자
  ㉠ 현성 환자 : 병원체에 감염되어 자각적·타각적으로 임상증상이 뚜렷하게 나타나는 모든 사람을 말한다.
  ㉡ 무증상 감염자(불현성 감염자) : 숙주 내에서 병원체가 증식은 하나 임상 증세가 가볍거나 미미해서 인지되는 않는 것을 말한다.

② 보균자
  자각적·타각적으로 임상증상이 없는 병원체 보유자로 감염원으로 작용하는 감염자를 말하며, 감염병 관리상 중요한 대상자라 할 수 있다.
  ㉠ 잠복기 보균자(발병 전 보균자) : 잠복기 중에 타인에게 병원체를 전파시키는 자를 말한다. 홍역, 백일해, 유행성 이하선염, 수두 등이 있다.
  ㉡ 회복기 보균자(병후 보균자) : 임상증상은 전부 소실되었지만 계속 병원체를 배출시키는 자를 말한다. 장티푸스, 이질 등이 있다.
  ㉢ 건강 보균자 : 병원체에 감염되었어도 처음부터 전혀 증상을 나타내지 않는 보균자로 보건관리가 제일 어렵다. 일본 뇌염, 폴리오 등이 있다.

(2) 동물 병원소

동물이 병원체를 보유하고 있다가 2차적으로 인간숙주에게 감염시키는 감염원으로 작용하는 경우로서 이런 감염병을 인수공통감염병(Zoonosis)이라고 한다.

〈표 2-2〉 동물 병원소와 감염성 질병

동물 병원소	감염성 질병
소	결핵, 탄저, 살모넬라증
쥐	페스트, 발진열, 양충병, 렙토스피라증
말	탄저, 일본뇌염
돼지	일본뇌염, 유구조충, 살모넬라증
개	광견병, 톡소플라스마증

(3) 기타 병원소

비동물성 병원소 중 중요한 것은 토양, 먼지, 곰팡이류 등이다.

3) 병원소에서 병원체의 탈출

병원소에서 병원체가 탈출하는 경로는 다음과 같이 분류할 수 있다.

(1) 호흡기계 탈출

가장 많은 경로이며 가장 위험한 탈출구이다. 콧물, 가래, 비말 등을 통해 공기에 의해 멀리까지 전파된다. 폐결핵, 폐렴, 백일해, 홍역, 수두 등이 이에 해당한다.

(2) 소화기계 탈출

분변, 토사물 등을 통하여 탈출한다. 이질, 콜레라, 장티푸스, 폴리오 등이 이에 속한다.

(3) 비뇨기계 탈출

소변, 성기 분비물에 의한 탈출로 성병이 이에 속한다.

(4) 개방병소로 탈출

체표면의 농양, 상처부위, 결막 등을 통해 탈출한다. 한센병이 여기에 속한다.

(5) 기계적 탈출

이, 벼룩, 모기와 같은 곤충의 흡혈과 주사기를 통해 탈출한다. 말라리아, B형·C형 간염, AIDS 등이 이에 속한다.

4) 전파

병원체가 병원소로부터 탈출한 후 새로운 숙주에게 옮기는 과정을 전파라 한다. 전파방법은 직접전파와 간접전파로 나누어진다.

(1) 직접전파

매개체 없이 직접 새로운 숙주에게 전파되는 것으로 환자의 기침, 재채기 등에 의해서 발생하는 홍역, 인플루엔자, 결핵 등과 성병과 피부병 같이 신체적인 접촉에 의한 것이 있다.

(2) 간접전파

병원체가 어떤 매개체를 통해 새로운 숙주에게 운반되는 과정을 말하며, 이 간접전파가 성립하려면 병원체가 병원소 밖에서 어느 기간 동안 생존할 수 있어야 한다. 매개체에는 생물체인 매개곤충 등의 활성 매개체와 물, 우유, 식품, 공기, 토양과 같은 비활성 매개체가 있으며 의복, 완구, 침구와 같은 비활성 매개체를 개달물이라고 한다.

(3) 공기 전파

먼지나 감염원인 환자의 입과 코에서 비산한 비말의 수분이 증발하여 비말핵에 의해서 전파되는 것을 말한다. 재채기, 기침, 대화 시에 비말핵이 공기 중에 부유하는데 이것을 흡인함으로써 감염이 성립되는 경우가 많다.

(4) 절지동물 전파

매개곤충의 다리나 체표에 부착되어 있는 병원체를 그대로 전파하는 기계적 전파와, 매개곤충 체내에서 일정기간 발육 또는 증식한 뒤에 전파되는 생물학적 전파로 구분된다.

5) 새로운 숙주에의 침입

병원체가 새로운 숙주에 도달하는 것만으로는 질병을 일으키지 못한다. 숙주의 조직세포 내의 침입이 필요한데 침입방식은 병원체의 탈출방식과 비교적 유사하다.

6) 감수성 있는 숙주의 감염과 면역

병원체가 숙주에 이르러 체내에 침입이 성공했다고 하더라도 모두 감염이 성립되거나 발병하는 것은 아니고, 숙주가 병원체에 대한 저항력(抵抗力, Resistance)이나 면역(免役, Immunity)이 있을 때는 발병되지 않으며, 감수성이 있을 때 감염이 성립된다.

(1) 감수성과 감수성 지수

① 감수성

숙주에 침입한 병원체에 대항하여 감염이나 발병을 저지할 수 있는 방어체계가 없는 상태를 감수성(感受性, Susceptibility)이 있다고 한다.

② 감수성지수(접촉감염지수)

감수성 보유자가 감염되어 발병하는 비율을 %로 표시하는 것으로, 두창과 홍역이 95%, 백일해가 60~80%, 성홍열 40%, 디프테리아 10%, 폴리오 0.1%로 두창과 홍역이 가장 높다.

(2) 면역

면역이란 인간이 생존하기 위해 가지고 있는 방어체계로, 선천면역과 후천면역으로 나눈다. 선천면역에는 인종 저항력, 종족 저항력, 저항력의 개인차가 있는데 이것을 자가 방어력이라고 한다. 후천면역은 능동면역과 수동면역으로 구분된다.

① 능동면역

숙주 스스로가 면역체를 형성하여 면역을 지니게 되는 것으로 어떤 항원(Antigen)의 자극에 의해서 항체(Antibody)가 형성되는 것을 말한다.

항원은 면역 반응을 일으키는 원인 물질이며, 항체는 특정 항원에 대하여 항체반응을 일으킨다. 능동면역에는 자연능동면역과 인공능동면역이 있다.

㉠ 자연능동면역 : 질병을 앓고 난 후 획득된 면역이다.

㉡ 인공능동면역 : 인공적으로 항원을 체내에 투입하여 항체가 생성되도록 하는 방법이다. 생균 백신(Live Vaccine), 사균 백신(Killed Vaccine), 순화독소(Toxoid)가 있다.

② 수동면역(피동면역)

다른 숙주에 의하여 형성된 면역체를 받아 체내에 주입하는 것을 의미한다. 수동면역에는 자연수동면역과 인공수동면역이 있다.
- ㉠ 자연수동면역 : 태아가 모체로부터 태반이나 출생 후 수유를 통해서 항체를 받는 방법으로 생후 4~6개월 지속된다.
- ㉡ 인공수동면역 : 회복기 혈청, 면역혈청, 감마 글로불린(γ-globulin), 항독소(Antitoxin) 등의 항체를 사람 또는 동물에게서 추출하여 주사하는 것이다. 일반적으로 인공수동면역은 인공능동면역에 비해 면역 효력이 빨리 나타나는 반면에 효력 지속시간이 짧은 것이 특징이다.

3 감염병 관리의 원칙

감염병의 생성과정 6가지 요소 중 한 가지라도 제거하면 감염병은 발생하지 않는다. 그러나 어느 요소를 집중적으로 관리할 것인지는 감염병의 종류에 따라서 다르며, 외래 감염병은 국내 침입 자체를 막아야 하므로 검역을 철저히 하는 일이 선행되어야 한다. 일반적으로 감염병 관리 접근방법은 전파 과정의 차단, 환경위생관리, 면역 증강의 3가지로 볼 수 있다.

1) 전파 과정의 차단

(1) 병원소의 제거

동물이 병원소가 되는 경우에는 도살하는 것이 최선의 방법이다. 사람이 병원소가 되었을 때는 감염균이 존재하는 장기를 제거하거나 환자를 격리, 역격리하는 방법을 활용한다.

(2) 감염력의 감소

적절한 치료를 하면 환자가 완전히 치유되지는 않지만 감염력이 감소하여 감염병을 전파시키지 않을 수 있다.

(3) 병원소의 격리

병원체에 감염된 사람이나 동물이 병원체를 전파할 위험성이 해소될 때까지 떼어놓는 것을 말한다. 일반적으로 환자 격리기간은 임상 증상이 소실된 후 콜레라와 발진티푸스는 5일, 황열과 페스트는 6일, 디프테리아는 7일, 장티푸스, 파라티푸스, 세균성 이질은 14일간 격리하도록 하고 있다.

2) 환경위생 관리

환경조건을 개선하여 전파과정을 차단하는 것은 효과적인 감염병 관리방법이다. 환경의 개선으로 효과를 볼 수 있는 것은 장티푸스를 비롯한 소화기 질환이며, 환경 개선으로도 효과를 볼 수 없는 것은 호흡기 질환이다.

3) 면역 증강

감수성자에게 예방접종을 실시함으로써 방어기전을 통해 저항력을 증가시키는 것은 감염병 관리에서 중요한 위치를 차지한다. 숙주의 질병에 대한 면역을 증강시키는 방법으로는 인공능동면역을 많이 사용한다. 생균백신에 의한 것이 더 효과적이다.

4 법정 감염병의 관리

1) 감염병의 종류

(1) 제1군 감염병

마시는 물 또는 식품을 매개로 발생하고 집단발생의 우려가 커서 발생 또는 유행 즉시 방역대책을 수립해야 하는 감염병

(2) 제2군 감염병

예방접종을 통하여 예방 및 관리가 가능하여 국가예방접종사업의 대상이 되는 감염병

(3) 제3군 감염병

간헐적으로 유행할 가능성이 있어 계속 그 발생을 감시하고 방역대책의 수립이 필요한 감염병

(4) 제4군 감염병

국내에서 새롭게 발생하였거나 발생할 우려가 있는 감염병 또는 국내 유입이 우려되는 해외유행감염병으로서 보건복지부령으로 정하는 감염병. 다만, 갑작스러운 국내 유입 또는 유행이 예견되어 긴급히 예방·관리가 필요하여 보건복지부장관이 지정하는 감염병을 포함한다.

(5) 제5군 감염병

기생충에 감염되어 발생하는 감염병으로서 정기적인 조사를 통한 감시가 필요하여 보건복지부령으로 정하는 감염병

(6) 지정 감염병

제1군 감염병부터 제5군 감염병까지의 감염병 외에 유행 여부를 조사하기 위하여 감시 활동이 필요하여 보건복지부장관이 지정하는 감염병

<표 2-3> 법정 감염병의 종류(2016년 1월 29일 개정)

종류(수)	질병명		
제1군 감염병(6)	1. 콜레라 4. 세균성 이질	2. 장티푸스 5. 장출혈성대장균감염증	3. 파라티푸스 6. A형 간염
제2군 감염병(12)	1. 디프테리아 4. 홍역 7. 폴리오 10. 수두	2. 백일해 5. 유행성이하선염 8. B형간염 11. b형헤모필루스인플루엔자	3. 파상풍 6. 풍진 9. 일본뇌염 12. 폐렴구균
제3군 감염병(19)	1. 말라리아 4. 성홍열 7. 비브리오 패혈증 10. 쯔쯔가무시증 13. 탄저 16. 인플루엔자 19. 크로이츠펠트–야콥병(CJD) 및 변종 크로이츠펠트–야콥병(vCJD)	2. 결핵 5. 수막구균성 수막염 8. 발진티푸스 11. 렙토스피라증 14. 공수병 17. 후천성면역결핍증(AIDS)	3. 한센병 6. 레지오넬라증 9. 발진열 12. 브루셀라증 15. 신증후군출혈열 18. 매독
제4군 감염병(20)	1. 페스트 4. 바이러스성 출혈열 7. 중증급성호흡기증후군(SARS) 10. 야토병 13. 신종감염병증후군 16. 유비저 19. 중동 호흡기 증후군(MERS)	2. 황열 5. 두창 8. 동물인플루엔자 인체감염증 11. 큐열 14. 라임병 17. 치쿤구니야열 20. 지카 바이러스	3. 뎅기열 6. 보툴리눔 독소증 9. 신종 인플루엔자 12. 웨스트나일열 15. 진드기매개뇌염 18. 중증열성혈소판감소증후군(SFTS)
제5군 감염병(6)	1. 회충증 4. 간흡충증	2. 편충증 5. 폐흡충증	3. 요충증 6. 장흡충증
지정 감염병(17)	1. C형간염 4. 클라미디아 감염증 7. 첨규콘딜롬 9. 반코마이신 내성 장알균(VRE) 감염증 10. 메티실린 내성 황색포도알균(MRSA) 감염증 11. 다제 내성 녹농균(MRPA) 감염증 12. 다제 내성 아시네토박터바우마니균(MRAB) 감염증 13. 카바페넴 내성 장내세균속균종(CRE) 감염증 15. 급성호흡기감염증	2. 수족구병 5. 연성하감 8. 반코마이신 내성 황색포도알균(VRSA) 감염증 16. 해외유입기생충 감염증	3. 임질 6. 성기 단순포진 14. 장관감염증 17. 엔테로바이러스 감염증

2) 감염병의 신고

① 의사(한의사)의 감염병 환자 발생 신고 → 관할 보건소장
② 1군, 2군, 3군, 4군 → 즉시 신고
③ 5군, 지정 감염병 → 7일 이내 신고

5 병원체에 따른 감염병의 분류

1) 세균성 감염병

(1) 소화기계 감염병

장티푸스, 콜레라, 파라티푸스, 세균성 이질, A형 간염 등

(2) 호흡기계 감염병

홍역, 풍진, 유행성이하선염, 디프테리아, 백일해, 결핵 등

2) 바이러스성 감염병

폴리오, 유행성 간염, 일본 뇌염, 홍역, 두창, 수두, 인플루엔자, 광견병, AIDS 등

3) 리케차 감염병

발진티푸스, 발진열, 양충병 등

4) 원충성 감염병

아메바성 이질, 질 트리코모나스 등

6 해충에 의한 감염병의 분류

1) 모기에 의한 감염병

지카 바이러스, 뎅기열, 일본뇌염, 말라리아, 황열, 사상충 등

2) 파리에 의한 감염병

콜레라, 장티푸스, 세균성 이질, 폴리오 등

3) 쥐에 의한 감염병

발진열, 페스트, 신증후군출혈열, 살모넬라 등

4) 바퀴벌레에 의한 감염병

세균성 이질, 장티푸스, 콜레라, 폴리오, 살모넬라 등

5) 이에 의한 감염병

발진티푸스, 재귀열 등

6) 벼룩에 의한 감염병

페스트, 발진열, 재귀열 등

7) 진드기에 의한 감염병

양충병, 신증후군출혈열 등

SECTION 기생충질환관리

1 선충류(Nematoda)

1) 회충

회충은 소아에게 감염률이 가장 높은 기생충 질환으로 오염된 야채나 파리 등에 의해 감염된다.

2) 구충

구충에는 십이지장충과 아메리카구충이 있는데, 그중 십이지장충은 야채에 의한 감염, 피부로 경피적 침입을 하여 감염된다.

3) 요충

사람의 대장과 맹장에 기생하면서 주로 어린이들에게 감염된다. 가족 감염과 집단감염이 많으며 수태한 성충이 항문 주위에 나와 산란하므로 소양감이 있고, 심하면 수면장애에 걸리며, 야뇨증 어린이에게 많다.

4) 말레이 사상충

모기에 의해 감염된다.

2 조충류(Cestoda)

1) 유구조충(갈고리촌충)

돼지고기를 충분히 가열하지 않고 먹으면 감염된다.

2) 무구조충(민촌충)

덜 익은 소고기를 먹으면 감염된다.

3) 광절열두조충

연어, 송어, 농어의 생식을 통해 감염된다.

3 흡충류(Trematoda)

1) 간흡충(간디스토마)

제1중간숙주는 쇄우렁이, 제2중간숙주는 담수어(민물고기)로 민물고기를 생식하는 생활 습관을 가지고 있는 지역 주민이 특히 많이 감염된다.

2) 폐흡충(폐디스토마)

제1중간숙주는 다슬기, 제2중간숙주는 가재 및 게로 이를 생식하면 폐에 침입하여 기침, 객혈, 흉통 등의 증상이 나타난다.

SECTION 성인병관리

성인병(생활 습관병)은 생활 습관의 잘못으로 생기거나 악화되는 병들이다. 한국인에게 많이 발병하는 5대 성인병(생활 습관병)은 고혈압, 당뇨, 뇌졸중, 동맥경화증, 심장질환이다. 고혈압과 당뇨는 젊은층에서도 발병이 되고 있어 사회문제로 발전하고 있다. 그러므로 관리를 위해서는 무엇보다 생활 습관을 바꾸어야 하는 것이 가장 중요하다.

1 고혈압(Hypertension)

1) 정의

심장이 우리 몸의 구석구석까지 산소와 영양분이 풍부한 혈액을 보내기 위해서는 혈관 내에 압력이 필요하며 이러한 압력을 혈압이라고 한다. 혈압은 심장이 수축하여 피를 뿜어낼 때 나타나는 수축기(혹은 최고) 혈압과 심장이 확장하여 혈액을 받아들일 때 나타나는 확장기(혹은 최저) 혈압의 두 종류가 있다. 일반적으로 정상혈압은 수축기 혈압이 139mmHg 이하, 확장기 혈압이 89mmHg 이하(139/89mmHg 이하로 표시)이며, 140/90mmHg 이상이 되면 고혈압이라고 한다.

2) 원인

식습관, 스트레스, 가족력, 음주, 흡연, 고령 등이 복합적으로 작용하는 것으로 알려졌으나 대부분 원인을 정확히 파악하기 어려워 치료가 어려운 편이다.

3) 종류

(1) 본태성 고혈압

발생 원인을 잘 모르는 고혈압으로 고혈압 환자의 90% 이상을 차지한다. 유전, 짠 음식, 비만증, 스트레스 등이 원인으로 추측된다. 즉, 부모가 고혈압 환자이거나 음식을 짜게 먹거나 살이 쪄 비만증이 되거나, 직장이나 주위 환경으로부터 스트레스를 자주 받는 사람에서 고혈압이 잘 발생한다.

(2) 2차성 고혈압

발생 원인을 아는 고혈압으로 신장질환, 내분비질환, 약물(경구용 피임약, 스테로이드) 등이 원인이며 고혈압 환자의 10% 정도를 차지한다.

4) 증상

뚜렷한 증상이 없어 무언(無言)의 살인자라고도 하며, 합병증이 발생하여야 증상이 나타나는 경우가 많다. 일반인들에게 고혈압의 증상으로 알려진 두통, 어지러움, 코피 등이 나타날 수 있다.

5) 예방

가능한 정상체중을 유지하고, 규칙적인 생활습관을 가지며, 짜게 먹지 않도록 한다. 동물성 지방 섭취와 흡연과 음주를 제한하고, 정기적으로 혈압 측정을 통한 관리가 중요하다.

2 당뇨병(Diabetes)

1) 정의

췌장에서 분비되는 인슐린의 부족으로 인해 체내 신진대사가 정상적으로 일어나지 못하여 혈액 속에 혈당이 많아지고 소변에 당이 나오게 되는 질환이다.

2) 원인

유전에 의한 당뇨병 발생률의 조사에 의하면 부모 모두 당뇨병일 경우 자녀가 당뇨병에 걸릴 가능성이 58% 이상인 것으로 나타났다. 환경적인 요인으로는 비만, 운동 부족, 스트레스, 외상이나 수술 후, 임신, 약물남용 등이 있다.

3) 종류

(1) 인슐린 의존형 당뇨병

소아당뇨병으로 95% 이상이 췌장 이상으로 인슐린이 생성되지 않아 발병한다. 인슐린을 투여해야만 정상적인 생활이 가능하다.

(2) 인슐린 비의존형 당뇨병

성인형 당뇨라 하며, 운동 부족과 비만이 주요 원인으로 인슐린의 양이 부족하여 혈당을 분해하지 못해 발병한다. 40세 이후의 비만 성인에서 흔히 나타난다. 식이요법과 운동으로 체중을 감소하면 50% 이상은 치유된다.

4) 증상

심한 갈증, 소변 횟수의 증가, 체중 감소, 음식섭취의 증가 등이 있다.

5) 예방

비만을 예방하는 운동과 규칙적이고 균형 있는 식사의 섭취 등이 중요하다.

❸ 뇌졸중(Cerebral Apoplexy)

1) 정의

뇌에 혈액을 공급하는 혈관이 막히거나 터져서 뇌 손상이 오고 그에 따른 신체장애가 나타나는 뇌혈관 질환이다. 뇌졸중은 뇌혈관이 막힌 경우를 뇌경색이라 하며, 뇌혈관이 터진 경우를 뇌출혈이라고 한다.

2) 원인

뇌출혈의 직접적인 인자는 고혈압이며, 뇌경색의 경우 혈전이나 색전 등으로 뇌혈관이 막혀서 발생한다.

3) 증상

뇌압의 상승으로 인한 극심한 두통과 반복적인 구토, 어지럼증, 운동 실조증 등이 있다.

4) 예방

콜레스테롤이 많은 음식, 단 음식, 식염이 많은 음식의 섭취를 제한하고 규칙적인 생활과 균형 잡힌 식사의 섭취, 체계적인 운동 등이 중요하다.

❹ 동맥경화(Arteriosclerosis)

1) 정의

혈관의 안쪽에 콜레스테롤, 지방, 이물질 등이 쌓여 혈관의 지름이 급격히 좁아지거나 심한 경우 아예 막히게 되어 혈액순환장애가 일어나는 질환이다.

2) 원인

고지방 식이에 의한 혈관 내벽의 콜레스테롤 축적과 연령, 성, 체질, 유전, 비만, 내분비 이상, 스트레스, 운동 부족 등으로 발생한다.

3) 증상

심장 부위의 조이는 듯한 느낌, 두근거림, 부종, 손과 발의 저림, 걸을 때 발에 통증이 느껴져서 보행 곤란 등이 온다.

4) 예방

위험인자들인 고지혈증, 고혈압, 흡연, 당뇨병, 비만, 스트레스에 노출되지 않도록 하는 것이 중요하다.

5 심장병(Heart Disease)

심장 질환을 총체적으로 말하는 심장병은 동맥경화증과도 밀접하다. 선천적인 심장질환인 경우도 있으나 고혈압, 류머티즘, 세균 등에 의해 각종 심장 질환이 발병하게 된다.

1) 심장병의 종류와 원인

(1) 심근경색

관상동맥이 막힘으로써 심장이 혈액을 공급받지 못하여 심장조직에 괴사가 오는 경우로, 협심증과 비슷하다.

(2) 협심증

심장에서 혈액과 산소공급을 하는 관상동맥에 문제가 생겨 심장에 원활한 혈액공급을 하지 못할 경우, 혈관의 갑작스러운 수축 등이 생길 경우 등에 나타나며, 왼쪽 가슴 부위에 쥐어짜거나 누르는 듯한 심한 통증이 주 증상이다.

(3) 부정맥

심장의 자극전도에 이상이 생겨 심장박동이 불규칙하거나, 체계 자체에 기능부전이 발생하거나, 이 체계를 벗어나 있는 곳에서 비정상적으로 전기가 발생하고 다른 길로 전기가 전달되면 부정맥이 발생한다. 또 정상적인 전기 전달체계에 영향을 미치는 심장의 변화나 환경의 변화로 부정맥이 발생할 수도 있다.

2) 예방

동물성 지방 섭취를 제한하며, 체계적인 운동을 통해 비만을 예방하여 정상적인 체중을 유지하고, 금연과 절주의 생활화를 통해 심장질환의 발생을 최소화하는 것이 중요하다.

SECTION 정신보건

1 정신보건의 목적

정신질환의 예방과 정신질환자의 의료 및 사회 복귀에 관하여 필요한 사항을 규정함으로써 국민의 정신건강 증진에 이바지함을 목적으로 한다.

2 정신보건의 기본이념과 정신질환자의 정의

1) 기본이념

① 모든 정신질환자는 인간으로서의 존엄과 가치를 보장받는다.

② 모든 정신질환자는 최적의 치료와 보호를 받을 권리를 보장받는다.
③ 모든 정신질환자는 정신질환이 있다는 이유로 부당한 차별대우를 받지 아니한다.
④ 미성년자인 정신질환자에 대하여는 특별히 치료, 보호 및 필요한 교육을 받을 권리가 보장되어야 한다.
⑤ 입원치료가 필요한 정신질환자에 대하여는 항상 자발적 입원이 권장되어야 한다.
⑥ 입원 중인 정신질환자는 가능한 한 자유로운 환경이 보장되어야 하며 다른 사람들과 자유로이 의견교환을 할 수 있도록 보장되어야 한다.

2) 정신질환자의 정의

정신병(기질적 정신병 포함)·인격 장애·알코올 및 약물중독, 기타 비정신병적 정신장애를 가진 자를 말한다.

3 지역사회 정신보건사업의 원칙

① 지역주민에 대한 책임
② 환자의 가정에 가까운 곳에서 치료
③ 포괄적인 서비스
④ 여러 전문직 간의 팀 접근
⑤ 진료의 지속성
⑥ 지역주민 참여

4 국가의 정신 건강 정책

1) 정신질환자의 인권보호 및 정신질환에 대한 인식 개선

① 정신질환자 인권침해 방지 및 권익 보호
② 정신질환자 편견 해소 및 인식 개선을 위한 교육·홍보

2) 지역사회정신보건사업 강화

① 정신보건센터 확충 및 운영 지원
② 사회복귀시설 확충 및 운영 지원
③ 알코올중독자에 대한 치료·재활체계 강화

3) 정신질환자 치료·요양여건 개선

① 정신요양시설 지원 현실화 및 운영 개선
② 정신의료기관 치료환경 개선

4) 정신보건사업 기반 구축

① 정신보건서비스 전달체계 확립
② 지방자치단체의 정신보건업무 전담조직 설치 유도

SECTION 06 이·미용 안전사고

① 안전의 개념

안전이란 사고의 가능성과 위험을 제거할 목적으로 인간의 행동 변화와 물리적 환경에서 발생한 상황을 뜻한다.

② 미용 분야 안전교육의 목표

미용 관련 분야는 메이크업 분야, 헤어미용 분야, 피부미용 분야, 네일아트 분야로 나뉜다. 안전교육의 궁극적인 목적은 인간 생명의 존엄성을 바탕으로 안전에 필요한 요소들을 이해하여 자신과 타인의 생명을 존중하며 안전한 생활을 영위할 수 있는 능력을 기르는 데 있다.
① 각종 사고 예방을 목적으로 안전의식을 내면화하고 행동으로 습관화한다.
② 안전을 위해 필요한 요소를 이해하고 자신과 타인의 생명을 존중하며 안전하게 행동할 수 있는 태도와 능력을 기른다.
③ 잠재된 위험을 예측하여 항상 안전을 확인하고 올바른 판단하에서 안전하게 행동할 수 있는 태도와 능력을 기른다.
④ 예기치 못한 위험 상황에 직면해서도 적절히 대처할 수 있는 태도와 능력을 기른다.

③ 미용 분야 안전교육의 내용

미용관련분야 안전교육의 내용은 작업 및 시술, 표준 작업 방법, 유해·위험 요인 및 사고 사례, 사고 예방 원리 및 대책, 기구, 전기 기기, 화학 제품 취급에 대한 이해 등이 포함된다.

④ 작업 및 화학물질 취급 시의 안전 관리

1) 화학물질 노출

미용 작업 시 사용하는 화학물질의 종류는 매우 다양하다. 작업자에게 노출된 각종 화학물질과 피부 접촉으로 인한 질병 외에 화학약품이나 먼지를 입이나 코로 들이마셔서 각종 호흡기 질환에 걸릴 위험이 높기 때문에 화학물질 취급 및 보관에 대한 관심이 필요하다. 화학물질 작업 시 주의사항은 다음과 같다.
① 작업장 안의 공기를 자주 환기하여 냄새가 잘 빠질 수 있도록 한다.
② 화학 물질을 공기 중에 뿌리지 말아야 한다.
③ 피부에 상처가 났을 때에는 비닐장갑을 착용해 병균 침투를 예방하며 오염되었을 때는 즉시 버린다.
④ 화기성 강한 제품들이 화재의 위험에 노출되지 않도록 한다.

⑤ 메이크업 작업 시 가루 제품을 흡입할 수 있으므로 마스크를 착용하도록 한다.
⑥ 사용하는 제품의 사용 설명서를 반드시 읽고 따라야 한다.

2) 기구에 의한 안전사고

눈썹 정리 및 염색 작업에 필요한 도구로 전염병 감염, 베임이나 찔림에 의한 창상, 기구 낙하에 의한 고객 안전사고가 발생하지 않도록 해야 한다.
① 사용 부주의로 인한 베임이나 찔림에 의한 창상을 예방한다.
② 기구 낙하로 인한 고객과 시술자의 안전사고 예방에 주의한다.
③ 반드시 철저한 소독과 기구 관리를 통해 안전사고가 일어나지 않도록 한다.

CHAPTER 03 가족 및 노인보건

SECTION 01 가족보건

1 가족계획의 개념

WHO의 정의를 보면 가족계획은 "출산의 시기 및 간격을 조절하며, 출생 자녀 수도 제한하고 불임증 환자의 진단 및 치료를 하는 것"이다. 즉, 알맞은 수의 자녀를 알맞은 때에 낳아 잘 양육하는 것이라 할 수 있다.

2 가족계획의 필요성

1) 모자보건
빈번한 임신과 난산은 모성사망의 3대 원인인 임신중독증·출혈·감염을 증가시킨다.

2) 여성의 사회적 활동
여성들이 사회생활을 하지 못하는 이유 중의 하나가 자녀 양육에 있기 때문에 가족계획은 여성의 권리 측면에서 중요하다고 할 수 있다.

3) 윤리·도덕적 측면
원치 않는 임신은 인공 임신 중절 수술을 가져와 인간의 존엄성을 손상시키는 일이 발생된다.

4) 경제생활수준의 향상과 생활양식의 개선
다산으로 인한 가정 지출의 증가는 가정경제뿐만 아니라 국민경제에도 부정적인 영향을 미치기에, 경제적 능력에 맞는 적절한 자녀 수의 출산을 통해 문화적 생활을 영위할 수 있게 한다.

❸ 피임법

1) 피임법의 이상적 조건
① 피임 효과가 정확하고, 임신을 원할 경우 언제나 가능해야 한다.
② 신체 및 정신적으로 무해하여야 하며, 불편감이 없고, 성감에 영향을 주지 않아야 한다.
③ 피임에 실패 시 태아나 모체에 해가 없어야 한다.
④ 사용이 편리하고 경제적이어야 한다.

2) 피임의 종류

(1) 일시적 피임법

① 경구 피임약
  배란을 조정, 억제하는 원리를 이용한 피임법으로 일시적 피임방법 중 효과가 가장 좋다.

② 자궁 내 장치(IUD ; Intra Uterine Devices)
  수정란이 자궁에 착상되는 것을 방지함으로써 피임효과를 얻는다.

③ 콘돔
  정자의 질 내 침입을 차단함으로써 피임을 하는 것으로 성병 예방에 가장 효과적이다.

④ 주기 이용법
  ㉠ 월경 주기법 : 수태 가능한 기간을 파악해 그 시기를 피해 성생활을 함으로써 임신을 예방하는 자연적 피임법이다. 여성의 배란일은 월경주기의 장단에 관계없이 항상 다음의 월경이 시작되는 전날부터 셈하여 12~19일간의 8일간을 임신 가능기간으로 본다.
  ㉡ 기초 체온법 : 매일 일정한 시간에 체온을 측정하여 배란일을 예측하는 방법으로 여성의 체온이 낮은 체온에서 높은 체온으로 이행되는 시기를 배란시기로 보고 이 시기를 피함으로써 임신을 예방하는 자연적 피임법이다.

(2) 영구적 피임법

① 정관절제술
  고환에서 생성되는 정자의 통로인 정관을 폐쇄시켜 정자가 몸 밖으로 배출되는 것을 막아서 영구적인 피임을 기하게 하는 것이다.

② 난관결찰술
  여성의 양측 난관을 절단 또는 폐쇄시켜서 난자와 정자가 난관에서 수정되지 못하도록 하는 것이다.

SECTION 02 노인보건

1 노인의 정의와 노인보건의 중요성

1) 노인의 정의
'신체적·생리적 노화현상에 의해 심리적·사회적 기능과 역할이 감퇴되고 있는 사람'이다.

2) 노인보건의 중요성

(1) 복합적 변화의 요인
우리나라의 인구고령화는 우리 사회가 짧은 기간 내에 경험한 급격한 사회적·경제적·문화적 변화에 덧붙여 복합적인 변화를 가져온다.

(2) 역학적 이유
노인 인구 증가에 따라 질병과 장애의 유병률이 높아져 소리 없는 유행병이라는 노인성 질환이 급증하였다.

(3) 과학적 이유
노인인구의 증가에 따라 노화에 관하여 노화의 기전이나 유전적 조절 등에 관한 관심이 높아지고 있다.

(4) 의료비 상승
노인성 질환은 단기간의 치료로 끝나는 것이 아니기 때문에 국민 총 의료비의 관점이나 개인 관점에서 의료비가 크게 상승하고 있다.

2 노인의 특성

1) 노인질환의 특성
① 단독으로 발생하는 경우보다는 하나의 질병에 걸리면 다른 질병을 동반하기가 쉽다.
② 증상과 징후의 발현이 거의 없거나 애매하여 정상적인 노화과정과 구분하기 어렵다.
③ 원인이 불명확한 만성 퇴행성 질환이 대부분이다.
④ 경과가 길고, 재발이 빈번하며, 합병증이 잘 생긴다.
⑤ 질환 자체가 비교적 가벼워도 의식장애를 일으키기 쉽다.

2) 노화현상
노령화에서 나타나는 생체의 퇴화적 변화이다.
① 소화기능 : 소화운동의 약화, 소화분비액 감소
② 순환기능 : 혈관의 탄력성 저하, 혈액순환의 저하, 혈압의 상승

③ 호흡기능 : 호흡근의 근력 저하, 폐활량 감소
④ 내분비계 : 성 호르몬의 감소
⑤ 신장 기능 : 신장 기능의 저하
⑥ 신경계 및 감각기관 : 신경세포의 위축

3 노년기의 건강관리

1) 영양관리

① 적절한 칼로리 섭취로 정상적인 체중을 유지한다.
② 균형 잡힌 영양소 섭취를 위해 1일 3끼 식사를 규칙적으로 한다.
③ 1일 단백질 섭취는 체중 1kg당 1g 정도로 권장한다.
④ 칼슘 부족은 우유로 보충하고, 칼슘의 흡수를 돕기 위해 비타민 D를 섭취한다.
⑤ 섬유소가 풍부한 야채나 과일 식품을 주로 섭취하고, 금기가 아니라면 물을 충분히 마신다.

2) 운동

적절한 운동은 노화에 따른 신체적·심리적 변화를 지연 또는 역행시킬 수 있고, 운동을 규칙적으로 하는 노인은 운동을 하지 않은 노인에 비해 관상동맥 질환, 고혈압, 비만, 당뇨병 등의 발생률이 낮다.

3) 노인의 질병 예방

① 1차 예방 : 예방접종 및 화학적 예방과 상담 등이 있다.
② 2차 예방 : 선별과 치료가 주요 요소로, 선별은 문진에 의한 확인, 이학적 검사에 의한 확인 및 선별검사에 의한 확인이 있다.
③ 3차 예방 : 노인재활의 가장 중요한 목적은 일상생활 활동에 있어 잃었던 독립성을 다시 찾는 것이다.

CHAPTER 04 환경보건

SECTION 01 환경보건의 개념

1 환경보건의 정의 및 목적

1) 환경보건의 정의

인간과 환경의 생태학적 균형을 이루기 위하여 또는 건강을 유지해 나가기 위하여 필요한 모든 환경요소를 관리하는 것이다.

2) 환경보건의 목적

인간을 둘러싸고 있는 환경을 조정·개선하여 더욱 쾌적한 건강생활을 영위할 수 있도록 한다.

2 환경보건과 기후

1) 기후의 정의

어떤 장소에서 매년 반복되는 대기현상의 종합된 평균상태로서, 지구를 둘러싼 대기의 종합적인 현상을 의미한다.

2) 기후의 3대 요소

기후를 구성하는 기온, 기습(강수), 기류(바람)를 기후의 3요소라고 한다.

(1) 기온

대기의 온도로서 인간이 호흡하는 위치인 지상 1.5m 높이에서 주위의 복사온도를 배제하여 백엽상 안에서 측정한 온도이다.

> **기온역전**
> 공기층이 반대로 형성되는 것으로, 상층부 기온이 하층부 기온보다 높을 때 기온역전이 발생하게 된다. 이때는 실내에서의 일산화탄소 중독증이나 대기오염이 잘 발생하여 인간의 건강에 크게 영향을 줄 수 있다.

(2) 기습

공기 중에 포함되어 있는 수분의 양을 말한다. 습도의 종류를 살펴 보면 다음과 같다.

① 상대습도

현재 공기 1m³가 포화상태에서 함유할 수 있는 수증기량과 현재 공기 속에 함유되어 있는 수증기량의 백분율을 표시한 것

② 절대습도

현재 공기 1m³ 중에 함유된 수증기 또는 수증기 장력

③ 포화습도

일정공기가 함유할 수 있는 수증기량의 한계에 달했을 때의 공기 중의 수증기량과 수증기 장력

④ 인체에 쾌적감을 주는 기습은 대체로 40~70%이다.

(3) 기류

① 바람을 의미하며, 실외는 주로 기압의 차이, 온도의 차이로 발생한다.
② 실내기류 측정도구에는 카타한란계가 있다.
③ 인간이 느끼는 기류의 최저속도는 0.5m/sec로 0.5m/sec 이하는 불감기류, 0.1m/sec 이하는 무풍 상태라 한다.
④ 실내와 의복 내에서는 불감기류가 존재하여 인체의 신진대사를 촉진한다.

3) 온열 요소

인간의 체온조절에 중요한 기온, 기습, 기류, 복사열을 말한다.

4) 복사열

적외선에 의한 열로 태양에너지의 약 50%를 차지하며, 측정도구에는 흑구온도계, 열전도 복사계 등이 있다.

5) 온실효과

① 대기 중 이산화탄소(CO_2)의 비율이 높아지면 지표 부근의 온도 상승으로 온실효과가 발생한다.
② 이산화탄소(CO_2)가 태양으로부터의 가시광선은 그대로 투과시키나 지표면에서 방출되는 적외선은 잘 흡수하기 때문에 온실효과가 발생한다.

6) 불쾌지수(DI ; Discomfort Index)

① 기온과 습도에 따라 인체가 느끼는 불쾌감의 정도를 수량화한 것이다.
② 고온다습할수록 불쾌도가 높아지며 그 관계는 다음과 같다.
- DI = 70일 때 10% 정도의 사람이 불쾌감을 느낀다.
- DI = 75일 때 50% 이상의 사람이 불쾌감을 느낀다.
- DI = 80일 때 거의 모든 사람이 불쾌감을 느낀다.
- DI = 86일 때 견딜 수 없는 상태이다.

SECTION 02 대기환경

1 정상 공기의 조성

1) 공기의 화학적 성상

공기의 화학적 성상으로는 산소(O_2) 20.93%, 질소(N_2) 78.10%, 아르(Ar) 0.93%, 이산화탄소(CO_2) 0.03%, 그 외 이산화황, 이산화질소, 오존, 일산화탄소 등이 있다.

〈표 2-3〉 공기의 화학적 조성

성분	화학기호	체적 백분율(%)
농도가 가장 안정된 물질	N_2 O_2 Ar CO_2	78.10 20.93 0.93 0.03
농도가 쉽게 변하는 물질	SO_2 NO_2 O_3 CO	미량 미량 미량 미량

2) 공기의 자정작용

공기는 여러 가지 환경적 요인에 의하여 오염되고 있지만, 공기 스스로 자체 정화되는 자정작용이 있는데 살펴보면 다음과 같다.
① 바람 등에 의한 공기 자체의 희석작용
② 비, 눈 등에 의한 분진이나 수용성 가스의 세정작용
③ 산소(O_2), 오존(O_3), 과산화수소(H_2O_2)에 의한 산화작용
④ 태양광선의 자외선에 의한 살균작용
⑤ 녹색식물의 광합성에 의한 이산화탄소(CO_2)와 산소(O_2)의 교환작용

3) 군집독(群集毒, Crowd Poisoning)

일정한 실내 공간에 다수인이 밀집되어 있으면 공기의 화학적 · 물리적 조성의 변화가 일어나 불쾌감, 두통, 권태, 현기증, 구토 등의 신체증상을 초래하게 되는데, 이때 그 예방대책으로는 적절한 환기가 가장 중요하다.

❷ 대기오염

1) 대기오염의 원인 및 지표

(1) 대기오염의 원인

대기오염물(매연, 먼지, 가스 등)과 무풍, 기온역전현상이라는 기상 조건에 영향을 받는다.

(2) 대기오염의 지표

일산화탄소(CO), 분진(먼지), 아황산가스(SO_2)

(3) 대기오염의 영향

지구 온난화 현상, 오존층 파괴, 엘리뇨와 라니냐 현상, 열사병 피해

2) 가스상 물질

(1) 일산화탄소(CO)

① 불완전 연소 시에 발생하며 무색, 무취, 무자극성, 맹독성 가스로서, 공기보다 가볍다.
② 중독증상으로 현기증, 약간의 호흡곤란, 근력감퇴, 경련, 구토 등이 나타난다.
③ 후유증으로 뇌장애, 신경장애, 시야 협소, 지각 기능장애와 호흡수의 감소가 온다.
④ 위생학적 허용농도는 8시간 기준 0.01%이다.

(2) 아황산가스(SO_2)

① 산성비의 주요 원인으로 자극성 취기, 염증, 흉통, 점막 자극, 호흡 곤란을 유발한다.
② 인체 및 식물에 피해를 주고, 생활용품의 부식으로 재산상 피해도 입힌다.

> **산성비**
> 일반적으로 빗물의 pH가 5.6 이하일 때이다. 대기오염의 하나로서 호수나 하천을 산성화하여 생태계를 파괴하고 농작물과 산림에도 큰 피해를 준다. 또한 부식성이 강해서 금속류과 석조건축물을 손상시킨다.

(3) 질소산화물(NO_x)

연소에 의해 많이 발생되며, 그 대책으로 자동차 연료의 전환과 자동차 배출가스 허용 기준을 강화시킨다.

(4) 이산화탄소(CO_2)

① 무색, 무취의 비독성 가스로, 동물의 대사와 연료 연소 시에 발생한다.
② 실내공기 오염의 지표로 널리 사용하며, 위생학적 허용농도는 8시간 기준 0.1%이다.
③ 혈액 중에 이산화탄소가 증가하면 호흡수도 증가하게 된다.
④ 대기 중 함량이 높아질 경우 온실효과(지구온도 상승)를 일으킨다.

(5) 오존(O_3)
① 오존층은 고도 20~30km에 존재하여 지상에 도달하며 인체 및 생태계에 유해한 자외선을 차단하는 역할을 한다.
② 분무기나 냉장고, 냉방장치 등에서 방출되는 물질들이 오존층을 파괴하여 자외선 중 인간에게 해로운 파장이 제거되지 못하여 기후 온난화와 피부암을 초래한다.

3) 대기오염의 관리대책
① 연료정책 및 대기오염의 법적 규제와 계몽
② 배출원의 설치지역 규제
③ 배출시설의 대체 및 폐쇄
④ 저유황유의 공급 및 분진 방지시설 확충
⑤ 대기오염의 정확한 실태 파악
⑥ 작업공정의 개선

SECTION 수질환경

1 물과 건강

1) 물의 자정작용

(1) 물리적 작용
희석, 분쇄, 침전 등에 의해 자정작용이 이루어진다. 유량이 많은 하천이나 호수에 오염물질 유입 시 많은 양의 물과 섞이게 되고(희석), 중력과 침전에 의한 부유물질의 제거와 여과작용 등에 의해 농도가 낮아진다.

(2) 화학적 작용
폭기, 자외선 등에 의해 오염물질이 분해되고, 산소와의 결합에 의한 산화작용에 의해 정화된다.

(3) 생물학적 작용
수중의 호기성 균에 의한 유기물의 분해, 먹이연쇄 등으로 자연계의 자정작용 중 오염 농도를 낮추는 데 가장 큰 역할을 한다.

2) 음용수의 수질기준
① 무색, 투명하고, 무취, 무미하며 색도는 5도, 탁도는 2도 이하일 것

② 일반 세균 수는 1cc 중 100마리 이하일 것
③ 대장균 군은 50cc 중에서 검출되지 아니할 것

> 대장균 군은 수질오염의 지표로 삼는다. 수질검사에서 대장균을 검사하는 의의는 다른 병원성 세균의 존재를 측정할 수 있기 때문이다.

④ 수소이온농도(pH)는 5.8~8.0이어야 할 것
⑤ 소독으로 인한 취기 이외의 냄새가 없을 것

❷ 수질오염

1) 수질오염의 지표

(1) 용존산소(DO ; Dissolved Oxygen)
① 수중에 용해되어 있는 산소이다.
② 물이 깨끗하고 온도가 낮을수록 산소 함유량이 많아 오염이 적고, 오염되면 미생물 등으로 산소소비량이 증가하여 산소량이 적어진다.
③ DO가 높으면 생물화학적 산소요구량(BOD)과 화학적 산소요구량(COD)은 낮다.
④ 물고기의 서식을 위해서는 최소 4ppm 이상이어야 한다.

(2) 생물화학적 산소요구량(BOD ; Biochemical Oxygen Demand)
① 수중에 오염원이 될 수 있는 유기물질이 여러 미생물에 의해 산화 분해되어 보다 안정된 물질이 될 때 소비되는 산소량이다.
② BOD 수치가 높을수록 오염도가 높은 물이다.

(3) 화학적 산소요구량(COD ; Chemical Oxygen Demand)
① 수중에 포함되어 있는 유기물질을 강력한 산화제로 산화시킬 때 소모되는 산화제의 양에 상당하는 산소량이다.
② COD 수치가 높을수록 오염도가 높은 물이다.

2) 수질오염의 영향

(1) 수인성 질환
① 정의
오염된 물이나, 음료수 등을 음용함으로써 그 속에 들어 있던 균들이 사람의 몸에 들어와 생기는 질환을 말한다.

② 발생상황
폭발적이며 동시에 발생한다.

③ 발생지역

급수지역에서 대부분 발생한다.

④ 성별, 연령별에 따른 차이가 없다.

⑤ 사망률은 낮으며 2차 감염은 거의 없다.

⑥ 대체로 여름철에 많이 발생하지만 계절에 관계없는 편이다.

(2) 부영양화

인산염과 유기물질이 과다하게 유입될 때 물의 가치가 상실되는 것을 의미한다.

(3) 적조현상

질소나 인산을 많이 함유한 생활하수 등이 바닷가로 유입되면 식물성 플랑크톤이 많이 번식하여 물의 색깔이 붉은색을 띠는 현상이다.

SECTION 04 주거 및 의복환경

❶ 주거 환경

1) 안전한 주거 환경

(1) 기본원칙

① 재해 방지, 기후 및 기타 주거 조건이 적합하여 삶의 질을 향상시킬 수 있어야 한다.
② 질병이나 사고 발생을 방지하여 건강한 삶을 유지하고, 능률적인 일상생활과 정신적인 안정을 누릴 수 있는 주거 환경이어야 한다.

(2) 안전한 주거 환경 조성

① 현관 바닥은 미끄럽지 않은 소재를 사용하여 안전에 유의한다.
② 거실 및 침실, 어린이 방은 햇빛이 잘 비치는 남향이나 남동향으로 배치하고 화장실, 목욕탕, 주방 등은 북쪽으로 한다.

(3) 주택의 위생조건

① 저수면은 얕고 지면은 높아야 한다.
② 창문의 크기는 방 면적의 1/5 정도가 적당하고, 최저 1/12을 넘어서는 안 된다.
③ 자연조도는 100~1,000lux가 좋다.

2) 쾌적한 주거 환경

(1) 기본원칙
① 쾌적한 실내 환경을 조성하여 신체의 조화를 유지한다.
② 사생활이 존중될 수 있는 환경이어야 한다.

(2) 쾌적한 실내 환경 조성
① 자연 환기
위생적인 창의 면적은 1/20 이상이어야 환기가 잘 된다.
② 적정한 실내온도와 습도
실내 최적온도는 18±2℃, 적정 실내습도는 40~70%이다.

3) 새집증후군

(1) 정의
새로 건축한 집에서 포름알데히드를 비롯한 해로운 가스가 나와 눈과 목이 따갑고 어린이와 면역이 약한 자들에게 각종 피부질환이 발생하는 현상을 말한다. 최근에는 새 가구 증후군이란 말로도 사용된다.

(2) 새집증후군의 원인
① 콘크리트가 건조하면서 가스를 발생해서 생긴다.
② 화학 접착물질로 인한 포름알데히드가 방출되어서 생긴다.
③ 과다한 인테리어나 붙박이장의 설치가 원인이 된다.

(3) 새집증후군의 특징
건물 신축 직후 유해물질 배출 정도가 가장 높으며, 시간이 지나면 유해물질의 배출량은 감소하나 완전히 없어지지 않는 경우도 있다.

2 의복 환경

1) 의복의 기능
신체의 청결과 보호가 주 기능이며, 그 밖에 체온조절 기능 및 사회생활 유지, 미화, 표식 등이 있다.

2) 의복의 적절한 조건
의복의 방한력을 나타내는 단위는 클로(CLO)가 사용된다. 이는 열 차단력 단위로 기온은 21.0℃, 습도는 50% 이하, 기류는 10cm/sec에서 피부 온도 33℃로 유지될 때의 의복 방한력을 1CLO로 하고 있다.

CHAPTER 05 산업보건

SECTION 01 산업보건의 개념

❶ 산업보건의 정의 및 목적

1) 산업보건의 정의

① WHO(세계보건기구)와 ILO(국제노동기구)의 정의

"모든 산업장에서 일하는 직업인들의 육체적·정신적·사회적 건강을 최고도로 유지 및 증진하기 위하여 작업조건으로 인한 질병을 예방하고 건강에 해를 끼칠 유해 인자에 노출되는 일이 없도록 직업인들을 보호하며, 심리적으로나 생리적으로 적합한 작업조건에 배치하여 일하도록 하는 것"으로 정의한다.

② 직업인의 건강을 유지, 증진하기 위하여 직업인을 작업환경으로부터 보호하고, 작업환경을 건전하게 관리하는 과학적 분야이다.

2) 산업보건의 목적

근로자의 건강에 유해함이 없이 작업능률을 상승시키며, 직업병을 예방하는 데 그 목적이 있다.

3) 산업보건 담당 행정부서

우리나라의 산업보건 담당 행정부서는 고용노동부 산업보건과로서 사업장 근로자들의 건강관리를 담당하고 있다.

❷ 근로자 관리

1) 근로시간

① 근로기준법 제51조 조항에 제시되어 있는 근로시간 기준은 1일 8시간, 1주 40시간이다. 하지만 당사자의 합의에 의해 12시간 연장하여 52시간까지 근로시간을 연장할 수 있다.

② ILO 기준 1일 근로시간은 8시간, 1주 40시간이다.

2) 근로자 건강진단

(1) 건강진단의 목적

① 작업장에 적합하지 않은 근로자를 가려내어 신체적·심리적으로 적정 작업에 배치하기 위해서이다.
② 집단의 건강수준을 파악한다.
③ 직업병의 유무를 가려내고 건강상태를 관찰하기 위해서이다.
④ 산업재해 보상 근거와 질병자를 관리하기 위해서이다.

(2) 건강진단의 종류

① 일반건강진단
  근로자의 건강관리를 위하여 모든 근로자가 1년에 1회 주기적으로 받는 건강진단을 말한다.

② 특수건강진단
  유해한 사업장에서 근무하는 직업인의 건강 유지, 직업병이 의심되는 환자의 검사를 위해 6개월에 1회 받는 건강진단을 말한다.

3) 작업 환경 관리

(1) 대치

가장 기본적이고 우선적으로 해야 하는 관리로 공정의 변경, 시설의 변경, 물질의 변경 등이 있다.

예 화재 가능성이 있는 작업장에서 가연성 물질 보관을 플라스틱 통에서 철제 통으로 변경하는 것

(2) 격리

사용 및 생성 물질이 매우 유독하거나 유독성이 심하지 않아도 환경 관리 목적으로 유해물 발생 작업공정을 외부와 차단하는 것을 말한다.

(3) 환기

지속적으로 신선한 공기를 공급하여 유해물질을 희석하는 방법이다.

(4) 보호

개인 보호구의 착용을 통해 인체를 보호하는 것이다.

3 산업피로 관리

1) 산업피로의 개념

생체에 대한 노동부담의 과잉으로 인해서 생기며 휴식이나 수면으로 회복되지 않는 피로를 의미한다.

2) 산업피로 발생원인

(1) 작업적 요인

작업환경의 불량, 노동시간의 연장, 휴식시간과 휴일의 부족, 작업 조건의 불량 등

(2) 신체적 요인

수면부족, 과음과 임신 및 생리 현상 등으로 인한 체력저하 등

(3) 심리적 요인

인간관계의 마찰, 작업의욕 상실, 직업에 대한 부담, 과중한 책임감, 가정에서의 불화 등

3) 산업피로 대책

① 작업시간 및 휴식시간의 적정 분배
② 작업환경의 유해인자 개선
③ 작업 공구 및 작업 자세를 인간공학적으로 고안
④ 과중한 유해 노동의 부담 경감

SECTION 02 산업재해

1 산업재해의 정의 및 발생원인

1) 산업재해의 정의

근로자가 노동과정에서 원하지도 않고 계획하지도 않은 사건으로 인명 손상 및 상해, 경제적 피해가 일어나는 것이다.

2) 산업재해 발생의 요인

관리의 결함, 작업 방법의 결함, 생리적인 결함 등이다.

❷ 산업재해의 예방

① 환경조건과 노동조건을 개선한다.
② 적성에 따라 배치하고 안전에 관한 교육과 훈련을 실시한다.
③ 산업장의 재해발생과 관계되는 요소인 환경상태를 개선하고, 근로자의 건강상태를 파악하고, 직업숙련도에 따라 적정하게 배치한다.

❸ 직업병 관리

1) 직업병의 개념 및 발생원인

(1) 직업병의 개념

근로자들이 그 직종이 가지고 있는 특정한 요인으로 그 직종에 종사하는 사람에게만 발생하는 특정 질병을 말한다.

(2) 직업병의 특징

특수한 직업에서 특수하게 발생하며, 예방이 가능하고, 만성의 경과를 거치며, 특수검진으로 판정된다.

(3) 직업병의 발생원인

① 작업장의 환경 불량
② 부적당한 근로조건
③ 작업환경 불량
④ 근로조건 불량

2) 주요 직업병의 종류 및 특성

(1) 기압 이상에 의한 장애

① 잠함병-고기압
  ㉠ 원인 : 고기압하에서 작업 후 급격한 감압이 이루어질 때 조직에 용해되어 있던 질소(N_2)가 대량으로 기포화되어 혈중으로 배출되어 순환장애를 일으키고 국소 조직이 파괴된다.
  ㉡ 증상 : 관절염이 가장 많이 발병하며 현기증, 시력장애, 흉통 및 호흡 곤란 등이 생긴다.
  ㉢ 대상 : 교량가설 및 터널공사 인부, 잠수작업을 하는 잠수부 등이 이에 해당된다.
  ㉣ 대책
   • 천천히 감압시키고, 적절한 운동으로 혈액순환을 촉진한다.
   • 작업 후 운동을 하거나 산소를 공급한다.
   • 부적격자(비만자, 순환기 장애자, 고령자)의 고압 작업 제한 또는 채용금지 등의 조치가 필요하다.

- 단계적인 감압으로 1기압 감압 시 20분 이상은 소요해야 한다.
- 고지방성 음식이나 알코올의 섭취는 금한다.

② 고산병(항공병)-저기압

비행기의 급상승 또는 높은 산에 올라갔을 때, 기압의 저하로 인한 체내의 산소부족으로 저산소증을 초래한다. 증상은 불규칙한 호흡, 이명, 현훈, 난청 등이 있으며 조종사, 승무원, 고산작업자가 해당된다.

(2) 화학물질에 의한 장애

① 납 중독

연 중독이라고도 하며 빈혈, 골수 자극증상, 신경장애 등의 증상이 나타난다. 축전지 제조, 인쇄공장 등에서 나타난다.

② 수은 중독

유기수은의 체내 침입으로 발생되며 권태, 피로감, 두통, 보행 곤란 등의 증상이 나타난다. 미나마타병이 대표적이다.

③ 카드뮴 중독

경구섭취 시에는 위장점막을 강하게 자극하여 오심, 구토, 복통 등의 원인이 되고, 호흡기계 흡입으로는 급성폐렴, 호흡곤란, 두통 등이 발생한다. 그러나 만성중독의 3대 증상은 폐기종, 신장기능장애, 단백뇨이다. 이타이이타이병이 대표적이다.

④ 벤젠 중독

주로 흡입에 의한 중독을 일으키는데, 급성 중독 증상으로는 주로 신경계의 장애가 있으며, 만성 중독은 혈관, 혈액, 간장에 중독을 일으키고, 피부에 접촉되면 직업성 피부장애의 원인이 되기도 한다. 조혈장애가 특징적이며, 백혈병도 나타날 수 있다.

(3) 먼지(분진)에 의한 장애

① 진폐증

분진을 흡입함으로써 폐에 조직반응을 일으킨 병적 상태로 정의된다. 일반적으로 분진에 의하여 야기되는 폐질환을 총칭한다.

② 규폐증

유리규산의 분진 흡입으로 폐에 만성섬유증식 변화가 일어나 말기에는 결핵이 합병증으로 발생한다.

③ 석면폐증

석면은 소화용제, 절연체, 내화 직물 등에 쓰이는데, 석면을 취급하는 작업에 4~5년 정도 종사하면 폐포에 섬유증식이 발생한다. 석면폐증은 폐암 발생률을 높인다.

(4) 기타 건강장애

① 직업성 난청

반복적으로 소음에 노출되어 청각세포에 위축변성이 오기 때문에 생긴다. 증상으로는 노이로제, 이명, 두통, 현기증, 불면증 등이 나타난다. 소음 방지대책으로 귀마개를 사용한다.

② 레이노드 병(Raynaud's Disease)

착암기를 많이 사용하는 근로자의 손가락이 말초혈관 장애로 인하여 혈액순환이 저해되어 손가락이 청색증, 저림, 통증 등을 일으킨다.

③ VDT 증후군(Visual Display Terminal, 영상표시단말기)

컴퓨터 모니터 및 전자영상장치를 사용함으로 인해 생기는 직업성 건강장애이다. 증상은 눈 피로, 두통, 경견완증후군, 정신신경장해, 피부증상(발진) 등이 나타난다.

④ 불량조명에 의한 장애

조도 불량 또는 장시간 작업하여 눈의 긴장이 고조되어 발생될 수 있는 직업병으로 증상으로는 시력감퇴, 안구진탕증 등이 올 수 있다. 적정 조명과 충분한 휴식이 필요하다.

3) 직업병의 예방대책

① 작업환경을 개선한다.
② 정기적인 건강진단이 필요하다.
③ 적재적소에 근로자의 적성 배치가 중요하다.
④ 보건교육을 통해 개인위생관리를 잘 하도록 지도한다.
⑤ 보호구의 철저한 착용으로 직업병을 미리 예방한다.

CHAPTER 06 식품위생과 영양

SECTION 01 식품위생의 개념

1 식품위생의 정의와 목적

1) 식품위생의 정의

(1) 세계보건기구(WHO)의 식품위생의 정의

식품위생이란 "식품의 생육, 생산, 제조, 유통, 소비까지 일관된 전 과정을 위생적으로 확보하여 최종적으로 사람에게 섭취될 때까지 모든 단계에서 식품의 안전성, 건전성 및 완전 무결성을 확보하기 위한 모든 수단"을 뜻한다.

(2) 「식품위생법」에 의한 식품위생의 정의

「식품위생법」 제2조 제11호에는 식품위생이란 "식품, 식품첨가물, 기구 또는 용기, 포장을 대상으로 하는 음식에 관한 위생을 말한다."라고 규정하고 있다.

2) 식품위생의 목적

「식품위생법」 제1조에는 "식품으로 인하여 생기는 위생상의 위해를 방지하고 식품영양의 질적 향상을 도모하며 식품에 관한 올바른 정보를 제공하여 국민보건의 증진에 이바지함을 목적으로 한다."고 규정하고 있다.

2 식품과 감염병

식품을 통해서 인간에 감염될 수 있는 세균성 감염병에는 장티푸스, 세균성 이질, 파라티푸스, 콜레라 등이 대표적이며, 바이러스성 감염병으로는 폴리오, 유행성간염 등이 있는데 대부분 경구 감염병이다.

3 식중독

1) 식중독의 정의

병원성 미생물이나 독성 화학물질로 오염된 식품 또는 식품 첨가물을 섭취한 후 단시간 내에 급작스럽게, 집단적으로 발생하는 복통·구토·설사 등의 급성 위장장애 또는 신경장애 현상을 일으키는 중독성 질병이다.

2) 식중독의 분류

(1) 세균성 식중독

감염형, 독소형, 기타 세균에 의한 감염으로 구분한다. 감염형은 원인균 자체가 식중독 발생의 원인이 되는 것을 말하며, 독소형은 세균이 식품 중에서 증식할 때 산출되는 독소에 의해 발병하는 것을 말한다.

(2) 자연독에 의한 식중독

자연독에 의한 식중독은 동물성 식중독과 식물성 식중독으로 구분한다.

(3) 화학성 식중독

식품의 본래 구성성분 이외에 물질의 첨가나 혼입으로 인하여 발생하는 식중독이다.

〈표 2-4〉 원인물질별 식중독의 분류

	구분	원인물질
세균성 식중독	① 감염형 식중독	살모넬라균, 장염비브리오, 장구균
	② 독소형 식중독	포도상구균, 보툴리누스균, 웰치균
화학성 식중독	① 우연 또는 과실로 혼입된 유해물질에 의한 중독(공해로 인한 식품오염을 포함)	농약 · 수은 · 카드뮴 · PCB · 납 등
	② 유해 착색료에 의한 중독	Auramine · Gentian Violet · Rhodamine B 등
	③ 유해 방부제에 의한 중독	붕산 · Formalin · 승홍 · 불소화합물 등
	④ 유해 인공감미료에 의한 중독	Dulcin · Cyclamate Ethylene Glycol 등
	⑤ 기타 물질에 의한 중독	Methanol · 간수 · 4에틸납 · 바륨 · 아질산염 등
	⑥ 조리기구 · 포장에 의한 중독	녹청(구리) · 납 · 비소 등
자연독 식중독	① 동물성 자연독에 의한 중독	복어(테트로도톡신), 굴(베네루핀), 조개(미틸로톡신) 등
	② 식물성 자연독에 의한 중독	독버섯(무스카린), 감자(솔라닌), 매실(아미그다인톡신), 맥각(에르고톡신) 등

SECTION 02 영양소

1 영양(Nutrition)이란?

살아있는 유기체가 생명을 유지하고 성장과 발달을 하기 위해 식품을 섭취해 체내에서 대사 즉 소화, 흡수, 순환, 배설되는 모든 과정을 의미한다.

2 영양소(Nutrient)란?

식품으로부터 공급되어 생명을 유지하고 신체를 구성하며 일상생활과 활동에 필요한 에너지를 공급하고 신체의 성장과 발달 및 생리기능 유지, 건강에 필수적인 물질로, 체중의 2/3를 차지하는 물과 단백질, 탄수화물, 지질, 무기질, 비타민이 있다.

1) 탄수화물

열량의 가장 중요한 공급원으로 1g당 4kcal의 열량을 발생하며, 광합성에 의한 식물체의 저장 당질의 형태로 곡류, 서류, 채소류, 과일류, 당류에 의해 주로 공급된다.

2) 지질

1g당 9kcal의 열량을 내며 신체에 에너지를 공급하고 체온조절과 피지선의 기능을 조절하여 피부의 건조를 방지하고 피부를 윤기 있고 탄력 있게 유지하는 역할을 한다. 식물성 오일, 버터, 육류 등에 의해 주로 공급된다.

3) 단백질

신체구성의 기본성분으로 골격, 근육, 혈액, 세포, 면역체계, 호르몬 등의 주성분이다. 쇠고기, 돼지고기, 닭고기, 달걀, 우유 등과 같은 동물성 단백질과 콩, 두부, 토란 같은 식물성 단백질에 의해 주로 공급된다.

4) 무기질

구성영양소인 동시에 조절영양소로서 매우 중요한 기능을 담당하는데 체내에서 산·알칼리 평형 유지, 삼투압 조절, 신체의 구성성분, 영양소 대사의 촉매 작용 등 주요한 조절작용을 담당하고 있다.

5) 비타민

세포의 정상적인 대사와 당질, 지질, 단백질의 대사를 도와주는 보조 효소의 구성 물질로 작용하며 성장, 혈액 응고, 상처 치유, 세포재생, 시력 건강, 신경계의 건강 유지 등 역할이 매우 다양하다.

6) 물

인체 구성성분 중 가장 많은 양을 차지하며, 성인의 경우 체중의 2/3가 수분이다. 신체의 조직을 만들고 노폐물을 배설한다. 체온을 조절하며 체내 화학적 변화의 매체가 되고 에너지를 생산한다.

SECTION 영양상태 판정 및 영양장애

1 영양상태 판정

1) Broca's 지수(표준 체중법)

표준체중이라고 하는 것은 이상적 체중 또는 바람직한 체중을 의미하는 것으로서 건강 유지상 가장 적절하고 신체활동에 가장 효율적인 체중을 말한다. (신장-100)×0.9의 공식으로 결정하며, 표준 체중에 비해 ±10% 이내를 정상, 10% 이상~30% 미만을 비만, 30% 이상을 병적 비만으로 판정하고 있다.

> **비만도 계산**
> - 표준체중을 산출한 다음에 실제 체중과 비교하여 백분율로 나타내는 방법이 일반적으로 사용되는데 자신의 체격을 판단하는 데 유익한 지표가 된다.
> - 비만도(%) = (실제체중 − 표준체중) / 표준체중 × 100
> - 비만도가 표준체중의 10% 이내이면 정상, 10% 이상이면 과체중, 20% 이상이면 비만이라고 한다.

2) 체격지수(Weight-height Index)에 의한 방법

(1) 체질량지수(BMI ; Body Mass Index)

체질량지수는 질환과의 상관성이 높고, 사망률의 예민한 지표가 되는데 사용하는 체중과 신장의 관계를 말한다. 체질량지수는 성인에서 체지방과 상관 관계가 있는 공식이며 체중(kg)을 신장(m)의 제곱으로 나누어 구한다.

$$BMI = 체중(kg) / 신장(m^2)$$

이것은 본래 케틀레(Quetelet) 지수로 알려졌다. BMI가 18.5~24.9인 사람은 정상 체중 소유자이며 사망률은 BMI 25 이상에서 증가한다. 물론 비만 전 단계와 비만 1단계의 BMI에서는 사망률이 높지 않고 비만 2단계와 3단계에서는 위험도가 높아진다.

〈표 2-5〉 체질량지수에 따른 평가방법

분류	체질량지수	합병증 유발 위험도
저체중	18.5	낮음(다음 임상적 문제 유발 위험 증가)
정상	18.5~24.9	보통
과체중	>25.0	약간 증가됨
비만 전단계(Pre-obese)	25~29.9	증가됨
비만 1단계(Obese Class Ⅰ)	30.0~34.9	중등도
비만 2단계(Obese Class Ⅱ)	35.0~39.9	심함
비만 3단계(Obese Class Ⅲ)	>40.0	매우 심함

〈표 2-6〉 비만인의 체중 감소에 따른 지방조직 세포상태의 변화

분류	체중 감소 전	첫 번째 체중 감소 후	두 번째 체중 감소 후
외형적 형태			
체중	95kg	80kg	65kg
지방세포의 크기	0.9μg/세포	0.6μg/세포	0.2μg/세포

(2) 카우프 지수(Kaup Index)

2세 이하의 영유아에게 많이 사용하는 방법으로 18 이상을 비만으로 판정한다.

$$\text{카우프 지수} = \text{체중(g)} / \text{신장(cm}^2) \times 10$$

카우프 지수는 사망률과의 연관성을 본 지수로서 22 이하이면 사망률이 가장 낮고 지수가 높을수록 사망률도 높아지나, 지나치게 낮은 경우에도 사망률은 증가한다.

(3) 로러 지수(Rohrer Index)

학령기 이후 사춘기 이전 아동의 비만 판정에 이용되는 방법이다.

$$\text{로러 지수} = \text{체중(kg)} / \text{신장(cm}^3) \times 107$$

로러 지수는 신장에 따라서 등급을 구분하는데, 신장이 110~129cm이면 180 이상, 130~149cm이면 170 이상, 150cm 이상에서는 160 이상을 비만으로 판정한다.

3) 허리둘레 측정법

골반 앞쪽의 장골능에서 가장 튀어나온 부분과 갈비뼈 제일 아랫부분과의 중간부위(배꼽에서 2cm 정도 아래 부분)를 허리둘레로 측정한다. 우리나라의 경우는 여자 78cm(30.7인치), 남자 91.3cm(35.9인치)이면 복부 비만으로 판정한다.

2 영양장애

1) 지방 과다 섭취로 인한 장애
비만, 고혈압, 당뇨병, 고지혈증 등

2) 염분 과다 섭취로 인한 장애
고혈압, 심장병, 신장질환 등

3) 비타민이나 무기질 결핍으로 인한 장애
야맹증, 괴혈병, 빈혈, 구루병, 각기병 등

CHAPTER 07 보건행정

SECTION 01 보건행정의 정의 및 체계

1 보건행정의 정의

1) 보건행정의 정의
국민의 건강을 유지, 증진시키고 정신적 안녕 및 사회적 효율을 도모할 수 있도록 하기 위한 공적인 행정활동이다. 즉, 국가나 지방자치단체가 주도적으로 국민의 건강을 위해 수행하기 위한 제반활동이다.

2) 세계보건기구(WHO)에서 규정한 보건행정의 범위
보건관계 기록의 보존, 대중에 의한 보건교육, 환경위생, 감염병 관리, 모자보건, 의료, 보건간호, 재해예방

2 보건행정의 특성

1) 공공성 및 사회성
보건행정은 공공복지와 국민 전체의 건강을 추구함으로써 이윤 추구에 몰두하는 사행정과는 목적이 다른 사회 행정적 성격을 띠고 있다.

2) 봉사성
국가의 사회보장을 통해 국민들에게 적극적으로 봉사하는 봉사행정의 성격을 띤다.

3) 교육성 및 조장성
지역사회나 국가의 책임 아래 그 해결을 교육과정을 통하여 모색하려 한다. 또한 보건행정은 국민의 자발적인 참여를 기대하는 방향으로 바뀜으로써 교육행정인 동시에 조장행정의 성격을 갖는다.

4) 과학성 및 기술성
과학적 지식과 기술을 활용하기 때문에 과학행정인 동시에 기술행정이다. 즉, 보건행정은 과학과 기술의 확고한 토대 위에서 성립된다.

③ 보건행정의 체계

1) 중앙보건행정조직 – 보건복지부

보건복지부는「정부조직법」제38조에 따라 보건위생·방역·의정(醫政)·약정(藥政)·생활보호·자활지원·사회보장·아동(영·유아 보육을 포함한다.)·노인 및 장애인에 관한 사무를 관장하여 국민보건의 향상과 사회복지 증진을 꾀하는 정부의 중앙보건행정조직이다.

2) 보건복지부 소속기관

(1) 질병관리본부

감염병 및 각종 질병에 관한 방역·조사·검역·시험·연구 및 장기이식 관리에 관한 사무를 분장한다.

(2) 국립중앙의료원

의료조사연구, 진료, 요원 훈련, 환자의 영양관리를 담당한다.

3) 지방보건행정조직 – 보건소

(1) 보건소

대표적인 지방보건행정의 일선조직으로 보건계몽활동의 중심이 되는 곳이다.

(2) 보건소의 기능

① 국민건강증진·보건교육·구강건강 및 영양개선사업
② 감염병의 예방·관리 및 진료
③ 모자보건 및 가족계획사업
④ 정신보건에 관한 사항
⑤ 노인보건사업
⑥ 공중위생 및 식품위생
⑦ 응급의료에 관한 사항

SECTION 02 사회보장과 국제 보건기구

1 사회보장제도

1) 사회보장의 개념

「사회보장기본법」제3조를 보면 사회보장을 "출산, 양육, 실업, 노령, 장애, 질병, 빈곤 및 사망 등의 사회적 위험으로부터 모든 국민을 보호하고 국민 삶의 질을 향상시키는 데 필요한 소득·서비스를 보장하는 사회보험, 공공부조, 사회서비스를 말한다."라고 정의하고 있다.

2) 사회보장의 기능

① 최저생활의 보장 기능
② 소득 재분배 기능
③ 국민의 정치, 경제, 사회의 안정 기능
④ 사회통합 기능

3) 사회보장의 유형

(1) 사회보험

국민에게 발생하는 사회적 위험을 보험의 방식으로 대처함으로써 국민의 건강과 소득을 보장하는 제도를 말한다.
우리나라에서 실시하고 있는 4대 사회보험은 국민건강보험, 고용보험, 국민연금제도, 산업재해보상보험 이 있다.

(2) 공공부조(公共扶助)

국가와 지방자치단체의 책임하에 생활 유지 능력이 없거나 생활이 어려운 국민의 최저생활을 보장하고 자립을 지원하는 제도를 말한다. 공공부조에는 국민기초생활보장제도와 의료급여제도가 있다.

(3) 사회 서비스

국가·지방자치단체 및 민간부문의 도움이 필요한 모든 국민에게 복지, 보건의료, 교육, 고용, 주거, 문화, 환경 등의 분야에서 인간다운 생활을 보장하고 상담, 재활, 돌봄, 정보의 제공, 관련 시설의 이용, 역량 개발, 사회참여 지원 등을 통하여 국민의 삶의 질이 향상되도록 「사회보장기본법」제3조 제4호 내용으로 지원하는 제도를 말한다.

❷ 국제 보건기구

1) 세계보건기구(WHO ; World Health Organization)

모든 인류의 가능한 최고의 건강수준 달성을 목적으로 1948년 4월에 7일에 설립되었으며, 본부는 스위스의 제네바에 있다. 6개의 지역사무소를 두고 있는데 우리나라가 속하는 지역사무소는 서태평양 지역이다.

(1) 주요 기능
① 국제적인 보건사업의 지휘 및 조정
② 요청 집단에 대한 보건서비스와 시설의 제공 및 지원
③ 보건의료 및 전문가 교육·훈련 기준 개발
④ 유행병·풍토병·기타 질병의 근절을 위한 노력
⑤ 보건 분야 연구의 수행 및 증진
⑥ 기본적인 의약품 공급

(2) 6개의 지역사무소
① 서태평양 지역사무소 : 필리핀의 마닐라
② 유럽 지역사무소 : 덴마크의 코펜하겐
③ 남북아메리카 지역사무소 : 미국의 워싱턴
④ 아프리카 지역사무소 : 콩고의 브라자빌
⑤ 동지중해 지역사무소 : 이집트의 알렉산드리아
⑥ 동남아시아 지역사무소 : 인도의 뉴델리

2) 국제연합아동기금(UNICEF)

아동의 보건 및 복지 향상을 위한 원조사업, 아동의 권리 보호와 개발도상국에 대한 보건사업 지원, 예방접종 사업, 어린이 영양 개선을 위한 모유수유 지원 사업 등에 기여해 오고 있다.

3) 국제연합 식량농업기구(FAO)

인류의 영양기준 및 생활 수준 향상을 목적으로 설치된 기구로 세계농업발전의 전망 연구 및 각종 기술 원조계획, 세계식량계획 설립 등의 활동을 하고 있다.

CHAPTER 08 소독의 정의 및 분류

SECTION 01 소독 관련 용어 정의

❶ 용어의 정의

1) 멸균(Sterilization)
아포를 포함한 모든 병원성 및 비병원성 미생물을 사멸하는 것

2) 소독(Disinfection)
아포를 제외한 병원성 미생물을 죽이는 것

3) 방부(Antisepsis)
병원성 미생물의 증식이나 발육을 억제하는 것

4) 무균(Asepsis)
미생물이 존재하지 않는 상태

❷ 소독제의 이상적인 조건

① 살균력이 강할 것
② 안정성(Stability)이 있을 것
③ 용해성(Solubility)이 높을 것
④ 침투력이 강할 것
⑤ 고등동물 조직에 대한 독성이 낮을 것
⑥ 부식성과 표백성이 없을 것
⑦ 경제적이고 사용방법이 간편할 것
⑧ 불쾌한 냄새가 없을 것

SECTION 02 소독기전

1 소독의 원리

많은 소독법과 소독약은 균체의 성분과 결합하거나 균체의 단백질 성분을 변화시켜서 균의 발육이나 번식을 막아 살아갈 수 없게 한다.

2 소독기전

1) 단백질의 변성과 응고작용

균체는 원형질로 되어 있고 원형질은 단백질의 성격을 띠고 있는데 단백질을 응고함으로써 그 기능을 상실하게 만드는 것으로 알코올과 크레졸 소독이 대표적이다.

2) 세포막 또는 세포벽의 파괴

영양물질과 노폐물의 선택적 투과 기능을 제거하고 원형질을 객출시켜 미생물체를 사멸시키는 것으로 활성산소 등의 산화작용에 의한 살균이 대표적이다.

3) 화학적 길항작용

세균의 세포 내로 침투한 화학물질은 아주 낮은 농도에서 조효소 등 특이활성 분자들의 활성을 저해하거나 완전 정지시킨다. 이들 물질들은 비교적 저분자 물질로서 미생물 체내에 들어가 급속히 사멸시키거나 세포와 특이적으로 결합하여 정지 상태를 유도한다.

4) 계면활성

계면활성제의 작용기전은 복잡하지만 일반적으로 미생물이나 효소의 표면을 농후하게 피복하여 투과성을 저해하고 다른 물질과의 접촉을 방해함으로써 대사계를 변화시키거나 세포벽의 상해를 일으킨다.

SECTION 03 소독법의 분류

1 자연적 소독법

1) 희석에 의한 소독법

어떤 감염원을 희석해 주는 행위 자체만으로도 소독의 실시와 같이 균 수를 감소시킬 수 있다.

2) 자외선에 의한 소독법

가장 강력한 살균작용이 있는 자외선의 2,800~3,200Å 정도의 파장인 도르노(Dorno) 선에 의한 살균작용에 의해 소독효과를 나타낸다.

3) 저온에 의한 소독

저온은 세균의 신진대사와 증식을 억제한다. 냉장이나 냉동법에 의해 미생물의 증식을 억제할 수 있으나 적정 온도에 노출되면 다시 증식하므로 저온에 의해 살균시키고자 할 때에는 동결과 건조법을 동시에 적용시키는 것이 확실한 살균법이 된다.

❷ 물리적 소독법

1) 건열에 의한 멸균법

(1) 건열 멸균법

건열멸균기(Dry Oven)를 이용하여 160~180℃에서 1~2시간 동안 건열하여 미생물과 아포를 완전히 사멸시키는 방법이다. 유리기구와 주사기 등을 멸균시킨다.

(2) 화염 멸균법

금속류, 도자기류 등을 불꽃 속에서 멸균하는 방법이다. 즉 불꽃 속에서 20초 이상 직접 가열시키는 방법으로 표면의 미생물 살균에 유익하다.

(3) 소각 소독법

병원미생물에 오염된 것을 태워버리는 방법으로, 모든 방법 중 가장 확실하다. 감염병 환자의 객담, 토사물, 쓰레기 등은 반드시 소각해야 한다.

2) 습열에 의한 멸균법

(1) 고압증기 멸균법

병원에서 가장 많이 이용되고 있는 멸균법으로 120℃에서 20분간 가열하여 고온의 수증기로 미생물과 아포를 멸균하는 방법이다. 주로 수술기구, 거즈 등에 이용된다.

(2) 자비소독법

완전히 멸균되지는 않지만 가장 간편한 방법으로 100℃의 끓는 물속에 소독 물품을 넣고 10분 이상 끓여서 아포를 형성하지 않는 세균을 사멸시키는 방법이다.

(3) 저온살균법

파스퇴르에 의해서 고안되었으며, 61~63℃로 30분간 살균하는 소독법으로 우유나 포도주 등의 부패 방지에 이용된다. 비교적 저온에서 실시되므로 영양성분의 파괴나 맛의 변질을 막을 수 있다는 장점이 있으나 완전한 살균법은 아니다.

3) 열을 이용하지 않는 소독법

(1) 자외선 조사법
직접 자외선에 조사되는 물질의 표면 부위에만 살균효과가 나타난다.

(2) 세균 여과법
열에 민감한 성분을 함유하는 액체(혈청, 당, 음료수 등)를 소독할 때 사용하는 방법이다.

〈표 2-7〉 소독대상에 따른 적절한 소독방법의 선택

소독방법	소독대상
자비소독법	식기, 의류, 도자기, 금속제품
저온살균법	우유, 포도주
화염(소각)멸균법	휴지, 객담, 의류, 환자의 토사물, 동물의 시체, 대소변
고압증기멸균법	의류, 기구, 고무제품
자외선 소독법	플라스틱 제품, 금속제품, 식기
세균 여과법	특수 약품, 혈청, 음료수

❸ 화학적 소독법

1) 석탄산(페놀)

(1) 사용 농도
1~5%의 수용액을 사용한다.

(2) 장점
살균력이 안정되고 단백질을 응고시키지 않으므로 객담, 토사물 등에 적합하다.

(3) 단점
냄새와 독성이 강하며, 피부점막에 자극성이 있고 금속을 부식시킨다.

(4) 소독대상물
환자의 오염의류, 가구, 용기, 실험대, 오물 및 배설물, 고무제품 등

(5) 사용방법
석탄산 3%에 물 97%를 혼합하여 10분 이상 소독하지 않도록 한다.

> **석탄산계수**
> - 다른 소독약의 살균력을 나타내는 지표로 활용
> - 석탄산 계수 = 소독약의 희석배수/석탄산의 희석배수
> - 어떤 세균을 20℃에서 10분 동안에 사멸할 수 있는 순수한 석탄산 희석배율이 90배일 때 실험하려는 소독약을 180배로 희석한 것이 같은 조건하에서 같은 살균력을 갖는다면 석탄산 계수는 2가 된다.

2) 알코올

주로 소독제로 이용되는 알코올은 에탄올(Ethanol)이며 피부에는 70%의 에탄올을 사용한다. 100% 에탄올은 탈수작용 때문에 오히려 소독력이 약하다.

(1) 장점
사용이 간편하고 독성이 거의 없다.

(2) 단점
넓은 부위의 소독에 부적당하고 아포 형성균에는 소독력이 약하다.

(3) 소독대상물
주로 주사 시 피부소독이나 손, 칼, 가위 등의 소독에 적당하다.

3) 크레졸

(1) 장점
소독력이 강해서 석탄산보다 2배 높은 살균력을 지녔다. 세균소독에 효과가 크고 유기물에도 소독효과가 약화되지 않으며, 피부 자극성도 없다.

(2) 단점
냄새가 강하다.

(3) 소독대상물
오물, 객담 등의 소독에 사용한다.

(4) 사용방법
크레졸 비누액 3%에 물 97%를 혼합하여 사용한다.

4) 승홍수(염화 제2수은, $HgCl_2$)

백색의 결정성 분말로 용해가 잘 안 되어 온수로 녹인다.

(1) 장점
여러 가지 균에 효과적이며, 소량으로도 살균력이 강하다. 냄새가 없고 값이 저렴하다.

(2) 단점
독성이 강하고 금속을 부식시킨다. 단백질을 응고시키므로 객담, 토사물, 분뇨 소독에는 적당하지 않다.

(3) 소독대상물
유리제품, 도자기 등

(4) 사용방법

승홍 0.5g에 물 500cc를 혼합하여 0.1%의 수용액으로 사용한다.

5) 과산화수소(H_2O_2)

무색 투명하여 거의 냄새가 없다.

(1) 장점

자극성이 적다.

(2) 소독대상물

구내염, 인후염, 입안 세척, 상처 등의 소독에 주로 사용된다.

(3) 사용방법

주로 2.5~3.5%의 수용액을 사용한다.

6) 계면활성제(역성비누, 양성비누)

소독용으로 역성비누와 양성비누를 사용한다.

(1) 장점

냄새와 자극이 없고, 물에 쉽게 용해되며 피부에 친화력이 있고, 세정작용이 뛰어나다.

(2) 단점

일반 비누와 혼용하면 백색 침전이 생겨 살균력이 저하되고, 유기체가 많은 곳에서는 살균력이 약하다.

(3) 소독대상물

손, 기구, 용기 등

(4) 사용방법

손은 3%의 소독액에 30초 이상 비벼 씻는다. 식기는 0.5~0.25%의 수용액에 30분 이상 담가둔다.

SECTION 04 소독인자

1 물리적 인자

1) 열

열에는 건열과 습열의 두 종류가 있는데 소독 대상물을 일정한 온도까지 높여 되도록 빨리 온도가 소독 대상물의 내부까지 침투할 수 있도록 배치해야 한다.

2) 자외선

자외선은 직접 조사되는 곳에는 강한 작용을 하지만, 그늘진 곳에서는 거의 작용하지 않으므로, 소독하고자 하는 물질을 그늘진 곳에 배치하지 않는다.

2 화학적 인자

1) 수분

소독약은 먼저 물에 젖어 있는 균체와 접촉한 다음에 균막을 통하여 균체에 용해되어 들어가 단백질을 변성시킨다.

2) 온도

소독약의 살균작용은 온도 상승과 함께 빨라지며 균체 내에 침입하여 확산되는 속도도 빨라지고 살균력도 증가된다.

3) 농도

화학약품은 농도가 중요한 역할을 한다. 소독약의 농도가 높으면 소독력이 강해지나 동시에 부작용도 심하다. 소독물질에 따라 농도를 적절하게 조절하도록 한다.

4) 시간

일정 이상의 작용시간은 필요하지만, 지나치게 오래 동안을 작용시키면 소독물질의 손상 위험이 크고 비경제적이므로 적절히 필요한 시간을 적용한다.

CHAPTER 09 미생물 총론

SECTION 01 미생물의 정의

미생물(Microorganism)이란 육안으로 볼 수 없는 0.1mm 이하의 미세한 생물체로 주로 단일세포로 몸을 이루며 생물로서 최소 생활 단위를 영위하는 생물체로 정의할 수 있다.

SECTION 02 미생물의 역사

1 미생물의 발견

1) 로버트 훅(Robert Hooke)
1665년에 복합 광학현미경을 조립하여 얇게 썬 코르크를 관찰하였으며, 세포(Cell)라는 용어를 만들었다.

2) 레벤후크(Anton Van Leeuwenhoek)
1673년에 자신이 고안한 단일렌즈 현미경으로 살아 있는 미생물을 최초로 관찰하였다.

2 파스퇴르와 코흐의 업적

1) 파스퇴르(Louis Pasteur)
저온멸균법, 고압증기멸균법 등을 발견하였고 탄저병 예방법, 광견병 백신 등을 개발하였다.

2) 코흐(Robert Koch)
병원균설을 확립하였고, 결핵균과 콜레라균을 발견하였다.

미생물의 분류

1 비병원성 미생물

인체 내에서 병원성이 전혀 없는 미생물로 유산균, 효모, 곰팡이류가 이에 해당한다.

2 병원성 미생물

인체 속에 들어가 병적 반응을 일으키는 것으로 포도상구균, 폐렴구균, 결핵균 등의 세균과 광견병, 인플루엔자, 뇌염 등의 원인이 되는 바이러스 그리고 리케차, 진균 등이 있다.

3 유용 미생물

술, 간장, 된장, 기타 발효식품 등을 만드는 데 이용되는 미생물로 효모, 유산균 등의 발효균을 말하는 것이다.

미생물의 증식

1 미생물의 증식환경

미생물은 적당한 환경과 충분한 영양이 주어지면 분열에 의해 증식한다.

2 미생물의 증식에 영향을 주는 요인

1) 수분

세균의 80~90%를 구성하고 있는 것이 수분이며, 대부분의 미생물은 건조한 상태에서는 증식할 수 없다. 특히 건조한 상태에 민감한 세균으로는 임질균과 수막염균이 있다.

2) 영양원

대부분의 병원성 세균은 화학 영양성과 기생 영양성이 있으며, 화학 영양성은 화학반응 에너지를 이용하는 세균이며, 기생 영양성 세균은 자체 에너지 생산능력이 없어 숙주세포의 에너지를 이용하는 세균이다.

3) 온도

최적 발육온도는 균종에 따라 다르고 그 온도에 따라 저온균(16~20℃), 중온균(30~40℃), 고온균(50~65℃)으로 나눈다. 병원성 미생물의 최적 발육온도는 인간 체온과 유사한 약 37℃이다.

4) 산소

(1) 호기성 균

생장을 위하여 반드시 산소를 필요로 하는 세균이다. 결핵균, 진균, 디프테리아균, 백일해균 등이 있다.

(2) 혐기성 균

산소가 없어도 생장할 수 있는 세균이다. 파상풍균, 보툴리누스균 등이 있다.

(3) 통성호기성 균

산소의 존재 유무에 관계없이 증식하는 세균이다. 대장균, 살모넬라균, 포도상구균 등이 있다.

5) 수소이온농도(pH)

생활환경의 수소이온농도가 미생물의 발육이나 증식에 커다란 영향을 미친다. 대부분의 병원성 세균들은 pH 5 이하의 산성과 pH 8.5 이상의 알칼리성에서 파괴되며 pH 6~8 정도의 중성에서 최고의 발육이나 증식을 보인다.

CHAPTER 10 병원성 미생물

SECTION 01 병원성 미생물의 분류

1 세균(Bacteria)

1) 병원체 박테리아의 형태

병원체 박테리아는 구균(Cocci), 간균(Bacilli), 나선균(Spirillum)으로 나뉜다.

(1) 구균

둥근 형태의 박테리아로 단독 또는 집단을 이루며 서식하며, 고름을 생성하는 것이 특징이다. 포도상구균, 연쇄상구균, 임균 등이 있다.

(2) 간균

세균 형태가 막대 모양으로 가늘고 짧은 형태이며, 결핵이나 파상풍, 장티푸스 등이 있다.

(3) 나선균

S자 모양의 곡선이나 나선형태의 모양을 하고 있는 균으로서 몇 개의 집단을 이루기도 한다. 콜레라균이 해당한다.

2) 박테리아의 성장과 번식

박테리아는 따뜻하고 어둡고 습기가 많은 곳에서 서식하고, 성장하며, 번식한다. 메이크업 종사자의 테이블과 서랍 속에서 위생처리가 되지 않은 소도구는 박테리아가 번식하기에 가장 좋은 곳이 되기도 한다.

2 바이러스(Virus)

바이러스는 살아 있는 세포 안에서만 생존하고 증식하며, 때로는 세포를 파괴시키면서 다른 세포로 확산된다. 바이러스는 가장 미세한 감염성 박테리아보다 몇 배나 작은 20~300㎛ 크기의 병원체이기 때문에 전자현미경으로만 볼 수 있으며, 세균 여과기의 필터를 통과해 버리는 여과성 입자이다. 간염, 수두, 홍역, 유행성이하선염 등의 질병을 유발시킨다.

3 리케차

보통 세균보다 작으며 살아 있는 세균 안에서만 증식하며 발진티푸스, 발진열, 양충병 등의 질환을 일으킨다.

4 클라미디아

진핵생물의 세포 내에서만 증식하는 세포 내 기생체로 그람음성균이다. 감염되어도 강한 면역은 형성되지 않으며 지속감염, 재감염이 일어난다. 클라미디아 트라코마(Trachoma)는 사람의 눈이나 생식기 점막에 국소 감염을 일으킨 후 다른 사람에게 전파된다. 트라코마의 결막 감염, 비임균성 요도염, 앵무병 등을 일으킨다.

5 진균

곰팡이라고도 하며 대부분 비병원성으로 자연계에 널리 분포한다. 피부 사상균, 칸디다를 일으킨다.

SECTION 02 병원성 미생물의 특성

1 병원성 미생물의 특성

① 세균, 바이러스 등을 일컫는 말로 인간 등에게 각종 질병을 옮길 수 있는 미생물을 뜻한다.
② 병의 원인이 되는 세균(병원세균)과 균류(병원균류)를 총칭하는 말로, 병원성 미생물을 총칭하는 경우에는 병원체라고 하기도 한다.
③ 병은 분명한 감염증 외에 세균이나 균류에 의해서 종양이 형성되는 것도 포함된다.

2 병원성 미생물로 인해 질병에 걸리는 과정

우선 병원체가 우리 몸 안에 침입하면 백혈구가 식균 작용을 시작하고 그동안 우리 몸은 병원체를 인식하여 그에 맞는 항체를 생성한다. 식균 작용으로 어느 정도의 병원체를 없애기는 하지만 전부를 없애지 못하기 때문에 생성된 항체가 병원체와 반응하여 병원체를 없애는 것이다. 이 반응이 제대로 일어나지 못하면 우리는 질병에 걸리게 된다.

CHAPTER 11 소독방법

SECTION 01 소독 도구 및 기기

① 고압증기 멸균기(Autoclave)

1) 원리

온도 121℃, 15파운드의 증기압력, 15~20분간 가열된 수증기로 멸균하는 방법이다.

2) 멸균대상물

금속제품이나 면제품을 멸균하는 데 이용되며, 열에 약한 제품은 사용할 수 없고 때로는 금속 기구를 부식시킬 수 있다.

② 건열 멸균기

1) 원리

온도 160℃에서 120분 또는 170℃에서 60분간 멸균하는 방법이다. 장점은 멸균 전에 기구를 완전히 건조시키면 녹이 슬지 않는 것이나, 시간이 많이 소요되는 것이 단점이다.

2) 멸균대상물

금속이나 유리용기 등을 멸균한다.

③ 자외선 소독기

1) 원리

자외선에서의 살균력이 가장 강한 2,600~2,800Å의 파장을 이용하여 소독하는 방법이다. 직접 자외선에 조사되는 물체의 표면 부위에만 살균 효과가 나타나므로 물체를 뒤집어주거나 위치를 바꾸어 전체 면이 고루 자외선의 조사를 받도록 해야 하는 단점이 있다.

2) 소독대상물

메이크업 도구나 해면 등을 소독한다.

SECTION 02 소독 시 유의사항

1 소독 시 주의사항

① 소독할 물건의 성질에 유의하여 적당한 소독약과 소독법을 선택해야 한다.
② 소독할 대상물이 열, 광선, 소독약 등에 충분히 접촉되어야 한다.
③ 열, 광선, 소독약 등이 충분히 작용할 수 있도록 작용시간을 주어야 한다.
④ 화학적 소독의 경우에는 반드시 정확한 사용농도를 지켜야 한다.
⑤ 소독방법에 따라 적절한 온도와 압력을 유지해 주어야 한다.
⑥ 소독약은 사용할 때마다 새로 만들어서 쓴다.
⑦ 약품에 따라 밀폐시켜 냉암소에서 보관하도록 한다.

SECTION 03 대상별 살균력 평가

1 석탄산 계수(Phenol Coefficient)

1) 살균력의 상대적 표시법
석탄산의 안정된 살균력을 표준으로 하고, 그것에 비해서 몇 배의 살균력을 갖는가를 나타내는 계수이다. 다른 소독약의 살균력을 나타내는 지표로 활용한다.

2) 석탄산 계수 산정 공식

> 석탄산 계수 공식 = 소독약의 희석배수/석탄산의 희석배수

어떤 세균을 20℃에서 10분 동안에 사멸할 수 있는 순수한 석탄산 희석배율이 90배일 때 실험하려는 소독약을 180배로 희석한 것이 같은 조건하에서 같은 살균력을 갖는다면 석탄산 계수는 2가 된다.

2 최소발육 저지농도(MIC ; Minimum Inhibitory Concentration)

1) 최소발육 저지농도의 목적
소독약품의 미생물에 대한 발육억제력을 비교하는 목적으로 이용된다.

2) 방법

디스크 확산법과 시험관 희석법이 있는데 일반적으로는 시험관 희석법이 이용된다. 시험관 희석법은 우선 피검약품을 적당하게 배수 희석시킨 것을 포함한 배지의 계열을 만들고 여기에 일정량의 시험균을 접종하여 일정한 조건에서 일정한 시간 동안 배양시킨 다음 약품에 의한 균의 발육 저지 정도를 배지의 혼탁 정도로 알 수 있다.

CHAPTER 12 분야별 위생 · 소독

SECTION 01 실내 환경의 위생 · 소독

❶ 메이크업실의 위생

메이크업실 내부의 시설, 설비, 기기, 기구 등에 대한 위생 점검을 정기적으로 실시한다.

1) 관리실 바닥
바닥에 떨어진 화장품이나 팩 재료는 즉시 닦아 내어 세균의 발생원이 되지 않도록 한다.

2) 베드 및 메이크업 의자
베드 위의 머리카락을 제거하고 땀과 화장품으로 인한 악취 발생과 세균 번식을 억제하기 위해 깨끗이 닦고, 알코올로 다시 닦아준다.

3) 화장실 및 하수구
분변에는 생석회를 수용액으로 만들어 사용하거나 습한 장소에 생석회 가루를 직접 뿌려서 소독하고, 변기 및 화장실 내부는 석탄산수, 크레졸수 등을 사용한다.

SECTION 02 도구 및 기기 위생 · 소독

❶ 자외선 소독기
자주 중성세제 등을 이용하여 깨끗이 닦아 청결을 유지하도록 한다.

❷ 타월
스팀타월은 증기살균기를 이용해 물을 끓이면서 증기로 소독해야 하는데 100℃의 증기에 20분 이상 쐬도록 한다. 사용 뒤에는 반드시 세척제나 비누로 잘 빨아서 꼭 짠 다음 증기통에 넣는다.

건성 타월은 세탁 후 직사광선에 일광소독을 하고, 사용 뒤에는 스팀 타월과 같이 세탁한다. 50ppm의 염소수와 세척제를 가한 용액에 담았다가 한꺼번에 세탁하면 용이하다.

3 소모품

로션이나 크림 등을 떠서 쓰기 위하여 사용하는 도구는 항상 새것을 쓰도록 한다. 이것은 특히 메이크업을 할 때 문제가 된다. 아이섀도, 라이너, 립스틱, 파우더 등은 조금 긁어서 파레트에 넣고 쓰도록 한다. 1회용 스펀지나 1회용 붓으로 파레트로부터 메이크업 용품을 찍어 쓴다.

4 작업 공간

70%의 알코올로 자주 닦아주고 하루 일과 후에 물과 세제로 깨끗이 세척한다. 의자와 다른 모든 도구나 기기들도 하루 일과 후 같은 방법으로 세척한다.

SECTION 03 이·미용업 종사자 및 고객의 위생관리

1 이·미용업 종사자의 위생관리

1) 업소 위생관리
① 필요할 때는 1회용 도구나 기구를 사용한다.
② 고객의 사용과 관리를 위하여 매우 많은 양질의 타월이 공급되어야 한다. 고객이 사용한 후에는 타월을 삶아야 하며 의자 커버를 보호하기 위하여 1회용 종이를 사용하도록 한다.
③ 휴지통을 가까운 곳에 놔두고 자주 비운다.
④ 소모품들은 사용날짜를 기록해 둔다.
⑤ 화장실 용품들은 하루에 한 번씩 소독하고 화장실이 환기가 잘 되도록 해준다.

2) 개인 위생관리
① 하루에 한 번씩은 샤워를 하여 청결을 유지하도록 한다.
② 속옷은 매일 갈아입고 비눗물로 씻어주도록 한다. 왜냐하면 몸에서 나는 냄새를 모두 제거해야 하기 때문이다.
③ 머리카락은 청결히 묶는다.

④ 치아를 깨끗이 유지한다. 음식을 먹은 후에는 입안을 깨끗이 하고 흡연이나 매운 음식은 되도록 삼간다.
⑤ 손은 특히 관심을 기울여야 한다. 관리 전후, 화장실 사용 전후에 항상 비누를 사용하여 손을 씻는다. 손의 피부와 상태를 좋게 하기 위하여 양질의 핸드크림을 바르고, 소독제 등을 다룰 때는 항상 고무장갑을 낀다.

2 고객의 위생관리

① 감염은 음식이나 음료를 통하여 입으로 전달될 수 있기에 메이크업실에는 음식이나 음료를 놔두어서는 안 된다.
② 점 빼기·귓불 뚫기·쌍꺼풀 수술·문신 그 밖에 이와 유사한 의료 행위를 받아서는 안 된다.

CHAPTER 13 공중위생관리법의 목적 및 정의

SECTION 01 목적 및 정의(공중위생관리법 : 일부개정 2016. 02.03 법률 제13983호)

1 공중위생관리법의 목적

공중이 이용하는 영업과 시설의 위생관리 등에 관한 사항을 규정함으로써 위생수준을 향상시켜 국민의 건강 증진에 기여함을 목적으로 한다.

2 공중위생관리법상 용어 정의

1) 공중위생영업

다수인을 대상으로 위생관리서비스를 제공하는 영업으로서 숙박업 · 목욕장업 · 이용업 · 미용업 · 세탁업 · 위생관리용역업을 말한다.

2) 이용업

손님의 머리카락 또는 수염을 깎거나 다듬는 등의 방법으로 손님의 용모를 단정하게 하는 영업을 말한다.

3) 미용업

손님의 얼굴 · 머리 · 피부 등을 손질하여 손님의 외모를 아름답게 꾸미는 영업을 말한다.

4) 공중이용시설

다수인이 이용함으로써 이용자의 건강 및 공중위생에 영향을 미칠 수 있는 건축물 또는 시설로 대통령령이 정하는 것을 말한다.

CHAPTER 14 영업의 신고 및 폐업

SECTION 01 영업의 신고 및 폐업신고

❶ 영업의 신고

공중위생영업을 하고자 하는 자는 공중위생영업의 종류별로 보건복지부령이 정하는 시설 및 설비를 갖추고 시장·군수·구청장에게 신고하여야 한다. 보건복지부령이 정하는 중요사항을 변경하고자 하는 때에도 또한 같다.

❷ 폐업 신고

공중위생영업의 신고를 한 자는 공중위생영업을 폐업한 날부터 20일 이내에 시장·군수·구청장에게 신고하여야 한다.

SECTION 02 영업의 승계

❶ 공중위생영업자의 지위 승계

① 공중위생영업자가 그 공중위생영업을 양도하거나 사망한 때 또는 법인의 합병이 있는 때에는 그 양수인·상속인 또는 합병 후 존속하는 법인이나 합병에 의하여 설립되는 법인은 그 공중위생영업자의 지위를 승계한다.
② 이용업 또는 미용업의 경우에는 면허를 소지한 자에 한하여 공중위생 영업자의 지위를 승계할 수 있다.

❷ 공중위생영업자의 지위를 승계한 자의 신고

공중위생영업자의 지위를 승계한 자는 1월 이내에 보건복지부령이 정하는 바에 따라 시장·군수·구청장에게 신고하여야 한다.

CHAPTER 15 영업자 준수사항

SECTION 01 위생관리

1 공중위생영업자의 위생관리의무

① 공중위생영업자는 그 이용자에게 건강상 위해요인이 발생하지 아니하도록 영업 관련 시설 및 설비를 위생적이고 안전하게 관리하여야 한다.
② 미용업을 하는 자는 다음의 사항을 지켜야 한다.
　㉠ 의료기구와 의약품을 사용하지 아니하는 순수한 화장 또는 피부미용을 할 것
　㉡ 미용기구는 소독을 한 기구와 소독을 하지 아니한 기구로 분리하여 보관하고, 면도기는 1회용 면도날만을 손님 1인에 한하여 사용할 것. 이 경우 미용기구의 소독기준 및 방법은 보건복지부령으로 정한다.
　㉢ 미용사면허증을 영업소 안에 게시할 것

2 공중이용시설의 위생관리

공중이용시설의 소유자·점유자 또는 관리자는 시설이용자의 건강에 해가 없도록 다음 사항을 지켜야 한다.
① 실내공기는 보건복지부령이 정하는 위생관리기준에 적합하도록 유지할 것
② 영업소·화장실 기타 공중이용시설 안에서 시설이용자의 건강을 해할 우려가 있는 오염 물질이 발생되지 아니하도록 할 것. 이 경우 오염 물질의 종류와 오염허용기준은 보건복지부령으로 정한다.

CHAPTER 16 이·미용사의 면허

SECTION 01 면허 발급 및 취소

1 이용사 및 미용사의 면허

1) 면허 발급
이용사 또는 미용사가 되고자 하는 자는 보건복지부령이 정하는 바에 의하여 시장·군수·구청장의 면허를 받아야 한다.

2) 미용사 면허를 받을 수 있는 경우
① 전문대학 또는 이와 동등 이상의 학력이 있다고 교육부 장관이 인정하는 학교에서 이용 또는 미용에 관한 학과를 졸업한 자
②「학점인정 등에 관한 법률」에 따라 대학 또는 전문대학을 졸업한 자와 동등 이상의 학력이 있는 것으로 인정되어 이용 또는 미용에 관한 학위를 취득한 자
③ 고등학교 또는 이와 동등의 학력이 있다고 교육부장관이 인정하는 학교에서 이용 또는 미용에 관한 학과를 졸업한 자
④ 교육부장관이 인정하는 고등기술학교에서 1년 이상 이용 또는 미용에 관한 소정의 과정을 이수한 자
⑤ 국가기술자격법에 의한 이용사 또는 미용사의 자격을 취득한 자

3) 이용사 또는 미용사 면허를 받을 수 없는 경우
① 금치산자
②「정신보건법」에 따른 정신질환자. 다만, 전문의가 이용사 또는 미용사로 적합하다고 인정하는 사람은 그러하지 아니한다.
③ 공중의 위생에 영향을 미칠 수 있는 감염병환자로서 보건복지부령이 정하는 자
④ 마약 기타 대통령령으로 정하는 약물 중독자
⑤ 면허가 취소된 후 1년이 경과되지 아니한 자

2 이용사 및 미용사의 면허취소 등

1) 면허의 취소 및 정지
시장·군수·구청장은 이용사 또는 미용사가 다음에 해당하는 때에는 그 면허를 취소하거나 6월 이내의 기간을 정하여 그 면허의 정지를 명할 수 있다.

(1) 면허취소
① 금치산자
② 마약 기타 대통령령으로 정하는 약물중독자

(2) 면허정지(6월 이내의 기간을 정하여)
① 공중위생관리법 또는 이 법의 규정에 의한 명령에 위반한 때
② 면허증을 다른 사람에게 대여한 때

2) 면허취소·정지처분의 세부적인 기준
그 처분의 사유와 위반의 정도 등을 감안하여 보건복지부령으로 정한다.

SECTION 02 면허 수수료

규정에 따른 수수료는 지방자치단체의 수입 증지 또는 정보통신망을 이용한 전자화폐·전자결제 등의 방법으로 시장·군수·구청장에게 납부하여야 한다. 수수료는 신규 5,500원, 재교부 3,000원이다.

CHAPTER 17 이 · 미용사의 업무

SECTION 01 이 · 미용사의 업무

1 이 · 미용사의 업무 범위

① 이용사 또는 미용사의 면허를 받은 자가 아니면 미용업을 개설하거나 그 업무에 종사할 수 없다. 다만, 미용사의 감독을 받아 미용 업무의 보조를 행하는 경우에는 그러하지 아니하다.
② 이용 및 미용의 업무는 영업소 외의 장소에서 행할 수 없다. 다만, 보건복지부령이 정하는 특별한 사유가 있는 경우에는 그러하지 아니하다.
③ 이용사 및 미용사의 업무 범위에 관하여 필요한 사항은 보건복지부령으로 정한다.

2 이 · 미용사의 업무 범위 구분

① 이용사의 업무 범위 : 이발, 아이론, 면도, 머리피부 손질, 머리카락 염색 및 머리감기
② 「공중위생관리법」 제6조 제1항 제1호부터 제3호까지에 해당하는 자와 2007년 12월 31일 이전에 미용사 자격을 취득한 자로서 미용사 면허를 받은 자 : 영업에 해당하는 모든 업무
③ 2008년 1월 1일 이후부터 2015년 4월 16일까지 미용사 일반 자격을 취득한 자로서 미용사 면허를 받은 자 : 파마 · 머리카락 자르기 · 머리카락 모양내기 · 머리피부 손질 · 머리카락 염색 · 머리감기, 의료기기나 의약품을 사용하지 아니하는 눈썹 손질, 얼굴의 손질 및 화장, 손톱과 발톱의 손질 및 화장
④ 미용사 피부 자격을 취득한 자로서 미용사 면허를 받은 자 : 의료 기기나 의약품을 사용하지 아니하는 피부상태 분석 · 피부 관리 · 제모 · 눈썹 손질
⑤ 미용사 네일 자격을 취득한 자로서 미용사 면허를 받은 자 : 손톱과 발톱의 손질 및 화장

CHAPTER 18 행정지도 감독

SECTION 01 영업소 출입검사

1 영업소 출입검사

① 특별시장·광역시장·도지사 또는 시장·군수·구청장은 공중위생 관리상 필요하다고 인정하는 때에는 공중위생영업자 및 공중이용 시설의 소유자 등에 대하여 필요한 보고를 하게 하거나 소속 공무원으로 하여금 영업소·사무소·공중이용시설 등에 출입하여 공중위생 영업자의 위생관리의무이행 및 공중이용시설의 위생관리실태 등에 대하여 검사하게 하거나 필요에 따라 공중위생영업장부나 서류를 열람하게 할 수 있다.
② 관계공무원은 그 권한을 표시하는 증표를 지녀야 하며, 관계인에게 이를 내보여야 한다.

SECTION 02 영업 제한

1 영업의 제한

시·도지사는 공익상 또는 선량한 풍속을 유지하기 위하여 필요하다고 인정하는 때에는 공중위생영업자 및 종사원에 대하여 영업시간 및 영업 행위에 관한 필요한 제한을 할 수 있다.

SECTION 03 영업소 폐쇄

1 영업소의 폐쇄

① 시장·군수·구청장은 공중위생영업자가 법에 의한 명령에 위반하거나 또는 「성매매알선 등 행위의 처벌에 관한 법률」·「풍속영업의 규제에 관한 법률」·「청소년보호법」·「의료법」에 위반하여 관계행정기관의 장의 요청이 있는 때에는 6월 이내의 기간을 정하여 영업의

정지 또는 일부 시설의 사용중지를 명하거나 영업소 폐쇄 등을 명할 수 있다.
② 영업의 정지, 일부 시설의 사용중지와 영업소 폐쇄명령 등의 세부적인 기준은 보건복지부령으로 정한다.
③ 시장·군수·구청장은 공중위생영업자가 영업소 폐쇄명령을 받고도 계속하여 영업을 하는 때에는 관계공무원으로 하여금 당해 영업소를 폐쇄하기 위하여 다음과 같은 조치를 하게 할 수 있다.
　㉠ 당해 영업소의 간판 기타 영업표지물의 제거
　㉡ 당해 영업소가 위반한 영업소임을 알리는 게시물 등의 부착
　㉢ 영업을 위하여 필수불가결한 기구 또는 시설물을 사용할 수 없게 하는 봉인
④ 시장·군수·구청장은 봉인을 계속할 필요가 없다고 인정되는 때와 영업자 등이나 그 대리인이 당해 영업소를 폐쇄할 것을 약속하는 때 및 정당한 사유를 들어 봉인의 해제를 요청하는 때에는 그 봉인을 해제할 수 있다.

SECTION 04 공중위생 감시원

1 공중위생감시원 규정

① 관계공무원의 업무를 행하게 하기 위하여 특별시·광역시·도 및 시·군·구에 공중위생감시원을 둔다.
② 공중위생감시원의 자격·임명·업무범위 기타 필요한 사항은 대통령령으로 정한다.

2 공중위생감시원의 자격 및 임명

① 특별시장·광역시장·도지사 또는 시장·군수·구청장은 소속 공무원 중에서 공중위생감시원을 임명한다.
　㉠ 위생사 또는 환경기사 2급 이상의 자격증이 있는 자
　㉡ 대학에서 화학·화공학·환경공학 또는 위생학 분야를 전공하고 졸업한 자 또는 이와 동등 이상의 자격이 있는 자
　㉢ 외국에서 위생사 또는 환경기사의 면허를 받은 자
　㉣ 3년 이상 공중위생 행정에 종사한 경력이 있는 자
② 시·도지사 또는 시장·군수·구청장은 위에 해당하는 자만으로는 공중위생 감시원의 인력확보가 곤란하다고 인정되는 때에는 공중위생 행정에 종사하는 자 중 공중위생 감시에 관한 교육훈련을 2주 이상 받은 자를 공중위생 행정에 종사하는 기간 동안 공중위생감시원으로 임명할 수 있다.

3 공중위생감시원의 업무 범위

① 시설 및 설비의 확인
② 공중위생영업 관련 시설 및 설비의 위생상태 확인·검사, 공중위생영업자의 위생관리의무 및 영업자준수사항 이행여부의 확인
③ 공중이용시설의 위생관리상태의 확인·검사
④ 위생지도 및 개선명령 이행여부의 확인
⑤ 공중위생영업소의 영업의 정지, 일부 시설의 사용중지 또는 영업소 폐쇄명령 이행여부의 확인
⑥ 위생교육 이행여부의 확인

CHAPTER 19 업소 위생등급

SECTION 01 위생평가

1 위생서비스수준의 평가

① 시·도지사는 공중위생영업소의 위생관리수준을 향상시키기 위하여 위생서비스평가계획을 수립하여 시장·군수·구청장에게 통보하여야 한다.
② 시장·군수·구청장은 위생서비스평가계획에 따라 관할지역별 세부평가계획을 수립한 후 공중위생영업소의 위생서비스수준을 평가하여야 한다.
③ 시장·군수·구청장은 위생서비스평가의 전문성을 높이기 위하여 필요하다고 인정하는 경우에는 관련 전문기관 및 단체로 하여금 위생서비스평가를 실시하게 할 수 있다.
④ 위생서비스평가의 주기·방법, 위생관리등급의 기준 기타 평가에 관하여 필요한 사항은 보건복지부령으로 정한다.

SECTION 02 위생등급

1 위생관리등급 공표

① 시장·군수·구청장은 보건복지부령이 정하는 바에 의하여 위생서비스평가의 결과에 따른 위생관리등급을 해당공중위생영업자에게 통보하고 이를 공표하여야 한다.
② 공중위생영업자는 시장·군수·구청장으로부터 통보받은 위생관리등급의 표지를 영업소의 명칭과 함께 영업소의 출입구에 부착할 수 있다.
③ 시·도지사 또는 시장·군수·구청장은 위생서비스평가의 결과 위생서비스의 수준이 우수하다고 인정되는 영업소에 대하여 포상을 실시할 수 있다.
④ 시·도지사 또는 시장·군수·구청장은 위생서비스평가의 결과에 따른 위생관리등급별로 영업소에 대한 위생 감시를 실시하여야 한다. 이 경우 영업소에 대한 출입·검사와 위생 감시의 실시주기 및 횟수 등 위생관리등급별 위생감시기준은 보건복지부령으로 정한다.

2 위생관리등급의 구분

① 최우수업소 : 녹색등급
② 우수업소 : 황색등급
③ 일반관리대상 업소 : 백색등급

3 위생관리등급의 통보 및 공표절차

① 시장·군수·구청장은 별지 제14호 서식의 위생관리등급표를 해당 공중위생영업자에게 송부하여야 한다.
② 시장·군수·구청장은 공중위생영업소별 위생관리등급을 당해 기관의 게시판에 게시하는 등의 방법으로 공표하여야 한다.

CHAPTER 20 보수교육

SECTION 01 영업자 위생교육

1 위생교육 규정

① 공중위생영업자는 매년 위생교육을 받아야 한다.
② 신고를 하고자 하는 자는 미리 위생교육을 받아야 한다. 다만, 부득이한 사유로 미리 교육을 받을 수 없는 경우에는 영업 개시 후 보건복지부령이 정하는 기간 안에 위생교육을 받을 수 있다.
③ 위생교육을 받아야 하는 자 중 영업에 직접 종사하지 아니하거나 2 이상의 장소에서 영업을 하는 자는 종업원 중 영업장별로 공중위생에 관한 책임자를 지정하고 그 책임자로 하여금 위생교육을 받게 하여야 한다.
④ 위생교육은 보건복지부장관이 허가한 단체가 실시할 수 있다.
⑤ 위생교육의 방법·절차 등에 관하여 필요한 사항은 보건복지부령으로 정한다.

2 위생교육

① 위생교육은 3시간으로 한다.
② 위생교육의 내용은 「공중위생관리법」 및 관련 법규, 소양교육(친절 및 청결에 관한 사항을 포함한다.), 기술교육, 그 밖에 공중위생에 관하여 필요한 내용으로 한다.
③ 위생교육 대상자 중 보건복지부장관이 고시하는 도서·벽지지역에서 영업을 하고 있거나 하려는 자에 대하여는 교육교재를 배부하여 이를 익히고 활용하도록 함으로써 교육에 갈음할 수 있다.
④ 영업신고 전에 위생교육을 받아야 하는 자 중 다음 어느 하나에 해당하는 자는 영업신고를 한 후 6개월 이내에 위생교육을 받을 수 있다.
　㉠ 천재지변, 본인의 질병·사고, 업무상 국외출장 등의 사유로 교육을 받을 수 없는 경우
　㉡ 교육을 실시하는 단체의 사정 등으로 미리 교육을 받기 불가능한 경우
⑤ 위생교육을 받은 자가 위생교육을 받은 날부터 2년 이내에 위생교육을 받은 업종과 같은 업종의 영업을 하려는 경우에는 해당 영업에 대한 위생교육을 받은 것으로 본다.

SECTION 위생교육기관

1 위생교육기관

① 위생교육을 실시하는 단체는 보건복지부장관이 고시한다.
② 위생교육 실시단체는 교육교재를 편찬하여 교육대상자에게 제공하여야 한다.
③ 위생교육 실시단체의 장은 위생교육을 수료한 자에게 수료증을 교부하고, 교육실시 결과를 교육 후 1개월 이내에 시장·군수·구청장에게 통보하여야 하며, 수료증 교부대장 등 교육에 관한 기록을 2년 이상 보관·관리하여야 한다.
④ 위생교육에 관하여 필요한 세부사항은 보건복지부장관이 정한다.

CHAPTER 21 벌칙

SECTION 01 위반자에 대한 벌칙, 과징금

1 벌칙

1) 1년 이하의 징역 또는 1천만 원 이하의 벌금
① 공중위생영업의 규정에 의한 신고를 하지 아니한 자
② 영업정지명령 또는 일부 시설의 사용중지명령을 받고도 그 기간 중에 영업을 하거나 그 시설을 사용한 자 또는 영업소 폐쇄명령을 받고도 계속하여 영업을 한 자

2) 6월 이하의 징역 또는 500만 원 이하의 벌금
① 공중위생영업의 변경신고를 하지 아니한 자
② 공중위생영업자의 지위를 승계한 자로서 신고를 하지 아니한 자
③ 건전한 영업질서를 위하여 공중위생영업자가 준수하여야 할 사항을 준수하지 아니한 자

3) 300만 원 이하의 벌금
① 위생관리기준 또는 오염허용기준을 지키지 아니한 자로서 개선 명령에 따르지 아니한 자
② 면허가 취소된 후 계속하여 업무를 행한 자 또는 면허정지기간 중에 업무를 행한 자, 면허를 받지 아니하고 이용 또는 미용의 업무를 행한 자

2 과징금

① 시장·군수·구청장은 영업정지가 이용자에게 심한 불편을 주거나 그 밖에 공익을 해할 우려가 있는 경우에는 영업정지 처분에 갈음하여 3천만 원 이하의 과징금을 부과할 수 있다. 다만, 풍속영업의 규제에 관한 법률 또는 이에 상응하는 위반행위로 인하여 처분을 받게 되는 경우를 제외한다.
② 과징금을 부과하는 위반행위의 종별·정도 등에 따른 과징금의 금액 등에 관하여 필요한 사항은 대통령령으로 정한다.
③ 시장·군수·구청장은 과징금을 납부하여야 할 자가 납부기한까지 이를 납부하지 아니한 경우에는 「지방세외수입금의 징수 등에 관한 법률」에 따라 징수한다.
④ 시장·군수·구청장이 부과·징수한 과징금은 당해 시·군·구에 귀속된다.

SECTION 02 과태료, 양벌규정

1 과태료

1) 300만 원 이하의 과태료
① 폐업신고를 하지 아니한 자
② 규정에 의한 보고를 하지 아니하거나 관계공무원의 출입·검사 기타 조치를 거부·방해 또는 기피한 자
③ 공중위생영업자나 공중이용시설의 소유자 등이 위생관리의무 개선 명령에 위반한 자

2) 200만 원 이하의 과태료
(1) 미용업소의 위생관리 의무를 지키지 아니한 자
   ① 의료기구와 의약품을 사용하지 아니하는 순수한 피부미용을 할 것
   ② 미용기구는 소독을 한 기구와 소독을 하지 아니한 기구로 분리하여 보관하고, 면도기는 1회용 면도날을 손님 1인에 한하여 사용할 것
   ③ 영업소 안에 미용사 면허증을 게시할 것
(2) 영업소 외의 장소에서 이용 또는 미용업무를 행한 자
(3) 공중위생영업소를 개설한 자 중 위생교육을 받지 아니한 자

2 과태료의 부과·징수절차

① 과태료는 대통령령이 정하는 바에 의하여 시장·군수·구청장이 부과·징수한다.
② 과태료처분에 불복이 있는 자는 그 처분의 고지를 받은 날부터 30일 이내에 시장·군수·구청장에게 이의를 제기할 수 있다.
③ 과태료처분을 받은 자가 이의를 제기한 때에는 처분권자는 지체 없이 관할법원에 그 사실을 통보하여야 하며, 그 통보를 받은 관할법원은 비송사건절차법에 의한 과태료의 재판을 한다.
④ 기간 내에 이의를 제기하지 아니하고 과태료를 납부하지 아니한 때에는 지방세체납처분의 예에 의하여 이를 징수한다.

3 양벌규정

법인의 대표자나 법인 또는 개인의 대리인, 사용인, 그 밖의 종업원이 그 법인 또는 개인의 업무에 관하여 벌칙에 해당하는 위반행위를 하면 그 행위자를 벌하는 외에 그 법인 또는 개인에게도 해당 조문의 벌금형을 과(科)한다. 다만, 법인 또는 개인이 그 위반행위를 방지하기 위하여 해당 업무에 관하여 상당한 주의와 감독을 게을리하지 아니한 경우에는 그러하지 아니하다.

SECTION 03 행정처분

위반사항	관련법규	행정처분기준			
		1차 위반	2차 위반	3차 위반	4차 위반
1. 미용사의 면허에 관한 규정을 위반한 때					
가. 국가기술자격법에 따라 미용사 자격이 취소된 때	법 제7조 제1항	면허취소			
나. 국가기술자격법에 따라 미용사 자격정지 처분을 받은 때		면허정지	(국가기술자격법에 의한 자격 정지처분기간에 한한다.)		
다. 법 제6조 제2항 제1호 내지 제4호의 결격사유에 해당한 때		면허취소			
라. 이중으로 면허를 취득한 때		면허취소	(나중에 발급받은 면허를 말한다.)		
마. 면허증을 다른 사람에게 대여한 때		면허정지 3월	면허정지 6월	면허취소	
바. 면허정지처분을 받고 그 정지 기간 중 업무를 행한 때		면허취소			
2. 법 또는 법에 의한 명령에 위반한 때	법 제11조 제1항				
가. 시설 및 설비기준을 위반한 때	법 제3조 제1항	개선명령	영업정지 15일	영업정지 1월	영업장 폐쇄명령
나. 신고를 하지 아니하고 영업소의 명칭 및 상호 또는 영업장 면적 3분의 1 이상을 변경한 때	법 제3조 제1항	경고 또는 개선명령	영업정지 15일	영업정지 1월	영업장 폐쇄명령
다. 신고를 하지 아니하고 영업소의 소재지를 변경한 때	법 제3조 제1항	영업장 폐쇄명령			
라. 영업자의 지위를 승계한 후 1월 이내에 신고하지 아니한 때	법 제3조의2 제4항	개선명령	영업정지 10일	영업정지 1월	영업장 폐쇄명령
마. 소독을 한 기구와 소독을 하지 아니한 기구를 각각 다른 용기에 넣어 보관하지 아니하거나 1회용 면도날을 2인 이상의 손님에게 사용한 때	법 제4조 제4항	경고	영업정지 5일	영업정지 10일	영업장 폐쇄명령
바. 피부미용을 위하여 약사법에 따른 의약품 또는 의료기기법에 따른 의료기기를 사용한 때	법 제4조 제7항	영업정지 2월	영업정지 3월	영업장 폐쇄명령	
사. 공중위생영업자의 위생 관리의무 등을 위반한 때					
(1) 점빼기·귓불 뚫기·쌍꺼풀 수술·문신·박피술 그 밖에 이와 유사한 의료행위를 한 때	법 제4조 제4항 및 제7항	영업정지 2월	영업정지 3월	영업장 폐쇄명령	

위반사항	관련법규	1차 위반	2차 위반	3차 위반	4차 위반
(2) 미용업 신고증, 면허증 원본을 게시하지 아니 하거나 업소 내 조명도를 준수하지 아니한 때	법 제4조 제4항 및 제7항	경고 또는 개선명령	영업정지 5일	영업정지 10일	영업장 폐쇄명령
아. 영업소 외의 장소에서 업무를 행한 때	법 제8조 제2항	영업정지 1월	영업정지 2월	영업장 폐쇄명령	
자. 시·도지사, 시장·군수·구청장이 하도록 한 필요한 보고를 하지 아니하거나 거짓으로 보고한 때 또는 관계공무원의 출입·검사를 거부·기피하거나 방해한 때	법 제9조 제1항	영업정지 10일	영업정지 20일	영업정지 1월	영업장 폐쇄명령
차. 시·도지사 또는 시장·군수·구청장의 개선명령을 이행하지 아니한 때	법 제10조	경고	영업정지 10일	영업정지 1월	영업장 폐쇄명령
카. 영업정지처분을 받고 그 영업 정지 기간 중 영업을 한 때	법 제11조 제1항	영업장 폐쇄명령			
타. 위생교육을 받지 아니한 때	법 제17조	경고	영업정지 5일	영업정지 10일	영업장 폐쇄명령
3. 성매매알선 등 행위의 처벌에 관한 법률·풍속영업의 규제에 관한 법률·의료법에 위반하여 관계행정 기관의 장의 요청이 있는 때					
가. 손님에게 성매매 알선 등 행위 또는 음란행위를 하게 하거나 이를 알선 또는 제공한 때	법 제11조 제1항				
(1) 영업소		영업정지 2월	영업정지 3월	영업장 폐쇄명령	
(2) 미용사(업주)		면허정지 2월	면허정지 3월	면허취소	
나. 손님에게 도박 그 밖에 사행행위를 하게 한 때		영업정지 1월	영업정지 2월	영업장 폐쇄명령	
다. 음란한 물건을 관람·열람하게 하거나 진열 또는 보관한 때		개선명령	영업정지 15일	영업정지 1월	영업장 폐쇄명령
라. 무자격안마사로 하여금 안마사의 업무에 관한 행위를 하게 한 때		영업정지 1월	영업정지 2월	영업장 폐쇄명령	

CHAPTER 22 법령, 법규사항

SECTION 01 공중위생관리법 시행령

1 미용업의 세분

법 제2조 제2항에 따라 미용업을 다음과 같이 세분한다.

1) 미용업

① 미용업(일반) : 파마·머리카락 자르기·머리카락모양내기·머리피부손질·머리카락 염색·머리감기, 의료기기나 의약품을 사용하지 아니하는 눈썹손질을 하는 영업
② 미용업(피부) : 의료기기나 의약품을 사용하지 아니하는 피부상태 분석·피부관리·제 모(除毛)·눈썹손질을 하는 영업
③ 미용업(손톱·발톱) : 손톱과 발톱을 손질·화장(化粧)하는 영업
④ 미용업(화장·분장) : 얼굴 등 신체의 화장, 분장 및 의료기기나 의약품을 사용하지 아 니하는 눈썹손질을 하는 영업
⑤ 미용업(종합) : ①부터 ④까지의 업무를 모두 하는 영업

2 명예공중위생감시원의 자격

① 명예공중위생감시원은 시·도지사가 다음에 해당하는 자 중에서 위촉한다.
  ㉠ 공중위생에 대한 지식과 관심이 있는 자
  ㉡ 소비자단체, 공중위생관련 협회 또는 단체의 소속직원 중에서 당해 단체 등의 장이 추 천하는 자
② 명예감시원의 업무
  ㉠ 공중위생감시원이 행하는 검사대상물의 수거 지원
  ㉡ 법령 위반행위에 대한 신고 및 자료 제공
  ㉢ 그 밖에 공중위생에 관한 홍보·계몽 등 공중위생관리업무와 관련하여 시·도지사가 따로 정하여 부여하는 업무
③ 시·도지사는 명예감시원의 활동지원을 위하여 예산의 범위 안에서 시·도지사가 정하는 바에 따라 수당 등을 지급할 수 있다.
④ 명예감시원의 운영에 관하여 필요한 사항은 시·도지사가 정한다.

SECTION 02 공중위생관리법 시행규칙

❶ 공중위생관리법 시행규칙

1) 공중위생영업의 시설 및 설비기준

(1) 미용업(일반), 미용업(손톱·발톱) 및 미용업(화장·분장)
① 미용기구는 소독을 한 기구와 소독을 하지 아니한 기구를 구분하여 보관할 수 있는 용기를 비치하여야 한다.
② 소독기·자외선 살균기 등 미용기구를 소독하는 장비를 갖추어야 한다.
③ 작업 장소, 응접장소, 상담실 등을 분리하기 위해 칸막이를 설치할 수 있으나, 설치된 칸막이에 출입문이 있는 경우 출입문의 3분의 1 이상을 투명하게 하여야 한다. 다만, 탈의실의 경우에는 출입문을 투명하게 하여서는 아니 된다.

(2) 미용업(피부) 및 미용업(종합)
① 피부미용업무에 필요한 베드(온열장치 포함), 미용기구, 화장품, 수건, 온장고, 사물함 등을 갖추어야 한다.
② 미용기구는 소독을 한 기구와 소독을 하지 아니한 기구를 구분하여 보관할 수 있는 용기를 비치하여야 한다.
③ 소독기·자외선 살균기 등 미용기구를 소독하는 장비를 갖추어야 한다.
④ 작업장소, 응접장소, 상담실 등을 분리하기 위해 칸막이를 설치할 수 있으나, 설치된 칸막이에 출입문이 있는 경우 출입문의 3분의 1 이상을 투명하게 하여야 한다. 다만, 탈의실의 경우에는 출입문을 투명하게 하여서는 아니 된다.
⑤ 작업 장소 내 베드와 베드 사이에 칸막이를 설치할 수 있으나, 설치된 칸막이에 출입문이 있는 경우 그 출입문의 3분의 1 이상은 투명하게 하여야 한다.

❷ 위생서비스 수준의 평가시기

공중위생영업소의 위생서비스수준 평가는 2년마다 실시하되, 공중위생 영업소의 보건·위생관리를 위하여 특히 필요한 경우에는 보건복지부장관이 정하여 고시하는 바에 의하여 공중위생영업의 종류 또는 위생관리 등급별로 평가주기를 달리할 수 있다.

출제예상문제

01 공중보건의 주된 영역에 속하지 않는 것은 어느 것인가?

① 감염병 치료 ② 건강증진
③ 생명연장   ④ 질병예방

> 공중보건은 예방 차원의 질병예방과 수명연장 그리고 건강증진을 목적으로 두고 있다. 질병을 치료하는 것은 영역에 해당하지 않는다.

02 다음 중 영아사망률 공식으로 옳은 것은?

① $\dfrac{\text{연간출생아 수}}{\text{인구}} \times 1,000$

② $\dfrac{\text{그 해의 생후 28일 이내 사망아 수}}{\text{어느 해의 연간 출생아 수}} \times 1,000$

③ $\dfrac{\text{그 해의 1세 미만 사망아 수}}{\text{어느 해의 연간 출생아 수}} \times 1,000$

④ $\dfrac{\text{그 해의 1~4세 사망아 수}}{\text{어느 해의 1~4세 인구}} \times 1,000$

03 공중보건학의 개념과 관계가 가장 적은 내용은?

① 성인병 치료기술에 관한 연구
② 육체적·정신적 효율 증진에 관한 연구
③ 감염병 예방에 관한 연구
④ 지역주민의 수명 연장에 관한 연구

> 공중보건학은 질병을 예방하고, 수명을 연장시키며, 육체적·정신적 효율을 증진시키는 기술이며 과학이다.

04 공중보건사업의 대상을 가장 바르게 나타낸 것은?

① 교육수준이 낮고 비위생적인 사람만 대상으로 한다.
② 저소득층의 빈민자만 대상으로 한다.
③ 지역의 전체 주민을 대상으로 한다.
④ 환자나 질병이 있는 사람만 대상으로 한다.

> 공중보건사업의 대상은 특정인이 아닌 국민 전체 또는 지역사회 주민이다.

05 다음 중 공중보건에 대한 설명으로 가장 적절한 것은?

① 개인을 대상으로 한다.
② 사회의학을 대상으로 한다.
③ 예방의학을 대상으로 한다.
④ 집단 또는 지역사회를 대상으로 한다.

> 공중보건은 집단 또는 지역사회를 대상으로 하며, 예방의학은 개인과 가족을 대상으로 한다.

06 다음 중 공중보건사업에 속하지 않는 것은?

① 검역   ② 보건교육
③ 암환자 치료 ④ 예방접종

> 공중보건은 환자의 치료가 목적이 아니라 예방이 중요하다.

07 세계보건기구(WHO)에서 규정한 보건행정의 범위에 속하지 않는 것은?

① 모자보건과 보건간호
② 보건관례기록의 보존
③ 보건통계와 만성병 관리
④ 환경위생과 감염병 관리

> 만성병 관리는 세계보건기구의 보건행정 범위에 속하지 않는다.

정답 01 ① 02 ③ 03 ① 04 ③ 05 ④
      06 ③ 07 ③

08 한 나라의 보건수준을 측정하는 지표로서 가장 적절한 것은?

① 국민 소득 ② 영아사망률
③ 인구증가율 ④ 감염병 발생률

> 영아사망률은 한 국가의 공중보건수준을 나타내는 척도라 할 수 있다.

09 지역사회의 보건수준을 나타내는 가장 대표적인 지표는?

① 영아사망률 ② 일반사망률
③ 감염병 발생률 ④ 평균 수명

> 지역사회의 건강상태 및 보건수준을 평가하기 위한 가장 대표적인 지표는 영아사망률이다.

10 국가의 보건수준을 나타내는 것이 아닌 것은?

① 국세조사 ② 영·유아 사망률
③ 보통 사망률 ④ 평균수명

> 국가 간이나 지역사회 간의 보건수준을 비교하는 대표적인 지표는 영아사망률, 비례사망지수, 평균수명, 조(보통)사망률이다.

11 검역의 의미를 가장 잘 표현한 것은?

① 급성 감염병 환자의 격리
② 법정 감염병 환자의 격리
③ 감염병 감염 의심자의 격리
④ 감염병 감염 환자의 격리

> 검역은 감염병 유행지역에서 입국하는 사람이나 동물 또는 식품 등을 대상으로 실시하는데, 특히 감염병 감염이 의심되는 사람의 강제 격리가 중요하다.

12 보균자(Carrier)는 감염병 관리상 어려운 대상이다. 그 이유와 관계없는 것은?

① 격리가 어려우므로
② 색출이 어려우므로
③ 치료가 되지 않으므로
④ 활동영역이 넓기 때문에

> 보균자란 역학적 의미에서 자각적·타각적으로 임상증상이 없는 병원체 보유자이면서 감염원으로 작용하는 감염자를 말하며, 감염병 관리상 중요한 대상자이다. 즉 보균자는 자유로이 활동하기에 감염시킬 수 있는 영역이 넓고, 자타가 경계하지 않기 때문에 전파기회도 많으며, 보균자 수는 일반적으로 환자의 수보다 많기 때문에 감염원으로서 크게 작용하는 것이다.

13 다음 중 감염병 관리상 가장 중요하게 취급해야 할 대상자는?

① 건강보균자 ② 잠복기환자
③ 현성환자 ④ 회복기보균자

> 건강보균자는 감염병관리상 문제가 되는 대상자로 병원체가 침입하여 감염되었으나, 감염에 의한 임상증상이 전혀 없고 건강자와 다름없지만 병원체를 배출하는 자이다.

14 세계보건기구(WHO)에서 정의내린 건강의 정의로 가장 옳은 것은?

① 육체적으로 안녕한 상태
② 육체적·영적으로 안녕한 상태
③ 육체적·정신적·사회적으로 안녕한 상태
④ 정신적·영적으로 안녕한 상태

> 세계보건기구(WHO)에서는 "건강이란 단순히 질병이 없거나 허약하지 않다는 것을 말하는 것이 아니라 신체적·정신적·사회적 안녕의 완전한 상태이다."라고 정의하고 있다.

15 다음 중 감염에 의한 임상증상이 전혀 없고 건강자와 다름이 없지만 병원체를 보유하는 감염자를 가장 잘 표현한 것은?

① 건강보균자 ② 만성보균자
③ 병후보균자 ④ 잠복기보균자

> 건강보균자는 감염병관리상 문제가 되는 대상자로 병원체가 침입하여 감염되었으나, 감염에 의한 임상증상이 전혀 없고 건강자와 다름없지만 병원체를 배출하는 자이다.

정답 08 ② 09 ① 10 ① 11 ③ 12 ③
     13 ① 14 ③ 15 ①

16 다음 중 감염병의 전파 예방상 환경위생 개선의 의미가 가장 적은 것은?

① 세균성 이질   ② 디프테리아
③ 장티푸스   ④ 콜레라

> 환경위생 개선이 중요한 감염병은 소화기계 감염병이다. 호흡기계 감염병인 디프테리아는 환경위생 개선으로도 예방될 수 없다.

17 영아 기간 중 시행되어야 할 기본 예방접종 감염병이 아닌 것은?

① 결핵   ② 파상풍
③ 폴리오   ④ 풍진

> 결핵은 생후 4주에, 백일해와 파상풍과 폴리오는 생후 2, 4, 6개월에, 풍진은 생후 12~15개월에 예방접종을 실시한다.

18 병원세균 중 건조한 공기에서 가장 강한 균은?

① 결핵   ② 장티푸스
③ 콜레라   ④ 페스트

> 결핵균은 간균으로서 건조에 강하고 직사광선 및 열에 약하다.

19 다음 질병 중 성인병의 종류에 속하지 않는 것은?

① 고혈압   ② 뇌졸중
③ 당뇨병   ④ 매독

> 매독은 제3군 감염병이다.

20 결핵 예방접종은 어떤 면역방법인가?

① 인공능동면역   ② 인공수동면역
③ 자연능동면역   ④ 자연수동면역

> 결핵은 생균 백신을 이용한 인공능동면역이다.

21 홍역을 앓은 후에 형성되는 면역으로 옳은 것은?

① 인공능동면역   ② 인공수동면역
③ 자연능동면역   ④ 자연수동면역

> 자연능동면역은 감염병에 감염되어 생기는 면역으로 실제로 임상증상을 나타내며 앓는 경우는 물론이고 불현성 감염 시에도 생긴다. 이때는 면역이 비교적 영구적으로 지속되나 그 기간은 질병에 따라 다르다.

22 잠복기간 중에 타인에게 병원체를 전파시킨 것을 잠복기 보균자라 한다. 그 대표적인 질환으로 옳은 것은?

① 백일해   ② 일본뇌염
③ 장티푸스   ④ 폴리오

> 잠복기 보균자는 잠복기 중에 타인에게 병원체를 전파시키는 자를 말한다. 백일해, 디프테리아, 홍역 등에 이에 속한다.

23 다음 중 인공능동면역의 특성을 가장 잘 설명한 것은?

① 각종 감염병 감염 후 형성되는 면역
② 모체로부터 태반이나 수유를 통해 형성되는 면역
③ 생균 백신, 사균 백신 및 순화독소(Toxoid)의 접종으로 형성되는 면역
④ 항체(Antitoxin) 등 인공제제를 접종하여 형성되는 면역

> 인공능동면역은 생균 백신, 사균 백신 및 순화독소를 사용하는 예방접종으로 얻어지는 면역을 말한다.

24 백신의 예방접종으로 형성되는 면역은?

① 인공능동면역   ② 인공수동면역
③ 자연능동면역   ④ 자연수동면역

정답	16 ②	17 ④	18 ①	19 ④	20 ①
	21 ③	22 ①	23 ③	24 ①	

인공능동면역은 예방접종 후 생성된 면역이다.

25 치료 목적으로 이용되며 접종 즉시 효력이 생기는 반면 저항력이 약하고 효력의 지속시간이 짧은 면역으로 옳은 것은?
① 인공능동면역 ② 인공수동면역
③ 자연능동면역 ④ 자연수동면역

인공수동면역은 면역혈청, 회복기 혈청, 감마 글로불린, 항독소 제제 등의 항체를 사람 또는 동물에게 얻어 주사하는 것이다. 이는 예방목적 외에 치료목적으로 이용되며 접종 즉시 효력이 생기는 반면 비교적 저항력이 약하고 효력의 지속시간이 짧다.

26 BCG는 어느 질병의 예방방법인가?
① 간염 ② 결핵
③ 풍진 ④ 홍역

BCG는 결핵의 예방접종약이다.

27 감염병의 예방접종에 있어서 DPT를 사용하지 않는 것은?
① 디프테리아 ② 백일해
③ 파상풍 ④ 페스트

DPT는 디프테리아, 백일해, 파상풍의 종합 예방접종약이다.

28 예방접종에 있어서 생균 백신을 사용하는 것은?
① 디프테리아 ② 백일해
③ 장티푸스 ④ 홍역

생균 백신에는 홍역, 두창, 탄저, 결핵, 폴리오(Sabin), 풍진 등이 있다.

29 다음 감염병 중 음용수를 통해서 감염될 수 있는 가능성이 가장 큰 것은?
① 결핵 ② 나병
③ 백일해 ④ 세균성이질

세균성이질은 수인성 감염병이다.

30 BCG는 생후 몇 주 이내에 접종해야 하는가?
① 생후 4주 ② 생후 8주
③ 생후 12주 ④ 생후 16주

BCG는 결핵 예방접종약으로 생후 4주 이내의 신생아에게 접종한다.

31 법정 감염병 중 제4군 감염병에 속하는 것은?
① 콜레라 ② 황열
③ 말라리아 ④ 성홍열

황열은 제4군 감염병이다.

32 다음 중 파상풍(Tetanus)이 가장 잘 일어날 수 있는 경우는?
① 무좀이 심할 경우
② 심한 타박상을 입었을 때
③ 2도 화상을 당했을 때
④ 피부를 깊이 찔렸을 때

파상풍균의 감염이 가장 쉬운 것은 창상이다. 창상이란 피부나 점막이 외부의 어떤 힘에 의해서 손상된 상태를 말한다.

33 법정 감염병 중 제2군 감염병으로 옳은 것은?
① 공수병 ② 결핵
③ B형 간염 ④ 유행성 출혈열

B형 간염은 제2군 감염병이다.

| 정답 | 25 ② | 26 ② | 27 ④ | 28 ④ | 29 ④ |
| | 30 ① | 31 ② | 32 ④ | 33 ③ | |

34 감염병 예방법 중 제1군 감염병에 해당하는 것은?

① 일본뇌염 ② 발진열
③ 콜레라 ④ 폴리오

> 발진열은 제3군 감염병이고, 일본뇌염과 폴리오는 제2군 감염병이다.

35 법정 감염병 중 제3군 감염병에 해당하는 것은?

① B형간염
② 일본뇌염
③ 장티푸스
④ 후천성 면역 결핍증(AIDS)

> 장티푸스는 제1군 감염병이고, B형 간염과 일본뇌염은 제2군 감염병이다.

36 다음 질병 중 쥐와 관계가 없는 것은 어느 것인가?

① 발진열 ② 사상충
③ 살모넬라 ④ 유행성출혈열

> 사상충은 모기가 전파하는 감염병이다.

37 다음 중 동물과 감염병의 병원소로 연결이 잘못된 것은?

① 광견병-개 ② 돼지-일본뇌염
③ 소-결핵 ④ 쥐-콜레라

> 콜레라의 매개체는 파리이며, 매개물은 오염수, 오염음식물 등이다.

38 다음 중 인수공통 감염병에 해당하는 것은?

① 공수병 ② 풍진
③ 홍역 ④ 한센병

> 사람과 동물이 병원소로 되어 있는 인수공통 감염병은 공수병, 브루셀라, 탄저병 등이 있다.

39 바이러스에 의해 발병되는 질병은?

① 디프테리아 ② 백일해
③ 인플루엔자 ④ 한센병

> 인플루엔자의 병원체는 바이러스이다.

40 중간 숙주와의 연결이 잘못된 것은 어느 것인가?

① 말라리아-돼지 ② 무구조충-소
③ 사상충증-모기 ④ 회충-채소

> 말라리아는 학질모기(중국 얼룩날개모기)가 매개 전파한다.

41 일반적으로 수혈로 감염될 수 있는 질병에 해당되는 것은?

① B형간염 ② 디프테리아
③ 이질 ④ 콜레라

> B형 간염은 제2군 감염병으로 수혈이나 오염된 주사기 및 모체로부터 수직감염이 잘 되기 때문에 혈청성 간염이라고도 한다.

42 이·미용업소에서 수건, 오염기물 등을 통해서 전파할 수 있는 가능성이 가장 큰 질병은?

① 뇌염 ② 발진티푸스
③ 장티푸스 ④ 트라코마

> 트라코마의 병원체는 바이러스로 감염경로는 수건, 오염기물 등이다. 증상으로 시력 장애, 눈꺼풀 손상 등이 나타나고 심하면 실명에까지 이를 수 있다. 예방책으로는 수건의 공동사용을 금지한다.

43 개달물 전염이 잘 되는 것은?

① 말라리아 ② 일본 뇌염
③ 트라코마 ④ 황열

정답	34 ③	35 ④	36 ②	37 ④	38 ①
	39 ③	40 ①	41 ①	42 ④	43 ③

개달물이란 매개체 자체가 숙주의 내부에 들어가지 않고, 병원체를 운반하는 수단으로서만 작용하는 것으로 수건, 의복 등이 있으며 트라코마는 주로 수건에 의해서 감염된다.

44 절지동물에 의해 매개되는 감염병이 아닌 것은?

① 발진티푸스　② 일본뇌염
③ 탄저　　　　④ 페스트

탄저는 인수공통 감염병으로 초식동물에 의해 매개된다.

45 민물고기인 붕어나 피라미를 날로 먹었을 때 감염될 수 있는 것은?

① 간디스토마　② 긴촌충
③ 촌충　　　　④ 폐디스토마

간디스토마는 우리나라 낙동강, 영산강, 금강, 한강 등의 강변지역 주민이 많이 감염되며, 민물고기를 생식하는 생활습관을 가지고 있는 지역주민이 특히 많이 감염된다.

46 폐흡충증의 제2중간숙주에 해당되는 것은?

① 담수어　　　② 게
③ 다슬기　　　④ 왜우렁

폐흡충증은 객담이나 대변으로 나온 충란이 제1중간숙주 다슬기에 침입하고, 제2중간숙주인 갑각류, 즉 가재, 게 등의 아가미, 간장 근육 내에 침입하여 이를 생식하면 감염된다.

47 우리나라에서 일본뇌염을 매개하는 모기의 종류는?

① 작은 빨간 집모기
② 중국 얼룩날개 모기
③ 이집트 숲 모기
④ 흰줄 숲 모기

일본뇌염은 제2군 감염병으로서 우리나라에서는 8월부터 10월 사이에 많이 발생하는데, 이것은 작은 빨간 집모기의 발생 시기 및 수와 상관관계가 있다.

48 예방접종을 통하여 예방 또는 관리가 가능한 국가예방접종사업의 대상이 되는 질환은?

① 제1군 감염병　② 제2군 감염병
③ 제3군 감염병　④ 제4군 감염병

제2군 감염병은 국가예방접종사업의 대상이 되는 질환이다.

49 마시는 물 또는 식품을 매개로 발생하고 집단발생의 우려가 너무 커서 발생 또는 유행 즉시 방역대책을 수립해야 하는 감염병으로만 연결된 것은?

① 세균성 이질, 디프테리아
② 홍역, 콜레라
③ 백일해, 장티푸스
④ 장티푸스, 콜레라

제1군 감염병은 마시는 물 또는 식품을 매개로 발생하고 집단발생의 우려가 커서 발생 또는 유행 즉시 방역대책을 수립하여야 하는데 장티푸스와 콜레라, 세균성 이질 등이 있다.

50 기생충에 감염되어 발생하는 제5군 감염병으로 옳지 않은 것은?

① 구충증　　　② 간흡충증
③ 폐흡충증　　④ 회충증

제5군 감염병에는 간흡충증, 장흡충증, 폐흡충증, 편충증, 회충증, 요충증이 있다.

51 다음 중 불결한 환경관리에 의해 집단 감염이 잘되고, 특히 어린이가 잘 감염될 수 있는 기생충은?

① 간흡충　　　② 구충
③ 요충　　　　④ 회충

가족 전체가 불결한 환경에서 잘 감염되는 기생충은 편충, 회충, 요충이 모두 해당되지만, 특히 어린이가 잘 감염되는 것은 요충이다.

정답	44 ③	45 ①	46 ②	47 ①	48 ②
	49 ④	50 ①	51 ③		

52 산란과 동시에 감염능력이 있으며 건조에 저항성이 커 같은 실내 기거자는 전부 감염될 수 있어서 집단감염이 잘 되는 기생충은?

① 구충　　② 요충
③ 편충　　④ 회충

> 요충은 집단감염의 가능성이 크다. 충란은 건조한 곳에서도 장시간 생존하므로 숙식을 같이 하는 가족에게 집단전파를 일으킬 수도 있다.

53 기생충 질환이 유행하게 되는 원인에 해당하지 않는 것은?

① 대기오염
② 분변의 비료화
③ 비위생적 일상생활
④ 환경 불량

> 대기오염의 원인은 매연, 분진 등의 입자상 물질과 일산화탄소, 아황산가스 등의 가스상 물질이다.

54 돼지고기를 덜 익혀 먹었을 때 감염될 수 있는 것은?

① 긴촌충　　② 무구조충
③ 요충　　　④ 유구조충

> 돼지고기를 생식하면 소장에서 2개월 이내에 유구조충이 성충으로 자라서 분변으로 나온다.

55 다음 기생충 중 송어, 연어 등의 생식으로 감염될 수 있는 것은?

① 긴촌충증　　② 무구조충증
③ 유구낭충증　④ 유구조충증

> 긴촌충은 광절열두조충이라고도 하는데, 감염된 물벼룩을 민물고기인 송어, 연어 등이 먹고, 그것을 사람이 생식했을 때 감염된다.

56 음용수의 수질기준에서 위생조건이 아닌 것은?

① 무색 투명할 것
② 물맛이 좋을 것
③ 유해 물질이 없을 것
④ 이취, 이미(異味)가 없을 것

> 순수한 물은 무취, 무미한데 냄새가 나고 맛이 있다는 것은 오수의 혼입이나 오수성 생물의 번식 또는 철조물의 부식 등이 있음을 의미한다.

57 다음 중 음용수의 대표적인 오염지표로 사용하고 있는 것은?

① 대장균 수　　② COD
③ 증발 잔류량　④ 탁도

> 대장균군은 수질오염의 지표로 삼는다. 그 이유는 검출방법이 간단하고 유독 병원균의 분변오염을 시사해 주기 때문이다.

58 물에서 오는 영향으로 세탁 후 흰 천이 붉게 물드는 경우의 원인에 해당되는 것은?

① 물속의 아연 성분이 많아서
② 물속의 알칼리도가 높아서
③ 물속의 철분 성분이 많아서
④ 물의 경도(Hardness)가 높아서

> 물속에 철분이 들어 있으면 세탁 후 흰 천이 붉게 물드는 수가 있다.

59 포도상구균으로 인한 식중독의 특징에 해당되지 않는 것은?

① 고열이 발생된다.
② 독소형 식중독이다.
③ 사망률이 비교적 낮다.
④ 잠복기가 짧다.

> 포도상구균 식중독은 독소형 식중독으로 잠복기가 짧아서 1~6시간(평균 3시간) 정도이다. 증상은 급성위장염으로 타액 분비, 구토, 복통, 설사를 일으키는데 발열은 38℃ 이하이다. 감염경로는 화농된 사람의 조리를 통해서도 감염된다.

정답	52 ②	53 ①	54 ④	55 ①	56 ②
	57 ①	58 ③	59 ①		

60 식품의 대장균 검사의 의의로 가장 옳은 것은?

① 대장균 자체가 식중독의 원인균이므로
② 병원균 오염의 지표가 되므로
③ 부패 여부 판정을 위하여
④ 신선도 측정을 위하여

> 대장균의 측정으로 다른 병원균의 오염 정도를 추정할 수 있기 때문에 음료수나 식품의 오염지표가 된다.

61 대장균을 상수 수질오염 검사의 지표세균으로 하는 이유가 아닌 것은?

① 검출방법이 간단하고 정확하므로
② 대장균의 분포가 오염원과 공존하므로
③ 대장균 자체가 유해한 세균이므로
④ 분변오염과 관계가 깊으므로

> 상수 수질오염 검사 시 지표세균을 대장균으로 하는 이유는 대장균 자체가 인체에 직접 유해한 세균이기 때문이 아니고, 다른 병원 미생물이나 분변오염 등을 추측할 수 있는 오염지표로서 의미가 있으며, 검출방법이 간편하고 정확하기 때문이다.

62 하수에서 용존산소(DO)가 낮다는 것은 무엇을 의미하는가?

① 물고기가 잘 살 수 있는 물의 환경
② 물의 오염도가 높다는 의미
③ 수생 식물이 잘 자랄 수 있는 물의 환경
④ 하수의 BOD가 낮은 것과 같은 의미

> 용존산소량은 하수 중에 용존된 산소량으로 오염도를 측정하는 방법으로, 용존산소의 부족은 오염도가 높음을 의미한다.

63 감자에 함유되어 있는 독소는?

① 무스카린(Muscarine)
② 베네루핀(Venerupin)
③ 솔라닌(Solanine)
④ 테트로도톡신(Tetrodotoxin)

> • 감자에 함유되어 있는 독소 – 솔라닌
> • 독버섯에 함유되어 있는 독소 – 무스카린
> • 조개에 함유되어 있는 독소 – 베네루핀
> • 복어에 함유되어 있는 독소 – 테트로도톡신

64 신경독소가 원인이 되는 세균성 식중독 원인균은?

① 장구균
② 보툴리누스(Botulinus)균
③ 살모넬라균
④ 황색포도상구균

> 보툴리누스균은 치명률이 높고 통조림, 소시지 등 식품의 혐기적 상태에서 증식하며 신경독소를 분비한다.

65 감염형 식중독에 속하는 것은?

① 보툴리누스 식중독
② 살모넬라 식중독
③ 웰치균 식중독
④ 테트로도톡신 식중독

> 감염형 식중독에는 살모넬라 식중독과 장염비브리오 식중독이 있다.

66 다음 중 군집 독의 주요 원인을 가장 잘 설명한 것은 어느 것인가?

① 고온다습한 환경
② 공기의 물리·화학적 조성의 악화
③ CO_2의 증가
④ O_2의 부족

> 군집 독은 많은 사람이 밀폐된 실내에 있을 때 공기의 물리·화학적 조성에 변화가 일어나 불쾌감, 두통, 현기증, 구역질, 구토 등이 일어나는 현상을 말한다.

정답 60 ② 61 ③ 62 ② 63 ③ 64 ②
65 ② 66 ②

67 다음 중 일산화탄소(CO) 중독의 후유증이 아닌 것은?

① 무균성 괴사　② 시야협소
③ 신경장애　　④ 정신장애

> 일산화탄소 중독은 심장, 뇌신경계통에 작용하여 중추신경계의 장애를 유발한다. 즉 운동장애, 언어장애, 시력저하, 시야협착, 사망을 일으키고 회복 후에도 후유증이 크다. 무균성 괴사는 중추신경계의 장애가 아니다.

68 다음 중 일산화탄소(CO)와 관계가 적은 것은?

① 공기보다 가볍다.
② 냄새가 난다.
③ 불완전연소한다.
④ 색깔이 없다.

> 일산화탄소는 무색, 무미, 무취, 무자극의 기체이다. 공기 중의 비중은 0.976으로 공기보다는 가벼운 기체로서 물체가 불완전연소할 때 많이 발생된다.

69 연탄가스 중 인체에 중독증상을 일으키는 물질은?

① 메탄가스　　② 이산화탄소
③ 일산화탄소　④ 탄산가스

> 연료의 불완전연소 시 CO(일산화탄소)가 주로 발생하여 연탄가스 중독증상이 나타난다.

70 다음 중 인체에 가장 심한 자극을 일으키고 식물을 고사시키는 공해 유독가스는?

① 아황산가스(SO_2)
② 이산화질소(NO_2)
③ 이산화탄소(CO_2)
④ 일산화탄소(CO)

> 일산화탄소(CO)는 헤모글로빈과 친화력이 산소에 비해 200~300배나 강하여 산소 운반능력을 감소시키고 저산소증을 유발시키며, 인체에 심한 자극을 일으키는 대기오염 가스이다.

71 이타이이타이병의 유발물질에 해당되는 것은?

① 구리　　　② 납
③ 유기수은　④ 카드뮴

> 이타이이타이병은 카드뮴의 만성중독에 의해서 발생하는 공해병이다. 카드뮴의 증기를 흡입한 경우에는 주로 코·목구멍·폐·위장·신장의 장애가 나타나며, 호흡기능이 저하하고 오줌에 단백이나 당이 검출되는 일이 많다. 오줌의 카드뮴 배출량도 증가한다.

72 8시간 기준으로 일산화탄소(CO)의 실내 최대 허용한계는?

① 0.01%　② 0.07%
③ 0.1%　　④ 0.3%

> 실내에서의 8시간 기준으로 일산화탄소의 허용한계농도는 0.01%(100ppm)이다.

73 일상 정상공기 중 이산화탄소(CO_2)는 약 몇 %나 되는가?

① 0.03%　② 0.3%
③ 1.3%　　④ 3%

> 공기의 조성은 질소(N_2)가 78.1%, 산소(O_2)가 20.93%, 이산화탄소(CO_2)가 0.03%이다.

74 탄산가스를 실내 공기 오염의 지표로 삼는 근본적인 이유는?

① 실내에 탄산가스량이 다른 공기 성분보다 비율이 가장 높기 때문이다.
② 오염물질 중 탄산가스가 인체에 가장 강하게 작용하기 때문이다.
③ 탄산가스가 많으면 공중균 등 인체에 유해한 요소도 비례적으로 증가하기 때문이다.
④ 탄산가스 측정에 이용하는 것이 다른 가스 측정보다 용이하기 때문이다.

> **정답**　67 ①　68 ②　69 ③　70 ④　71 ④
> 　　　　72 ①　73 ①　74 ③

탄산가스(이산화탄소)가 공기 중에 많아지면 인체에 해로운 요소도 비례적으로 증가하기 때문에 탄산가스를 지표로 삼는다.

75 소음의 피해와 가장 거리가 먼 것은?
① 두통과 피로 ② 수면 이상
③ 식욕감퇴 ④ 중이염

소음이 인체에 미치는 영향은 불안증 및 노이로제, 청력장애, 작업 방해, 두통, 불면증, 식욕감퇴, 불쾌감 등이다.

76 규폐증을 일으키는 결정적인 원인 인자는 어느 것인가?
① 납 ② 수은
③ 암모니아 ④ 유리규산

규폐증은 대표적인 진폐증으로 유리규산의 분진 흡입으로 폐에 만성섬유증식을 일으키는 질환이다.

77 기온의 급격한 변화로 대기오염을 주도하는 기후조건은?
① 고온다습 ② 기온역전
③ 저기압 ④ 저온고습

기온역전은 공기층이 반대로 형성되는 것으로, 상층부의 기온이 하층부보다 높은 경우로 바람이 없는 맑게 갠 날, 추운 겨울날 잘 일어난다. 기온역전의 결과로 지표 부근의 오염 농도가 커지게 되어 대기오염이 심화된다.

78 우리가 실내에서 생활하기에 가장 쾌적한 습도의 범위는?
① 10~20% ② 20~40%
③ 40~70% ④ 70~90%

쾌감습도 - 대체로 40~70%의 습도가 인체에 쾌적감을 준다.

79 감각온도의 3대 요소에 속하지 않는 것은 어느 것인가?
① 기류 ② 기습
③ 기압 ④ 기온

기온, 기습, 기류의 3요소를 종합한 체감온도를 감각온도라 한다.

80 Lux란 무엇의 단위를 말하는가?
① 고속도 ② 방사능
③ 빛 ④ 소리

Lux는 빛의 밝기를 나타내는 단위이다.

81 보건학적으로 인체에 가장 쾌적한 조건은 어느 것인가?
① 기온 18℃±2℃, 기습 40~70%
② 기온 18℃±2℃, 기습 70~80%
③ 기온 22℃±2℃, 기습 40~70%
④ 기온 22℃±2℃, 기습 70~80%

인간이 활동하기 좋은 쾌감온도는 16~20℃이고, 기습은 40~70%이다.

82 산업보건의 목적과 관계가 가장 적은 것은?
① 근로자의 보건 유지 및 증진
② 근로자의 안전 유지 및 증진
③ 산업재해 예방
④ 직업병 치료

산업보건은 노동의 조건 및 환경에 기인한 피로, 재해, 질병을 조사·분석하여 근로자의 건강과 복지를 확보하고, 가장 적합한 근로환경을 고려하여 근로자의 건강에 유해함이 없이 작업능률을 상승시키며, 직업병을 예방하는 데 그 목적이 있다.

정답 75 ④ 76 ④ 77 ② 78 ③ 79 ③
      80 ③ 81 ① 82 ④

83 산업피로의 본질과 가장 관계가 먼 것은?

① 작업량 감소
② 산업구조의 변화
③ 생체의 생리적 변화
④ 피로 감지

> 산업피로의 인자는 작업조건의 불량에 기인하는 작업적 인자, 근로자의 신체적 조건이나 심리적 갈등으로 발생되는 피로 인자 등이 있다.

84 결핵에 관한 설명으로 옳지 않은 것은?

① 병원체는 세균이다.
② 예방접종은 PPD로 한다.
③ 제3군 법정 전염병이다.
④ 호흡기계 전염병이다.

> PPD(순화단백제)는 결핵균 감염 유무 및 감수성의 유무를 간접적으로 아는 방법이다. 예방접종약으로는 BCG가 사용된다.

85 다음 중 특별한 장치를 설치하지 아니한 일반적인 경우에 실내의 자연적 환기에 가장 큰 비중을 차지하는 요소는?

① 실내외 공기의 기온 차이 및 기류
② 실내외 공기의 불쾌지수 차이
③ 실내외 공기의 습도 차이
④ 실내외 공기 중 CO_2의 함량 차이

> 자연상태에서 실내의 환기는 기온차이에 의한 공기의 이동이 가장 비중이 크다. 공기는 온도가 높은 곳에서 낮은 곳으로 움직이고 기류는 낮은 곳에서 높은 곳으로 순환되기 때문에 자연환기가 일어나는 것이다.

86 구충 및 구서의 가장 근본적인 방법은?

① 물리적 방법   ② 생물학적 방법
③ 화학적 방법   ④ 환경적 방법

> 구충, 구서의 가장 근본적인 방법은 환경적 방법으로 서식처 및 발생원 제거 등을 들 수 있다.

87 생산연령 인구가 전체 1/2 이상인 인구 모형으로 바른 것은?

① 별형
② 종형
③ 피라미드형
④ 표주박형

> 별형은 생산연령인구가 많이 유입되고 있는 도시형 인구구조이다. 15~64세 인구가 전체 인구의 50%를 넘는다.

88 주택의 위생조건으로 옳지 않은 것은?

① 남향 또는 동남향이 좋다.
② 자연조도는 100~1,000lux가 좋다.
③ 지수면과 부지는 높아야 한다.
④ 창문의 크기는 방 면적의 1/5이 되어야 한다.

> 지수면은 얕고 지면은 높아야 한다.

89 새집증후군에 관한 설명으로 옳지 않은 것은?

① 건물 신축 직후 유해물질 배출 정도가 가장 높다.
② 새로 지은 건물과 새 가구에서 나는 자극적인 냄새의 원인은 포름알데히드이다.
③ 원래 빌딩증후군에서 파생된 개념이다.
④ 최근 새집증후군과 더불어 새가구 증후군이란 말도 사용된다.

> 새집증후군은 새로 건축한 집에서 포름알데히드를 비롯한 유독가스가 나와 눈과 목이 따갑고 어린이와 노약자에게 각종 피부염이 생기는 현상이다. 건물 신축 6개월 정도에 유해물질 배출 정도가 가장 높다.

정답 83 ① 84 ② 85 ① 86 ④ 87 ①
      88 ③ 89 ①

90 의복의 방한력에서 1CLO에 대한 설명으로 가장 옳은 것은?

① 기온 20℃, 기습 40% 이하, 기류 10cm/sec, 피부온도 31℃
② 기온 20℃, 기습 50% 이하, 기류 15cm/sec, 피부온도 31℃
③ 기온 21℃, 기습 40% 이하, 기류 15cm/sec, 피부온도 33℃
④ 기온 21℃, 기습 50% 이하, 기류 10cm/sec, 피부온도 33℃

> CLO는 열 차단력 단위로서 기온 21℃, 기습 50% 이하, 기류 0.1m/sec에서 피부온도가 33℃로 유지될 때 의복의 방한력을 1CLO라 한다.

91 일시적 피임의 이상적 조건으로 옳지 않은 것은?

① 비용이 적게 들어야 하고, 구입이 불편해서는 안 된다.
② 실시방법이 간편해야 하고, 부자연스러우면 안 된다.
③ 육체적·정신적으로 무해하고 부부생활에 지장을 주어서는 안 된다.
④ 피임효과가 확실하며 더 임상 임신이 되지 않아야 한다.

> 영구적 피임법은 더 이상 임신이 되지 않는 상태이다.

92 맬더스가 주장하는 인구문제 해결방법으로 옳은 것은?

① 결혼적령기를 늦춤으로써 해결하는 것이다.
② 유산을 권장하는 것으로 해결하는 것이다.
③ 적정 인구 수 유지와 식량 증가로 해결하는 것이다.
④ 피임방법을 통하여 인구문제를 해결하는 것이다.

> 맬더스는 결혼적령기를 연기해 인구 증가를 억제하자고 주장하였다.

93 경구피임약의 피임원리로 옳은 것은?

① 배란 억제
② 살정자 효과
③ 정자의 자궁유입 방지
④ 착상 방지

> 경구피임약은 난소에서 나오는 황체호르몬과 난포호르몬의 혼합형 제제를 복용함으로써 배란작용을 억제하여 피임이 되게 하는 방법이다.

94 보건행정의 특성이 아닌 것은?

① 공공성   ② 사회성
③ 전문성   ④ 조장성

> 보건행정의 특성은 공공성 및 사회성, 봉사성, 조장성 및 교육성, 과학성 및 기술성이다.

95 세계보건기구(WHO)에서 규정한 보건행정의 내용이 아닌 것은?

① 감염병 관리   ② 모자보건사업
③ 환경오염 관리   ④ 환경위생

> 세계보건기구에서는 보건행정을 보건관계기록 보존, 보건교육, 환경위생, 감염병 관리, 모자보건, 의료 제공, 보건간호의 범위로 간주하고 있다.

96 우리나라에 보건소가 설치되어 있는 행정단위로 옳은 것은?

① 농·어촌
② 시·군·구
③ 시·도
④ 의료기관이 없는 곳

> 보건소는 시·군·구에 1개소씩 설치한다.

| 정답 | 90 ④ | 91 ④ | 92 ① | 93 ① | 94 ③ |
| | | | 95 ③ | 96 ② | |

97 세계보건기구(WHO)의 본부가 있는 곳은?

① 뉴욕　　　② 마닐라
③ 워싱턴　　④ 제네바

> 세계보건기구(WHO)의 본부는 스위스 제네바에 있으며 6개의 사무국을 두고 있다.

98 미생물의 종류 중 가장 작은 것은?

① 곰팡이　　② 리케차
③ 바이러스　④ 세균

> 바이러스는 병원 미생물 중 가장 작다.

99 다음 중 면역에 대한 설명으로 바르지 않은 것은?

① 질병에 대한 저항력이 생기지 않는 현상이다.
② 자연면역과 획득면역이 있다.
③ 항체는 특정 항원에 대하여 항체반응을 일으킨다.
④ 항원은 면역 반응을 일으키는 원인 물질이다.

> 면역이란 인간이 생존하기 위해 가지고 있는 방어체계로, 선천면역과 후천면역으로 나눈다. 항원은 면역 반응을 일으키는 원인 물질이며, 항체는 특정 항원에 대하여 항체반응을 일으킨다.

100 석탄산, 알코올, 포르말린 등의 소독제가 가지는 소독의 주된 원리는?

① 균체 원형질 중의 단백질 변성
② 균체 원형질 중의 수분 변성
③ 균체 원형질 중의 지방질 변성
④ 균체 원형질 중의 탄수화물 변성

> 석탄산, 포르말린, 알코올 등의 살균기전은 균체의 단백질 변성이다.

101 소독제, 화학약품 중에서 살균작용의 기전으로 옳지 않은 것은?

① 가수분해작용　② 단백질 응고작용
③ 산화작용　　　④ 표백작용

> 소독약의 살균작용 기전에는 단백질 응고작용, 가수분해작용, 산화작용이 있다.

102 다음 중 중량 백만분률을 표시하는 단위는?

① ppl　　② ppm
③ ppb　　④ kcal

> ppm은 용액량 100만 중에 포함되어 있는 용질량을 뜻한다.

103 결핵환자의 객담 처리방법 중 가장 효과적인 것은?

① 소각법　　　② 일광소독
③ 알코올 소독　④ 자비소독

> 소각법은 태우는 것으로 가장 효과적인 객담 처리 방법이다.

104 다음 중 에틸알코올(에탄올) 소독에 가장 부적당한 것은?

① 가위　　② 면도칼
③ 빗　　　④ 족집게

> 에틸알코올은 알코올의 일종으로 독성이 적다. 피부 및 기구 소독에 사용된다. 고무나 일부의 플라스틱은 녹을 수 있으므로 알코올 소독에 적당하지 않다.

105 역성 비누의 설명 중 옳지 않은 것은?

① 무미·무해하다.
② 살균력이 강하다.
③ 자극성이 없다.
④ 침투력이 약하다.

정답	97 ④	98 ③	99 ①	100 ①	101 ④
	102 ②	103 ①	104 ③	105 ④	

역성 비누는 무미, 무해하여 식기소독에 좋으며, 자극성 및 독성도 없고, 침투력과 살균력이 강하다.

106 다음 중 메이크업 숍에서 사용하는 브러시 소독법으로 가장 적당하지 못한 것은?

① 건열소독
② 양이온계면활성제 소독
③ 자외선 소독
④ 크레졸 소독

건열소독은 열에 의한 브러시의 변형을 가져올 수 있다.

107 살균력과 침투성은 약하지만 자극이 없고 발포작용에 의해 구강이나 상처 소독에 주로 사용되는 소독제는?

① 과산화수소
② 생석회
③ 알코올
④ 포르말린

과산화수소는 3%의 수용액이 사용되는데 자극성이 적어서 피부상처 소독, 구강 상처, 구내염 등에 사용된다.

108 메이크업 숍에서의 실내소독법으로 가장 적당한 방법은?

① 석탄산 소독
② 승홍수 소독
③ 역성 비누 소독
④ 크레졸 소독

크레졸은 석탄산의 약 2배의 소독력이 있어 거의 모든 세균에 효력이 있다. 독성은 적은 편이고, 용도의 범위가 넓다.

109 소독제의 살균력 검사 시 표준으로 사용하는 것은?

① 과산화수소
② 석탄산
③ 알코올
④ 크레졸

소독약의 살균력 검사 시 표준으로 사용하는 것은 석탄산이다.

110 다음 중 쓰레기통 소독용으로 가장 부적당한 것은?

① 과산화수소
② 석탄산수
③ 크레졸수
④ 포르말린수

쓰레기통 소독용으로는 석탄산수, 크레졸수, 포르말린수가 적당하다.

111 다음 중 수건의 소독법으로 적합하지 않는 것은?

① 건열소독
② 역성비누소독
③ 자비소독
④ 증기소독

수건의 소독에는 자비소독, 증기소독이 가장 쉽고 경제적이다. 건열소독은 열에 의한 멸균방법이기 때문에 수건의 소독법으로 적합하지 않다.

112 보통 자비소독으로 사멸되지 않는 것은 어느 것인가?

① 간균
② 결핵균
③ 아포형성균
④ 장티푸스균

자비소독은 끓여서 소독하는 방법으로 100℃의 끓는 물 속에 소독 물품을 10분 이상 끓여서 아포를 형성하지 않는 세균을 사멸시키는 방법을 말한다. 아포형성균은 120℃ 정도에서 살균된다.

113 소독작용에 영향을 가장 적게 미치는 인자는?

① 기압
② 농도
③ 시간
④ 온도

소독에 영향을 미치는 인자는 온도, 시간, 농도, 열 등이다.

정답 106 ① 107 ① 108 ④ 109 ② 110 ①
      111 ① 112 ③ 113 ①

114 일광소독에서 살균작용을 하는 인자는 다음 중 어느 것인가?

① 가시광선　　② 자외선
③ 적외선　　　④ X선

> 일광소독은 자외선의 살균작용을 이용한 것이다. 2,900∼3,200 Å의 정도의 파장에서 살균효과가 가장 크다.

115 다음 중 멸균의 의미를 가장 확실하게 표현한 것은?

① 병원균만 제거한다.
② 병원균 증식을 억제한다.
③ 세균의 독성만을 제거한다.
④ 아포균을 포함한 모든 균을 제거한다.

> 멸균은 비병원성 균까지 완전히 죽여서 전파력이나 감염력을 없애는 것을 말한다.

116 소독약품으로서 갖추어야 할 구비조건으로 옳지 않은 것은?

① 독성이 낮을 것　② 부식성이 강할 것
③ 안정성이 높을 것　④ 용해성이 높을 것

> 소독약품의 구비조건은 경제적이고, 살균력과 용해성이 높으며, 방부식성이 없고 사용방법이 쉬워야 한다.

117 비교적 약한 살균력을 작용시켜 병원 미생물의 생활력을 파괴하여 감염의 위험성을 없애는 조작은?

① 고압증기멸균　② 냉각 처리
③ 방부 처리　　　④ 소독

> 소독은 병원미생물을 죽이거나 제거하여 감염력을 없애는 것이다.

118 다음 중 소독에 대한 설명으로 옳은 것은 어느 것인가?

① 모든 균을 사멸시키는 것
② 병원균을 사멸하는 것
③ 병원균의 발육성장을 억제하는 것
④ 병원 미생물을 사멸하거나 감염력을 없애는 것

> 소독이란 화학적으로 병원체의 생활력을 파괴하여 감염 또는 증식력을 없애는 것이다.

119 자비소독 시 살균력 상승과 금속의 상함을 방지하기 위해서 첨가하는 약품(물질)으로 알맞은 것은?

① 승홍수　　② 알코올
③ 탄산나트륨　④ 포르말린

> 자비소독 시 물속에 탄산나트륨을 1% 가하면 살균작용이 강화되고 금속 표면에 녹이 스는 것을 미리 방지할 수 있다.

120 석탄산계수가 3.0인 의미는?

① 살균력이 석탄산과 같다.
② 살균력이 석탄산의 3배
③ 살균력이 석탄산의 3분의 1
④ 살균력이 석탄산의 3분의 2

> 석탄산계수는 살균력의 상대치를 나타내는 계수로 석탄산의 살균력을 1로 하여 어떤 약품의 살균력이 석탄산 살균력의 몇 배에 해당하는 것인가를 나타내는 것이다. 석탄산계수 = 특정 소독약의 희석배수 / 석탄산 희석배수

121 다음 중 염소 소독의 장점으로 볼 수 없는 것은?

① 경제적이다.　　② 냄새가 없다.
③ 소독력이 강하다.　④ 잔류효과가 크다.

> 염소는 자체의 자극냄새가 있다.

정답　114 ②　115 ④　116 ②　117 ④　118 ④
　　　119 ③　120 ②　121 ②

122 아포형성균을 사멸하며, 고압증기멸균법에 의한 가열온도에서 파괴될 위험이 있는 물품을 멸균할 때 이용되는 멸균법은?

① 간헐멸균법　② 여과멸균법
③ 자비소독법　④ 초음파멸균법

> 고압증기멸균법에서 파괴될 위험이 있는 물품의 멸균은 간헐멸균법을 택한다. 간헐멸균법은 내열성 아포를 파괴시키고자 할 때 100℃로 15~30분간씩 3일간 3회 간헐적으로 가열을 되풀이하는 방법이다.

123 아포를 가진 병원균의 소독법으로 가장 적당한 것은?

① 고압증기멸균법　② 방사선멸균법
③ 저온살균법　　　④ 초음파살균법

> 고압증기멸균법은 아포를 포함한 모든 미생물을 완전히 멸균시키기에 가장 좋은 방법이다.

124 파스퇴르가 발명한 살균방법은?

① 여과살균법　② 저온살균법
③ 증기살균법　④ 자외선살균법

> 저온살균법은 파스퇴르에 의해 고안된 방법으로 61~63℃에서 30분간 가열하여 아포를 형성하지 않는 세균을 사멸하는 방법이다.

125 보통 자비소독으로 살균되지 않는 균은?

① 간균　　　　② 결핵균
③ 아포형성균　④ 장티푸스균

> 자비소독으로는 아포(포자)형성균이 완전 사멸되지 않는다.

126 석탄산 90배 희석액과 어느 소독제 135배 희석액이 같은 살균력을 나타낸다면 이 소독제의 석탄산계수는?

① 0.5　② 1.0
③ 1.5　④ 2.0

> 석탄산계수 = 소독약 희석액 / 석탄산 희석액
> = 135 / 90 = 1.5

127 용액 600mL에 용질 3g이 녹아 있을 때 이 용액은 몇 배 수용액인가?

① 100배 용액　② 200배 용액
③ 300배 용액　④ 600배 용액

> 배수 = 용액 / 용질 = 600 / 3 = 200

128 용질 10g이 용액 50mL에 녹아 있다면 이 용액은 몇 %의 용액인가?

① 2%　② 10%
③ 20%　④ 50%

> 용질 / 용액 × 100 = 10 / 50 × 100 = 20%

129 고압증기멸균법에 대한 설명으로 옳은 것은?

① 기구, 의류 등의 멸균에는 적당하지 않다.
② 보통 120℃에서 20분간 가압증기로서 멸균한다.
③ 아포는 살아남게 된다.
④ 코흐(Koch) 솥을 사용한다.

> 고압증기멸균법은 120℃에서 20분간 가열하면 모든 미생물을 멸균하며 아포까지 사멸하며 고압증기솥을 사용한다.

130 고압증기멸균법에 있어 20파운드, 126.5℃의 상태에서는 몇 분간 처리하는 것이 가장 적당한가?

① 5분간　② 15분간
③ 30분간　④ 60분간

정답　122 ①　123 ①　124 ②　125 ③　126 ③
　　　127 ②　128 ③　129 ②　130 ②

> 고압증기멸균법은 고압멸균기를 사용하며, 시간은 보통 다음과 같다.
> - 10파운드 : 섭씨 115℃, 1,680기압 → 30분
> - 15파운드 : 섭씨 121℃, 2,021기압 → 20분
> - 20파운드 : 섭씨 126℃, 2,361기압 → 15분

131 건열멸균에 대한 설명으로서 적절하지 못한 것은?

① 건열 멸균기를 사용한다.
② 이학적 소독법에 속한다.
③ 유리 기구, 주사침, 유지, 글리세린, 분말 등에 이용된다.
④ 170℃에서 10분간 처리하는 방법이다.

> 건열멸균법은 건열멸균기(Dry Oven)를 이용하여 유리기구, 주사침, 유지, 글리세린, 분말, 금속류, 자기류 등에 주로 사용하며, 보통 170℃에서 1~2시간 처리한다. 고무제품에는 사용할 수 없다.

132 소독액의 농도 표시법에 있어서 소독액 1,000,000mL 중에 포함되어 있는 소독약의 양을 나타내는 단위는?

① 나노그램(μg) ② 밀리그램(mg)
③ 퍼센트(%)   ④ 피피엠(ppm)

> 피피엠(ppm)은 용액량 100만 중에 포함되어 있는 용질량을 뜻한다.

133 위생 서비스 평가계획에 따라 관할 지역별 세부 평가계획을 수립한 후 공중위생 영업소의 위생서비스 수준을 평가하여야 하는 자는?

① 보건복지부장관
② 시장·군수·구청장
③ 시·도지사
④ 행정자치부장관

> 법 제13조(위생서비스 수준의 평가) ②항
> 위생서비스의 세부평가계획 수립 후 수준을 평가하는 자는 시장·군수·구청장이다.

134 시·도지사 또는 시장·군수·구청장은 공중위생관리상 필요하다고 인정하는 때에 공중위생영업자 등에 대하여 필요한 조치를 취할 수 있다. 이 조치에 해당하는 것은?

① 감독   ② 보고
③ 청문   ④ 협의

> 특별시장, 광역시장, 도지사(이하 시·도지사라 함) 또는 시장·군수·구청장은 공중위생 관리상 필요하다고 인정하는 때에는 영업자 및 소유자(공중이용시설) 등에 대하여 필요한 보고를 하게 할 수 있다.

135 다음 중 미용사 면허를 받을 수 있는 자는?

① 금치산자
② 정신질환자
③ 당뇨병환자
④ 면허가 취소된 후 6개월이 경과된 자

> 법 제6조(이용사 및 미용사의 면허 등) ②항
> 성인병 환자(당뇨병 환자)의 경우는 면허를 받을 수 있다.

136 미용사(메이크업) 자격을 취득한 자로서 미용사 면허를 받은 자의 업무범위로 옳은 것은?

① 이발·아이론·면도·머리피부손질·머리카락염색 및 머리감기
② 손톱과 발톱의 손질 및 화장
③ 의료기기나 의약품을 사용하지 아니하는 피부상태분석·피부관리·제모·눈썹손질
④ 얼굴 등 신체의 화장·분장 및 의료기기나 의약품을 사용하지 아니하는 눈썹손질

| 정답 | 131 ④ | 132 ④ | 133 ② | 134 ② | 135 ③ |
| | 136 ④ | | | | |

공중위생관리법 시행규칙 제14조(업무범위)
미용사(메이크업)자격을 취득한 자로서 미용사 면허를 받은 자의 업무범위는 얼굴 등 신체의 화장·분장 및 의료기기나 의약품을 사용하지 아니하는 눈썹손질이다.

137 이·미용업에서 영업장 안의 조명도 기준은?

① 75룩스 ② 100룩스
③ 150룩스 ④ 200룩스

이·미용업 영업장 안의 조명도는 75룩스 이상이 되도록 유지하여야 한다.

138 다음 중 위생교육을 받아야 하는 자에 대한 설명 중 옳은 것은?

① 공중위생 영업소를 개설한 자
② 이·미용사 국가기술자격증을 취득한 때
③ 이·미용사 면허를 취득한 때
④ 이·미용사 면허증을 재교부받은 때

법 제17조(위생교육) ①항
공중위생영업자는 매년 위생교육을 받아야 한다.

139 면허가 취소된 후 계속하여 미용 업무를 행한 자에게 처해지는 벌칙사항은?

① 100만 원 이하의 벌금
② 300만 원 이하의 벌금
③ 6개월 이하의 징역 또는 500만 원 이하의 벌금
④ 1년 이하의 징역 또는 1천만 원 이하의 벌금

법 제20조(벌칙) ③항
면허가 취소된 후 계속하여 업무를 행한 자는 300만 원 이하의 벌금에 처한다.

140 미용 영업자가 오염 허용기준을 지키지 아니하여 당국의 개선명령에 따르지 않았을 때의 벌칙사항은?

① 300만 원 이하의 벌금
② 500만 원 이하의 벌금
③ 6월 이하의 징역 또는 300만 원 이하의 벌금
④ 6월 이하의 징역 또는 500만 원 이하의 벌금

법 제20조(벌칙) ③항
위생관리기준 또는 오염허용기준을 지키지 아니한 자로서 개선명령에 따르지 아니한 자는 300만 원 이하의 벌금에 처한다.

141 영업소 외의 장소에서 이용 또는 미용 업무를 행한 자에 대한 벌칙은?

① 200만 원 이하의 과태료
② 200만 원 이하의 벌금
③ 300만 원 이하의 과태료
④ 300만 원 이하의 벌금

법 제22조(과태료) ②항
영업소 외의 장소에서 이용 또는 미용업무를 행한 자는 200만 원 이하의 과태료에 처한다.

142 손님에게 음란행위를 알선한 사람에 대한 관계행정기관의 장의 요청이 있는 때, 1차 위반에 대하여 행할 수 있는 행정처분으로 영업소와 업주에 대한 행정처분 기준이 바르게 짝지어진 것은?

① 영업정지 1월 - 면허정지 1월
② 영업정지 1월 - 면허정지 2월
③ 영업정지 2월 - 면허정지 1월
④ 영업정지 2월 - 면허정지 2월

법 제11조(공중위생영업소의 폐쇄 등) ①항
손님에게 성매매 알선 등 행위 또는 음란 행위를 하게 하거나 이를 알선 또는 제공한 때 1차 위반에 대하여 영업소와 업주에게는 각각 영업정지 2월과 면허정지 2월의 행정처분을 받게 된다.

정답   137 ①   138 ①   139 ②   140 ①   141 ①
142 ④

143 미용사의 면허증을 다른 사람에게 대여한 1차 위반 시의 행정처분기준은?

① 업무정지 2월   ② 업무정지 3월
③ 면허정지 2월   ④ 면허정지 3월

> 법 제7조(이용사 및 미용사의 면허취소 등) ①항
> 시장·군수·구청장은 미용사의 면허증을 다른 사람에게 대여한 때에는 1차 위반 시의 행정처분기준은 면허정지 3월에 처한다.

144 공중위생영업소의 위생관리수준을 향상시키기 위하여 위생서비스 평가계획을 수립하여야 하는 자는?

① 보건복지부 장관
② 시·도지사
③ 시장·군수·구청장
④ 행정자치부장관

> 법 제13조(위생서비스 수준의 평가) ①항
> 시·도지사는 공중위생영업소의 위생관리수준을 향상시키기 위하여 위생서비스 평가계획을 수립하여 시장·군수·구청장에게 통보하여야 한다.

145 공중위생관리법상 이·미용사의 면허를 취소할 수 있는 자는?

① 국무총리
② 보건복지부 장관
③ 시·도지사
④ 시장·군수·구청장

> 법 제7조(이용사 및 미용사의 면허취소 등) ①항
> 시장·군수·구청장은 이용사 또는 미용사 면허를 취소하거나 6월 이내의 기간을 정하여 그 면허의 정지를 명할 수 있다.

146 다음 중 이·미용사의 면허를 받을 수 없는 자는?

① 국가기술자격법에 의한 이용사 또는 미용사의 자격을 취득한 자
② 면허가 취소된 후 1년이 경과된 자
③ 외국에서 이용 또는 미용의 기술자격을 취득한 자
④ 전문대학에서 이용 또는 미용에 관한 학과를 졸업한 자

> 법 제6조(이용사 및 미용사의 면허 등) ①항
> 이용사 또는 미용사가 되고자 하는 자는 다음에 해당하는 자로서 보건복지부령이 정하는 바에 의하여 시장·군수·구청장의 면허를 받아야 한다.
> 1. 전문대학 또는 이와 동등 이상의 학력이 있다고 교육부장관이 인정하는 학교에서 이용 또는 미용에 관한 학과를 졸업한 자
> 2. 고등학교 또는 이와 동등의 학력이 있다고 교육부장관이 인정하는 학교에서 이용 또는 미용에 관한 학과를 졸업한 자
> 3. 교육부장관이 인정하는 고등기술학교에서 1년 이상 이용 또는 미용에 관한 소정의 과정을 이수한 자
> 4. 국가기술자격법에 의한 이용사 또는 미용사의 자격을 취득한 자
> 5. 면허가 취소되고 1년이 경과된 자

147 위생 서비스 평가의 결과에 따른 위생 관리 등급은 누구에게 통보하고 이를 공포하여야 하는가?

① 공중위생 영업자
② 보건소장
③ 시·도지사
④ 시장·군수·구청장

> 법 제14조(위생관리등급 공표 등) ①항
> 시장·군수·구청장은 보건복지부령이 정하는 바에 의하여 위생서비스평가의 결과에 따른 위생관리등급을 해당 공중위생영업자에게 통보하고 이를 공표하여야 한다.

148 공중위생감시원을 둘 수 있는 곳은?

① 동사무소   ② 보건소
③ 시·군·구   ④ 위생영업소

> 법 제15조(공중위생감시원) ①항
> 관계공무원의 업무를 행하게 하기 위하여 특별시·광역시·도 및 시·군·구에 공중위생감시원을 둔다.

정답   143 ④   144 ②   145 ④   146 ③   147 ①
       148 ③

CHAPTER 01 화장품학 개론

SECTION 01 화장품의 정의

1 화장품의 정의

2013년 개정된 화장품법 제2조 제1항에서 화장품의 정의를 보면 '화장품'이란 인체를 청결·미화하여 매력을 더하고 용모를 밝게 변화시키거나 피부·모발의 건강을 유지 또는 증진하기 위하여 인체에 바르고 문지르거나 뿌리는 등 이와 유사한 방법으로 사용되는 물품으로서 인체에 대한 작용이 경미한 것을 말한다. 다만, 의약품에 해당하는 물품은 제외한다.

2 화장품의 4대 요건

1) 안전성

피부에 대한 자극, 알레르기, 독성이 없을 것

2) 유효성

목적에 합당한 기능을 나타낼 수 있는 원료 및 제형을 사용하여 효과를 부여할 것

3) 사용성

피부에 사용감이 좋고 잘 스며들 것

4) 안정성

보관에 따른 변질, 변색, 변취, 미생물의 오염이 없을 것

SECTION 02 화장품의 분류

사용 목적에 따라 크게 기초 화장품, 메이크업 화장품, 모발 화장품, 바디 화장품, 방향 화장품으로 나눌 수 있다.

〈표 3-1〉 화장품의 분류

분류	목적	주요 제품
기초 화장품	세안	클렌징 폼, 클렌징크림, 클렌징오일
	피부보호	로션, 에센스, 크림
	피부정돈	화장수, 팩, 마사지크림
메이크업 화장품	베이스 메이크업	페이스 파우더, 파운데이션
	포인트 메이크업	립스틱, 아이섀도, 마스카라
모발 화장품	세정	샴푸
	컨디셔닝 · 트리트먼트	린스, 헤어컨디셔너, 헤어트리트먼트
	정발	헤어스프레이, 헤어무스, 포마드
	육모, 양모, 탈모	육모제, 양모제, 탈모제
	퍼머넌트 웨이브	퍼머넌트 웨이브 로션
	염색 · 탈색	염모제, 헤어 칼라
방향 화장품	향취 부여	퍼퓸, 오데 코롱
바디 화장품	신체의 보호 · 보습	바디클렌저, 바디오일
	땀 억제	데오도란트

CHAPTER 02 화장품 제조

SECTION 01 화장품의 원료

1 화장품의 원료

1) 정제수
상수를 증류하거나 이온교환수지를 통하여 정제한 물, 즉 잡균이나 금속이온, 염소, 유기물 등의 불순물을 제거한 물로서 화장수, 크림, 로션의 기초 물질로 사용된다.

2) 알코올
주로 소량으로 로션이나 토너에 쓰인다. 다양한 기능을 하는 알코올은 무색의 특이한 냄새를 가진 휘발유성 액체로서 용제로 많이 쓰이는데 화장품의 원료로 쓰는 이유는 다음과 같은 성질을 나타내기 때문이다.

(1) 에탄올
휘발성이 있으며, 피부에 청량감과 수렴 효과를 준다. 주로 지성 및 여드름 피부용 화장품에 사용한다.

(2) 글리세린
수분을 흡수하는 성질이 강하여 보습제로 널리 사용되나, 끈적임이 남는 단점이 있다. 비누 제조 시 부산물로 얻어지며 무색의 단맛을 가진 액체이다.

3) 분말원료
안료가 주종을 이루는데, 안료는 일반적으로 백색 또는 유색의 고체분말로서 물이나 기타 용매에 녹지 않는 불투명한 착색료를 말한다. 분말원료는 일반적으로 표면적과 흡착력이 큰 것이 특징이므로 수분이나 유분을 흡수하고 증발시키는 힘이 우수하다.

(1) 산화아연
무색, 무취, 무미의 인체에 해가 전혀 없는 분말로 자외선을 반사시키는 성질이 있어 자외선 차단제에 쓰인다. 또한 수렴작용과 살균력이 우수하여 연고의 기제나 여드름 피부용 팩이나 크림 등에도 사용된다.

(2) 이산화티타늄

무색 또는 백색 분말로서 냄새와 맛이 없고, 인체에 해가 없다.
파운데이션, 파우더, 팩, 자외선 차단제 등 여러 곳에 쓰인다.

(3) 탈크

활석가루라고 하는 백색의 분말이다. 피부를 매끄럽게 하며, 커버력이 우수하다. 퍼짐성과 광택이 좋아 파우더에 주로 이용된다.

(4) 카올린

고령토라고도 하며 광물성, 흡수력이 강한 물질이다. 피지 흡수효과가 우수하고, 피지 생성을 완화하는 기능이 있다. 마스크용 제품이나 팩 제로 널리 쓰인다.

4) 습윤제

화장품 건조를 방지하는 데 반드시 필요한 성분으로, 습윤제가 없이 화장품이 만들어지면 제품 사용 중 수분이 증발되어 제품이 딱딱하게 굳을 수 있다. 특히 O/W형 에멀션일 경우 피해가 더 크다. 그 이유는 물 입자가 오일 입자를 둘러싸고 있어 수분이 쉽게 증발할 수 있기 때문이다. 화장품에 주로 쓰이는 습윤제로는 글리세린, 소르비톨, 염화칼슘, 프로필렌글리콜, 규산칼슘 등이 있다.

5) 방부제

외부로부터 화장품을 오염시키는 미생물의 증식을 억제하고 경시적으로 사멸시켜서 제품의 열화를 방지하므로 소비자에 의한 사용 중의 미생물 오염을 방지하기 위해 사용된다.

(1) 방부제가 갖추어야 할 조건

① 무색, 무취로 안전성이 높고 피부 자극이 없어야 한다.
② 물리·화학적으로 안정하며 효력이 지속성이 있어야 한다.
③ 넓은 범위의 미생물에 대해 효력이 있어야 한다.
④ 화장품에 함유되는 다른 성분들과 용해가 되어야 한고 방부제로 인해 효과가 상실되거나 변해서는 안 된다.

(2) 화장품에 사용되는 방부제

① 파라 옥시 안식향산
백색결정형 분말로 인체에 대한 독성이 매우 적고 냄새가 없을 뿐만 아니라 안정하여 화장품에 가장 흔하게 사용된다.

② 에탄올
방부제로 사용할 경우 알코올 농도가 15% 이상 되어야 효과적이다. 일반적으로 소독용으로 사용할 경우 60~70%가 유효하다.

③ 벤조산

피부 자극이 낮으며 곰팡이와 효모의 증식을 억제하는 작용을 한다. 0.05~0.1% 농도로 사용되며, 피부 자극은 낮으나 간혹 알레르기를 유발할 수 있다.

6) 착색제

화장품의 색을 내기 위한 첨가물로 주로 메이크업용 화장품에 많이 사용된다. 천연색소는 빛과 산소에 노출되었을 때 불안정하기 때문에 거의 모든 착색제는 합성제이다.

(1) 유색의 무기안료

주로 파운데이션에 사용된다.

(2) 타르계 색소

콜타르의 성분을 원료로 하여 합성된 유기 착색료이다. 화장수나 정발료, 네일 에나멜, 아이메이크업 화장품에 사용된다.

7) 향료

(1) 동물성 향료

휘발성은 없으나 향의 지속력이 있어 향수 제조에 필수적이라 할 수 있다.

(2) 식물성 향료

천연 향료의 대부분을 차지하고 있다. 향을 함유한 식물의 꽃, 잎, 열매, 뿌리, 나무껍질 등에서 추출한다.

(3) 합성 향료

천연 향료는 구하기가 힘들고 값이 비싸기 때문에 그 대용으로 사용하는 향료이다. 화학적으로 합성된 향료를 말한다.

(4) 조합 향료

동물성 향료, 식물성 향료, 합성 향료는 단독으로 사용할 수 없으며 여러 종류의 향료를 조합하여 조화된 향으로 사용한다.

8) 유성원료

(1) 파라핀

원유를 정제할 때 생기는, 희고 냄새가 없는 반투명한 고체로 연고, 화장품 등을 만드는 데 사용된다. 무색, 무취의 탄화수소 화합물로 유동파라핀과 하드파라핀이 있다. 유동파라핀은 에멀션의 기제로 쓰이고 하드파라핀은 립스틱이나 펜슬 등에 쓰인다.

(2) 미네랄오일

석유에서 얻은 탄화수소 화합물로 무색, 무취로 피부유연제, 피부보호제 등에 사용된다.

(3) 스쿠알렌

포화된 분지형 탄화수소이며 상어간유 혹은 식물성 천연 오일에 수소 첨가하여 얻는다. 주로 피부 보호제 등으로 사용된다.

(4) 바셀린

석유에서 얻는 탄화수소의 혼합물로 무색이나 담황색의 연고 상태이다. 중성이고 자극성이 없으며, 공기의 산화 작용이나 화학 약품의 작용을 잘 받지 않는다. 피부가 트는 것을 방지하는 데 사용된다.

2 화장품의 작용성분

1) 비타민류

(1) 비타민 A

세포 및 결합조직의 조기노화를 예방하고 표피 각화과정을 정상화시켜 피부재생에 기여한다. 건성, 노화 피부용 크림의 주성분으로 사용된다.

(2) 비타민 E

토코페롤로 잘 알려져 있으며, 대표적인 기능은 세포막의 산화를 막아서 항산화 기능을 하며, 세포막의 과산화물의 생성을 막아줘서 노화를 방지한다. 화장품 성분으로서 비타민 E는 노화피부, 건성피부의 혈액순환을 도와준다.

(3) 비타민 B_6

비타민 B_1, B_2와 함께 지루 및 여드름의 경향이 있는 피부에 사용된다. 혈액순환 촉진과 피부 청정 효과가 우수하다.

(4) 비타민 C

아스코르빈산이라고도 하며 신선한 야채, 과일 등 천연식물 중에 분포되어 있다. 화장품에서 아스코르빈산은 항산화제, 미백제로 사용된다.

2) 식물 유래성분

(1) 올리브 오일

올리브 열매를 압착하여 얻은 비휘발성 오일로 피부표면의 수분증발 억제 또는 사용감의 향상 등의 목적과 마사지를 위한 베이스오일로 사용된다.

(2) 아보카도 오일

아보카도 열매를 압착하여 추출한 비휘발성 오일로 피부 친화성이 좋고 퍼짐성이 우수하다. 크림, 로션 등의 기초제품에 사용된다.

(3) 아몬드 오일
마르지 않는 고급오일로 건성, 노화, 민감성 피부와 어린이용 화장품에 널리 쓰인다.

(4) 알로에 베라
진정, 보습, 상처치유, 재생작용이 우수하여 화장품의 원료로서뿐만 아니라 약용, 식용으로도 쓰인다.

(5) 엽록소
탈취작용이 우수하여 치약, 데오도란트 등에 많이 쓰일 뿐만 아니라 피부 정화작용이 우수하여 지성피부용 화장품에도 사용된다.

(6) 아줄렌
캐모마일의 스팀, 증류작용에 의해 얻어지는 에센셜 오일이다. 피부를 진정시키고 치유하는 기능이 있다.

(7) 글리콜산
사탕수수에서 추출한 성분으로 피부 각질층에 침투하여 각질 세포의 응집력을 약화시켜 불필요한 각질을 자연스럽게 떨어뜨린다. 단독으로보다는 젖산, 과일산 등과 함께 사용하고 화학적으로 합성한 것도 혼합하여 사용한다.

(8) 레시틴
화장품 성분으로 사용되는 레시틴은 대두의 인지질과 합성 레시틴으로 거칠고 건조한 피부에 효과가 우수하며 천연 유화제로 사용한다.

(9) 알란토인
컴프리, 상수리나무, 밀의 싹, 담배종자 등에서 추출한 성분으로 화장품에 사용되는 대표적인 진정성분이다. 독성이 없고 자극이 없으며 낮은 농도에서도 효과를 발휘한다. 보습력과 치유 작용이 우수하다.

3) 동물 유래성분

(1) 콜라겐(Collagen)
화장품 성분으로 사용되는 콜라겐은 어린 동물의 피부에서 추출한다. 피부 내 보습력을 강화하여 잔주름 등을 예방하는 효과가 있다.

(2) 엘라스틴(Elastin)
화장품에 사용되는 엘라스틴은 동물의 진피에서 추출한다. 동물성 단백질의 일종으로 피부의 탄력유지에 매우 중요한 역할을 하며 피부의 파열을 방지하는 스프링 역할을 한다.

(3) 플라센타(Placenta)

동물의 태반에서 추출하며 효소, 비타민, 단백질, 호르몬 등 인체에 유익한 성분을 함유하고 있어 크림, 앰플, 마스크 등 피부재생을 목적으로 하는 제품에 주성분으로 이용된다.

(4) 히알루론산(Hyaluronic Acid)

진피 내 바탕 물질로 무코다당류의 일종이다. 노화방지 및 보습제로 널리 이용된다.

(5) 밀랍(Beeswax)

암벌에서 얻어지는 동물성 왁스이다. 흰색, 노란색 두 종류로 이들 모두 기초화장품과 메이크업 제품 및 헤어 왁스, 헤어크림 등에 쓰이고 있다.

(6) 라놀린(Lanolin)

면양의 털에서 뽑아낸 기름을 정제한 것이다. 반투명한 황백색으로 부드러우며 자극성이 없고 흡수성이 있다. 연고, 연화제, 스킨 크림, 과지방 비누의 주성분으로 사용된다. 건조한 피부에 효과적이나 피부알레르기 위험성도 있다.

(7) 로열 젤리(Royal Jelly)

단백질과 비타민 B군을 많이 함유하고 있다. 피부가 거칠고 지친 건성피부에 사용했을 때 효과가 크다.

SECTION 02 화장품의 기술

화장품은 다양한 물질의 계면을 화학적 혹은 물리적 수단으로 변화시켜 균일계를 형성하는 '수분·유분·분체 등의 공존 제품'이다. 이러한 화장품을 만드는 주요 수단으로 유화, 가용화, 분산이라는 기술이 이용되고 있다.

❶ 유화 기술

많은 양의 유성성분을 물에 균일하게 혼합하는 기술이다. 즉, 다량의 유성 성분을 물에 일정 기간 동안 안정한 상태로 균일하게 혼합시키는 기술을 유화기술이라 한다. 유화란 유탁 상태를 형성하는 것을 일컬으며 영어로는 '에멀션'이라고 한다. 유화에는 물의 연속 상에 유분을 분산시킨 O/W형(수중유형) 에멀션, 기름의 연속 상에 수분을 분산시킨 W/O형(유중수형), 그리고 이들을 조합한 W/O/W형 등 다양한 타입이 있어서 다양한 감촉이나 기능의 화장품이 만들어지고 있다.

2 가용화 기술

물에 녹지 않는 소량의 유성성분을 계면활성제의 미셀형성 작용을 이용하여 투명한 상태로 용해시키는 것을 가용화라 부른다. 가용화를 이용한 화장품의 대표적인 예로 투명 스킨을 들 수 있다. 일반적으로 스킨은 피부를 청결하고 건강하게 유지하기 위하여 사용하는 것으로 물이나 에탄올에 유연 성분인 유제를 소량 첨가하여 제조한다. 이때 단순한 혼합으로는 물과 기름층이 분리되어 스킨으로의 기능을 발휘할 수 없다. 계면활성제를 사용하여 유제를 미셀에 결합시키면 수계성분에 용해가 가능하여 스킨을 제조할 수 있다.

3 분산 기술

분산(Dispersion)이란 물 또는 오일에 미세한 고체입자가 계면활성제에 의해 균일하게 분산된 상태로 파운데이션, 메이크업 베이스, 립스틱, 아이 라이너, 마스카라, 아이섀도, 네일 에나멜 등의 색조화장품에 사용되는 제조방법이다.

SECTION 03 화장품의 특성

1 화장품의 품질

품질이란 일반적으로 소비자의 만족도에 의해 결정되는 것이다. 화장품은 감성품질의 기여율이 높은 감성상품의 대명사라 할 수 있는 것으로 안전성, 안정성, 사용성, 미용성 등의 기능 외에도 색, 향, 사용 시 및 사용 후의 감촉, 화장효과, 나아가 용기디자인, 네이밍 등의 소프트웨어 적인 면에 대한 배려가 중시된다.

2 화장품의 품질 특성

화장품에서의 품질 특성이란 화장품을 만들어 판매하는 경우, 기본적으로 소홀히 해서는 안 될 중요한 특성을 말한다. 일반적으로 안전성, 안정성, 사용성, 유효성으로 나뉜다. 먼저 안전성이란 모든 사람들을 대상으로 장기간 지속적으로 사용해야 하는 물품이므로 피부에 사용했을 때 자극, 알레르기, 독성 등과 같은 인체에 대한 부작용이 없는 것을 말한다. 안정성은 사용기간 중에 화장품이 변질, 변색, 변취되거나 분리되는 일이 없어야 하고 미생물 오염도 없는 것을 말한다. 사용성이란 사용자의 기호에 따라 선택되는 향기, 색, 디자인 등의 기호성(감각성)도 포함되는데 사용감(발림성과 흡수성 등), 사용 편리성(형상, 크기, 중량, 기구, 기능, 휴대성 등), 기호성(향, 색, 디자인 등)이 좋아야 한다. 유효성은 각각의 화장품들이 사용목적에 적합한 기능을 충분히 나타내어 피부에 적절한 보습, 노화억제, 자외선 차단, 미백, 세정, 색채 효과 등의 목적하는 효과를 나타내야 한다.

CHAPTER 03 화장품의 종류와 기능

SECTION 01 기초 화장품

1 기초 화장품의 목적과 기능

1) 기초 화장품의 목적
피부를 청결히 하여 피부를 정돈하고, 각질층을 보습시켜주는 것을 주목적으로 한다. 피부의 유해인자로부터 피부를 보호하고, 건강하고 아름답게 유지해 준다.

2) 기초 화장품의 기능
청정작용, 건조방지, 자외선 차단, 산화방지, 항균작용, 세포의 재생 등의 기능을 들 수 있다.

2 기초 화장품의 분류

1) 세안용 화장품

(1) 비누
① 비누의 주 효과는 세정작용이다.
② 비누는 거품이 풍성하고 잘 헹구어져야 한다.
③ 비누의 세정작용은 비누 수용액이 오염과 피부 사이에 침투하여 부착을 약화시켜 떨어지기 쉽게 하는 것이다.

> **메디케이티드 비누**
> 소염제를 배합한 제품으로 여드름, 면도 상처 및 피부 거칠음 방지효과가 있다.

(2) 클렌징 크림(Cleansing Cream)
짙은 유성 메이크업이나 피지 분비에 의한 노폐물이 많을 때 적당하다. 유분 함량이 높아 지성피부 타입에는 사용을 자제하는 것이 좋다.

(3) 클렌징 로션(Cleansing Lotion)
클렌징 크림보다 유분함량이 낮아 피부에 부담이 적고, 산뜻하다. 클렌징 크림에 비해 세정력이 떨어지므로 옅은 화장을 지울 때 적합하다.

(4) 클렌징 오일(Cleansing Oil)

유성성분을 많이 포함한 메이크업에 가장 강한 세정력을 가지고 있다. 피부 침투성이 좋아서 땀이나 피지에 강한 화장도 깨끗이 닦아준다.

(5) 클렌징 워터(Cleansing Water)

오일성분이 없는 세안제로 산뜻하고 가벼운 사용감을 가지고 있어, 주로 가벼운 화장을 지우는 데 적합하다.

(6) 클렌징 폼(Cleansing Foam)

비누의 우수한 세정력과 클렌징 크림의 피부보호 기능을 가지며 피부 당김을 제거한 제품이다. 적은 양으로도 풍부한 거품을 형성시켜 주며, 피부 자극도 대체로 적다.

2) 화장수

피부의 정돈 및 유·수분을 보충시켜 주는 제품이다.

(1) 유연 화장수(Tonic)

수산화칼륨·글리세롤 등이 주원료이고 방부제를 첨가하여 알칼리를 안정시킨 것이다. 피부에 적당한 수분을 보충하여 보습효과를 높여 피부를 매끈하고 촉촉하게 하는 제품이다.

(2) 수렴 화장수(Astringent)

물·알코올·시트르산 등으로 만들어지며, 피부의 산도를 유지시킨다. 흔히 아스트린젠트라 불리는 제품으로, 각질층에 수분을 공급하고, 모공을 수축시켜 피부 결을 가다듬고 정리해 준다. 다소 많은 알코올 함량에 의해 청량감, 소독작용 및 피지의 과잉분비 억제작용이 있는 제품이다.

3) 크림(Cream)

피부에 아름다움과 윤택 효과를 주는 화장품이다. 또한 충분한 수분과 영양을 공급하여, 피부탄력, 수분 보호막의 기능을 해준다. 크림은 사용 목적에 따라 데이 크림(Day Cream), 나이트 크림(Night Cream), 영양 크림(Nourishing Cream)으로 분류되고, 기능에 따라서는 핸드크림, 클렌징크림, 미백크림, 주름개선크림, 아이크림, 선 스크린 크림 등으로 분류된다.

4) 에센스(Essence)

피부에 탁월한 효과가 있는 미용 성분을 농축시킨 미용액 또는 미용 농축액을 말하며, 특정 기능적 성분의 영양 공급 효과가 뛰어나다.

5) 팩과 마스크

(1) 목적
피부에 노폐물과 각질을 제거하며 영양과 수분을 적절하게 공급하여 피부를 건강하게 한다. 혈액과 림프액의 순환을 촉진시킨다.

(2) 기능

① 클렌징 기능
  미처 탈락하지 못한 각질이나 오염물은 팩을 제거할 때 같이 제거되고, 일부 팩은 피지를 흡수하는 효과와 개방 면포를 제거하는 효과도 있다.

② 보습 기능
  팩은 일시적으로 피부를 바깥공기와 차단함으로써 수분 증발을 억제하여 각질층에 수분함량을 증가시켜 보습효과를 준다.

③ 피부의 혈액순환 증가
  팩이나 마스크를 하는 동안에 피부의 온도를 올려 혈액순환을 증가시킬 수 있다.

④ 편안함과 전체적인 피부에 대한 호전
  얼굴의 피부가 '잘 다듬어진다'는 느낌과 마스크가 얼굴에 있는 동안의 안정감과 편안함을 준다. 또한 마스크를 떼어내고 나서 산뜻한 기분과 신선하고 깨끗한 느낌을 가지게 한다.

(3) 분류

① 사용방법에 따른 분류
  ㉠ 필 오프 타입(Peel off Type) : 팩 사용 후 일정 시간이 경과하면 아래에서 위로 떼어내는 타입으로 얼굴에 바른 후 건조된 필름 막을 떼어내는 방법이다. 피지분비가 왕성한 지성피부와 칙칙하고 탄력이 없는 피부에 적합하다.
  ㉡ 워시 오프 타입(Wash off Type) : 팩 사용 후 10~30분이 경과하면 물로 씻어내는 타입으로 피부 자극이 적고 가장 대중적인 제품이다.
  ㉢ 티슈 오프 타입(Tissue off Type) : 팩 사용 후 10~15분이 경과하면 티슈로 제거하는 제품이다. 사용감이 좋고 짧은 시간에 팩 사용을 원하는 경우 적합하다.

② 성상에 따른 분류
  ㉠ 진흙 타입(Clay Type) : 각질 제거와 피지 흡착 능력이 뛰어나다. 지성, 여드름 피부에 사용한다.
  ㉡ 겔 타입(Gel Type) : 보습효과와 진정효과, 냉각작용, 청량감이 크다. 지성, 여드름, 예민한 피부에 사용한다.
  ㉢ 크림 타입(Cream Type) : 모든 피부에 사용이 가능하며 영양, 보습, 유연, 진정, 정화작용이 뛰어나다.

ⓔ 파우더 타입(Powder Type) : 분말 타입으로 증류수나 생수 또는 특별한 용액에 섞어 사용한다.

SECTION 02 메이크업 화장품

1 메이크업 화장품 유용성

1) 미적 유용성
얼굴이나 입술, 눈꺼풀, 볼 등의 부위에 화장을 함으로써 아름답고 매력적으로 보이도록 완성하여 외견의 가치를 높인다.

2) 보호적 유용성
자외선이나 건조, 대기오염 등 외부 자극으로부터 피부를 보호한다.

3) 심리적 유용성
화장 및 화장품은 우리의 마음이나 신체에 작용함으로써 심리적인 만족감과 자신감을 생기게 한다.

2 메이크업 화장품에 요구되는 성질

1) 색조성
① 외관색이 균일하고 도포된 색상과 실제 색상이 거의 동일한 것
② 광원의 종류에 따라 도포색이 크게 변하지 않는 것

2) 화장효과
① 기대한 화장효과가 얻어지는 것
② 피부에 대한 부착성이 양호한 것
③ 도포 후 시간이 경과하여도 색의 변화가 없는 것

3) 사용성
① 도포할 때 감촉이 소프트하고 도포 후 이질감이 없는 것
② 클렌징이 용이한 것
③ 제품의 성능을 뒷받침할 수 있는 도포용구가 포함된 것

4) 안정성
① 시간이 경과함에 따라 변색, 변취, 변형 등의 품질 변화를 일으키지 않는 것
② 제품의 품질을 유지하는 데 충분한 기능을 지닌 용기에 담겨진 것

5) 안전성
① 피부, 점막에 자극을 주지 않는 것
② 유해물질을 함유하지 않은 것
③ 미생물에 오염되지 않은 것

❸ 메이크업 화장품의 종류

1) 베이스 메이크업(Base Make-up) 화장품
얼굴 전체의 피부색을 균일하게 정돈하거나 기미, 주근깨 등 피부 결점을 커버하여 아름답게 보이도록 한다.

(1) 메이크업 베이스
기초 화장품을 사용한 후 파운데이션을 바르기 전에 바탕이 되는 피부색을 보정하는데 사용하는 제품으로서 피부색의 단점을 보완하여 원래의 피부보다 생동감이 있는 상태로 가꾸어 준다. 또한 인공 피지막을 형성하여 피부를 보호한다.

(2) 파운데이션
피부의 결점을 감추고 원하는 화장의 피부색을 만드는 기초로 쓰이는 화장품으로 커버력의 차이에 따라 수성 타입, 에멀션 타입, 유성 타입으로 나뉜다.

① 리퀴드 파운데이션(Liquid Foundation)
  안료가 균일하게 분산되어 있고, 오일량이 적어 사용감이 가벼운 형태로 대부분 O/W형이다. 손쉽게 피부결점을 커버할 수 있으며, 산뜻한 사용감이 있어 여름철에 주로 사용된다.

② 크림 파운데이션(Cream Foundation)
  크림에 안료가 균일하게 분산되어 있는 형태로 W/O형이다. W/O형은 사용감이 무겁고 퍼짐성이 낮다. 하지만 피부에 부착성이 우수하고 땀이나 물에 잘 지워지지 않는다.

③ 파우더 파운데이션(Powder Foundation)
  파우더와 트윈 케이크의 중간 형태로, 베이스 크림을 바른 후 빠른 메이크업이 가능하기 때문에 외출 전에 화장을 수정할 때 간편하게 사용할 수 있다.

④ 트윈 케이크(Twin Cake)
안료에 오일을 스프레이하여 흡착시킨 후 압축하여 케이크 형태로 한 것으로 뭉침이 없고 땀에 쉽게 지워지지 않는다.

⑤ 스킨 커버(Skin Cover)
안료를 오일과 왁스에 골고루 혼합 분산시킨 것으로, 크림 파운데이션보다 밀착감과 커버력이 우수하다.

(3) 파우더

땀과 피지에 의해 화장이 번지거나 지워지는 것을 막고 빛을 사방으로 난반사시켜 얼굴을 밝고 화사하게 보이도록 하기 위해 사용하는 메이크업 화장품이다.

① 루스 파우더(Loose Powder)
가루분 또는 페이스 파우더(Face Powder)라고도 한다.

② 콤팩트 파우더(Compact Powder)
고형분 또는 프레스트 파우더(Pressed Powder)라고도 한다.

2) 포인트 메이크업(Point Make-up) 화장품

입술, 눈, 볼이나 손톱 등에 부분적으로 사용하여 혈색을 좋게 하고 입체감을 부여하여 아름답고 매력적인 용모로 보이도록 한다.

(1) 아이 메이크업 화장품

① 아이섀도(Eye Shadow)
눈과 눈썹 사이의 눈꺼풀에 사용되며, 눈 부위에 색채와 음영을 주어 입체감을 부여하고 눈의 아름다움을 강조해주기 위해 사용한다.

② 아이브로(Eyebrow)
눈썹을 잘 정돈한 후 원하는 형태로 라인을 그리거나 눈썹을 진하게 하여 얼굴 이미지에 변화를 주는 화장품이다. 펜슬 타입 제품이 가장 많이 사용되고 있다. 아이브로는 피부에 부드럽고 섬세하게 그려지며 땀이나 피지에 잘 번지지 않는 것이 좋다.

③ 아이라이너(Eyeliner)
속눈썹이 자라난 선을 따라서 가는 붓으로 가늘게 라인을 그려서 눈의 인상을 변화시키고 매력적인 눈매를 표현하는 데 사용하는 화장품이다. 아이라이너는 눈가에 바르는 제품이기에 자극이 없고 오래 사용하여도 미생물로 인한 오염이 없고 안전한 것이 좋다.

④ 마스카라(Mascara)
속눈썹을 길고 풍성하게 해주며 컬을 주어 눈가를 아름답게 하는 화장품이다. 마스카라는 속눈썹에 균일하게 발리고, 속눈썹이 진하고 길게 연출되며, 컬이 잘 표현되고, 완성 후 눈 아래에 묻거나 눈물 등으로 지워지지 않는 것이 좋다.

(2) 립스틱(Lipstick)

입술에 윤기와 색상을 부여해서 얼굴 전체의 이미지를 밝게 보이도록 하고, 입술을 수정하기 위한 제품으로서 연지 또는 루주(Rouge)라고도 불린다.

(3) 치크 컬러(Cheek Color)

볼에 도포하여 안색을 건강하게 하고 음영을 만들어 입체감을 내기 위해 사용하는 화장품으로서 볼연지 또는 치크 블러셔라고도 한다. 얼굴의 윤곽 수정 효과도 있다.

SECTION 03 바디(Body)관리 화장품

1 바디 화장품

1) 세정 및 목욕제

바디에 있는 노폐물을 제거하여 몸을 청결하게 유지해 주는데 비누, 바디 샴푸, 바디 솔트 등이 이에 속한다.

2) 트리트먼트제

몸을 보호하는 기능을 지니며 바디 로션, 바디 크림, 바디 오일 등이 있다.

3) 방향제

다른 방향물질에서 발생하는 체취를 제거하는 기능이 있으며 파우더와 코오롱 등이 있다.

4) 일소방지제

자외선으로부터 피부를 보호하며 피부 트러블을 방지한다. 선탠오일, 선탠 리퀴드, 애프터 선 케어 로션 등이 있다.

2 손에 사용하는 화장품

손을 건강하게 유지하기 위하여 사용하는 화장품을 말하며 핸드크림, 핸드로션 등이 이에 속한다.

> **핸드 새니타이저(Hand Sanitizer)**
> 손세정제로 물로 손을 씻는 것을 대신하는 대용제를 총칭하며 주로 피부청결 및 소독 효과를 위해 사용한다.

③ 발에 사용하는 화장품

거칠어진 발을 건강하게 보호해주기 위하여 사용하는 화장품을 말하며 발 크림, 발 로션 등이 이에 속한다.

SECTION 04 방향화장품

① 좋은 향수의 요건

① 아름다운 향이 나며 세련되고 격조 높은 향이어야 한다.
② 향에 특징이 있어야 한다.
③ 향의 확산성이 좋아야 한다.
④ 향이 적당히 강하고 지속성이 좋아야 한다.
⑤ 향의 조화가 잘 이루어져야 한다.

② 향수의 특성

향수는 시간이 흐르면서 향이 변화하는데, 이는 향료의 휘발성 때문이다. 향수에서 나오는 후각적인 느낌을 '노트(Note)'라고 부른다. 노트는 발산되는 단계에 따라 탑 노트(Top Note), 미들 노트(Middle Note), 베이스 노트(Base Note)로 나눈다.

1) 탑 노트(Top Note)

향수를 뿌린 후 약 10분 동안 나는 향기를 말하며, 향의 첫인상이기 때문에 중요하다. 헤드 노트라고도 한다. 휘발성이 높은 시트러스 계열, 그린 계열, 알데히드 계열, 가벼운 플로럴 계열을 많이 사용한다.

2) 미들 노트(Middle Note)

향수를 뿌린 후 30분에서 1시간 정도 경과된 후 맡을 수 있는 향이며, 향수의 구성 요소들이 조화롭게 배합을 이룬 향의 중간 단계로서 하트 노트(Heart Note)라고도 한다. 플로럴 계열, 스파이스 계열, 그린 계열, 오리엔탈 계열 등이 많이 이용된다.

3) 베이스 노트(Base Note)

향수를 뿌린 후 2~3시간 정도 경과된 후에 느껴지는 향이며, 향수의 기본 성격과 지속적인 품질을 결정하기 때문에 라스트 노트(Last Note)라고도 한다. 휘발도가 낮은 우디 계열, 앰버 계열, 오리엔탈 계열 등의 조향이 여기에 해당한다.

〈표 3-2〉 향수의 시간에 따른 단계별 분류

단계	내용	비고
탑 노트(초 향)	• 향수를 뿌린 후 처음 느껴지는 향기로 주로 휘발성이 강한 향료로 구성된다. • 향 지속시간 : 10분 전후	시트러스, 그린, 알데히드 등
미들 노트(중간 향)	• 알코올이 날아간 다음 나타나는 향기로 대부분 꽃 향과 과일 향으로 이루어져 있다. • 향 지속시간 : 30분~1시간	스파이스, 그린, 오리엔탈 등
베이스 노트(종 향)	• 휘발성이 낮아서 가장 마지막에 나는 향기이다. • 향 지속시간 : 2시간~향이 다 날아갈 때까지	무스크, 오디, 앰버 등

❸ 향수의 유형별 분류

1) 퍼퓸(Perfume)

일반적으로 말하는 향수로 15~30%의 향료를 함유하고 있다. 향수 중에서 부향률이 가장 강해 향이 매우 풍부하다. 지속시간은 약 6~7시간 정도이다.

2) 오데 퍼퓸(Eau de Perfume)

9~12%의 향료를 함유한 제품으로 퍼퓸보다 농도가 낮아 사용 부담이 덜한 제품이다. 지속시간은 약 5~6시간 정도이다.

3) 오데 토일렛(Eau de Toilet)

6~8%의 향료를 알코올에 부향시킨 제품으로 향수 가운데 가장 많이 사용된다. 지속시간은 약 3~5시간 정도로 상쾌한 향을 즐길 수 있다. 엷은 향을 띠고 있지만 신선하고 상큼한 감각과 향수의 지속성을 즐길 수 있는 이점이 있다.

4) 오데 코롱(Eau de Cologne)

3~5%의 향료를 함유한 제품으로서 상쾌한 향취가 특색이며 향기의 지속시간은 약 1~2시간 정도이다. 과일향을 베이스로 한 제품이 많아 향수를 처음 접하는 사람들에게 적합하다.

5) 샤워 코롱(Shower Cologne)

1~3%의 낮은 함량의 향료를 함유하고 있어 사용 후 약 1시간 정도 향이 유지된다. 은은하면서도 전신을 산뜻하고 상쾌하게 유지시켜 주며 몸의 악취를 제거시켜 주는 가볍고 신선한 타입의 바디 방향 제품이다.

<표 3-3> 향수의 유형별 분류

유형	부향률	지속시간	특징 및 용도
퍼퓸	15~30%	6~7시간	방향제품 중에서 가장 농도가 진해 향이 풍부하고 완벽해서 고가이며, 농후한 분위기를 연출하고, 지속시간이 길다.
오데 퍼퓸	9~12%	5~6시간	퍼퓸에 가까운 지속성과 향의 깊이가 있으면서, 부향률이 퍼퓸에 비해 낮아 경제적이다.
오데 토일렛	6~8%	3~5시간	오데 코롱의 가벼운 느낌과 향수의 지속성을 가진다. 상쾌하면서도 풍부한 향을 즐길 수 있다.
오데 코롱	3~5%	1~2시간	상쾌한 향취로 향수를 처음 사용하는 사람에게 적합하다.
샤워 코롱	1~3%	약 1시간	몸의 악취를 제거하며 매우 가볍고 신선한 느낌을 주는 바디 방향제품이다.

4 향수의 원료에 따른 분류

1) 동물성 향료

대부분 동물의 특수한 분비물이나 병적 산물이다. 향이 짙은 것은 불쾌한 냄새가 나지만, 적당히 엷게 하면 좋은 방향을 얻을 수 있다. 머스크(Musk : 사향), 시벳(Civet : 사향 고양이), 카스토레움(Castoreum : 해리), 앰버그리스(Ambergris : 용연) 등이 대표적이다.

2) 식물성 향료

식물의 꽃, 잎, 가지와 줄기, 나무껍질, 뿌리, 과일이나 종자, 수액, 혹은 식물체 전체에서 추출한 향료이다. 그 종류와 생산량이 풍부하기 때문에 향료로서 매우 중요하다.

3) 합성 향료

화학적인 조작으로 얻는 향료로 화학구조가 단일한 방향 화합물로 된 것이 많아 조합 향료의 소재나 다른 합성 향료의 원료로 사용되기도 한다.

SECTION 05 에센셜(아로마) 오일 및 캐리어 오일

1 에센셜(아로마) 오일의 정의와 특성

1) 에센셜(아로마) 오일의 정의

식물의 본질 혹은 특성이자 식물의 생명력이 증류, 아로마를 공기 중으로 빠르게 증발시키는 천연 휘발성 물질이다. 에센셜 오일은 식물의 꽃, 잎, 줄기, 껍질, 열매 등에서 추출한 휘발성 천연오일로 단일 오일로 사용하거나 2~3종류를 혼합하여 사용하기도 한다. 아로마 오일은 식물에 존재하는 휘발성 향기 물질을 일컫는다.

2) 에센셜(아로마) 오일의 특성

에센셜 오일은 사용 전에 반드시 안전성 데이터를 숙지하여야 하며 패치테스트(Patch Test)를 실시해 보는 것이 바람직하다.

3) 대표적인 에센셜(아로마) 오일의 종류와 특성

(1) 페퍼민트(Peppermint)

잎사귀와 꽃의 윗부분을 증기 증류법으로 추출한다. 살균, 항균, 신경 안정, 소화질환 등에 효과가 있다.

(2) 유칼립투스(Eucalyptus)

나무의 잎을 증류법을 이용하여 추출하는데 감기, 기침, 콧물, 천식 등의 호흡기질환에 탁월한 효과가 있다.

(3) 로즈메리(Rosemary)

위장 장애에 의한 두통이나 류머티스, 통풍, 근육통 등의 통증을 완화시키고, 천식, 인플루엔자 등의 호흡기 계통의 증세, 빈혈, 생리통이 심할 때에도 효과적이다.

(4) 라벤더(Lavender)

꽃을 증류법으로 추출한다. 마음을 편안하게 하는 작용이 있으므로 기분이 우울하거나 초조하여 잠을 못 이루는 경우에 사용하면 효과적이다. 화상, 외상, 상처 및 호흡기질환에 효과가 있다.

(5) 세이지(Sage)

방부 · 항균 · 항염 등 살균 소독작용이 있으며 염증의 소염제로도 이용한다.

(6) 재스민(Jasmine)

건성 · 민감성 피부에 좋으며, 우울증, 불면증 개선에 효과가 있다.

(7) 제라늄(Geranium)

꽃, 잎과 줄기에서 증류법으로 추출한다. 진정작용을 하기 때문에 생리 전 증후군, 산후 우울증, 스트레스와 연관된 질병에 효과가 있다.

(8) 사이프러스(Cypress)

진정 작용이 있고 정맥질환과 치질에 효과적이며 간 기능 개선에 도움을 주고, 천식과 손발부종에 효과적이다.

(9) 일랑일랑(Ylang Ylang)

소독 · 진정 · 최음 · 항우울 · 혈압강하 · 혈액순환에 효능을 가지고 있어 호르몬 분비의 평형을 유지시켜 주고, 생식기관의 여러 장애에 도움을 준다.

(10) 레몬(Lemon)

소독작용이나 혈액 순환을 좋게 한다. 또한 감염증이나 당뇨병의 불쾌감, 변비, 신장이나 간의 울혈, 두통이나 신경통의 통증으로 힘들 때에도 효과적이다. 시트러스 계열로 피부가 광과민성을 일으킬 수 있다.

(11) 타임(Thymus)

증류법으로 추출하며 강력한 항균작용이 있어 무좀, 피부 염증 제거, 기관지염, 인후염, 기침, 콧물 등에 효과적이다.

(12) 주니퍼(Juniper)

지성피부와 두피 지루증에 효과적이며, 정화작용으로 여드름과 습진에 효과가 있다.

❷ 캐리어 오일의 역할과 특성

에센셜(아로마) 오일의 운반체 역할을 하는 식물성 오일이다. 필수지방산으로 구성되어 있고 용해성 비타민인 A, D, C를 함유하였다.

1) 캐리어 오일의 역할

① 에센셜(아로마) 오일을 희석하는 유화제의 역할
② 에센셜(아로마) 오일을 피부 깊숙이 혈액과 림프액까지 침투시키는 전달자의 역할
③ 캐리어 오일 성분 자체의 피부 개선 효과

2) 대표적인 캐리어 오일의 종류와 특성

(1) 호호바 오일(Jojoba Oil)

모든 피부에 사용 가능하며, 피지성분과 유사하여 흡수력이 우수하다. 건선, 피부염, 지성, 여드름 피부에 효과가 좋다.

(2) 올리브 오일(Olive Oil)

염증, 화농성, 여드름 피부에 좋다.

(3) 아보카도 오일(Avocado Oil)

건성·민감성 피부에 좋으며, 진정작용과 습진 피부에 효과적이다.

SECTION 06 기능성 화장품

2013년 개정된 화장품법 제2조 제2호에서는 '기능성 화장품'에 대해 1) 피부의 미백에 도움을 주는 제품, 2) 피부의 주름개선에 도움을 주는 제품, 3) 피부를 곱게 태워 주거나 자외선으로부터 피부를 보호하는 데 도움을 주는 제품이라 정의하고 있다.

〈표 3-4〉 기능성 화장품의 종류

종류	효능 및 효과
미백 기능성 화장품	멜라닌 생성 및 산화방지, 멜라닌 색소 환원, 피부 색소침착 방지, 피부 각질 제거 및 칙칙함 개선, 기미, 주근깨 개선 및 제거
주름개선 기능성 화장품	피부 탄력 강화, 콜라겐 합성 촉진, 섬유아세포 생성 촉진
피부를 곱게 태워 주거나 자외선으로 부터 보호하는 기능성 화장품	자외선의 차단 및 산란, 일소의 방지

1 미백 화장품

1) 미백 화장품의 정의

① 피부에 멜라닌색소가 침착하는 것을 방지하여 기미·주근깨 등의 생성을 억제함으로써 피부의 미백에 도움을 주는 기능을 가진 화장품
② 피부에 침착된 멜라닌색소의 색을 엷게 하여 피부 미백에 도움을 주는 기능을 가진 화장품

2) 미백 화장품의 작용 기전

(1) 티로시나아제의 활성 억제

멜라닌의 원료가 되는 티로신의 산화 반응에 관여하는 티로시나제의 활성을 저해하여 멜라닌 생성을 억제한다.

(2) 활성산소 제거

활성산소에 의해 발생하는 피부 과색소 침착을 강력한 항산화작용으로 억제한다.

3) 미백에 도움을 주는 원료

(1) 마그네슘 아스코빌 포스페이트(Magnesium Ascorbyl Phosphate)

비타민 C는 아스코르빈산(Ascorbic Acid)의 활성을 지닌 안정한 수용성 유도체이다. 침투성이 우수해 기저층까지 침투되며, 멜라닌 생성 억제작용과 티로시나아제 억제효과를 가지고 있다. 또한 콜라겐 형성 촉진, 프리 라디칼 생성 억제, 과산화지질 억제작용도 있다.

(2) 아스코빅 애시드 글루코시드(Ascorbic Acid Glucoside)

비타민 C 유도체로 산화안정성이 우수하다. 백색 결정성 분말인 비타민 C 유도체로 생체 내에서 비타민 C와 글루코시드로 분해되어 비타민 C의 생리작용을 발휘한다.

(3) 알부틴(Arbutin)

월귤나무 잎에서 추출한 것으로 피부의 미백제로서 널리 알려진 물질이다. 알부틴이 주근깨와 기미의 원인이 되는 멜라닌색소의 생성을 억제하여 미백효과를 내며, 이 물질은 비교적 낮은 자극성을 지니기 때문에 피부 색소 형성 억제에 많이 이용되고 있다. 이 알부틴의 색소 형성 억제에 대한 기작은 일반적으로 티로시나아제(Tyrosinase) 활성을 억제함으로써 멜라닌 색소의 형성을 억제하는 것으로 알려져 있다.

2 주름개선 화장품

1) 주름개선 화장품의 정의

피부에 탄력을 주어 피부의 주름을 완화 또는 개선하는 기능을 가진 화장품

2) 주름의 발생 원인

주름의 주원인은 노화이다. 피부가 노화하여 죽은 세포가 바로 주름이다. 노화의 결과물인 주름을 완전히 없앤다는 것은 불가능하다. 그러나 노화 피부에 자극을 줌으로써 상태를 개선하고 더 이상 주름이 깊어지지 않도록 노화를 지연시킬 수는 있다.

3) 주름 개선 성분

진피의 결합조직 형성을 촉진하는 섬유아세포의 성장을 촉진하는 물질, 섬유아세포의 콜라겐 합성을 촉진하는 물질, 활성산소와 프리 라디칼을 제거하는 물질 등이 있는데 이 중 대표적인 물질이 레티노이드(Retinoid)이다. 레티노이드는 비타민 A와 관련된 화합물의 총칭으로 레티놀(Retinal), 레틴알데히드(Retinaldehyde) 및 레틴산(Retinoic acid) 등이 있다. 이들은 피부세포의 분화와 증식에 영향을 주고 손상된 콜라겐과 엘라스틴의 회복을 촉진한다.

4) 주름개선 물질

(1) 레티놀

비타민 A 성분으로 콜라겐의 합성을 촉진하여 주름을 개선시킨다.

(2) 피토플라본

콩 추출물과 식물 추출 성분이 결합한 복합 활성체로 표피세포 증식과 콜라겐의 재생을 촉진한다.

(3) 아데노신

피부 섬유아세포의 DNA 합성을 촉진하고 단백질 합성을 증가시키며, 세포의 크기를 늘려 진피세포의 파괴와 노화에 따른 주름 형성을 개선한다.

3 자외선 차단 화장품

1) 자외선 차단 화장품의 정의
자외선을 차단 또는 산란시켜 자외선으로부터 피부를 보호하는 기능을 가진 화장품

2) 자외선 흡수제의 조건
① 독성이 없고 피부장해를 일으키지 않으며 안정성이 높을 것
② 자외선 흡수 능력이 크고, 폭넓게 흡수할 것
③ 자외선, 열에 의한 분해 등의 변화를 일으키지 않을 것
④ 화장품에 배합되는 다른 성분들과 상용성이 좋을 것

3) 자외선 차단지수(SPF ; Sun Protection Factor)
자외선 차단 제품이 UVB로부터 피부를 보호할 수 있는 정도를 수치화하여 표시한 것으로, 자외선 차단제를 바른 피부가 최소의 홍반량을 일어나게 하는데 필요한 자외선 양을, 바르지 않은 피부가 최소의 홍반 을 일어나게 하는 데 필요한 자외선 양으로 나눈 값이다.

$$SPF = \frac{UV\ 차단제품을\ 사용했을\ 때의\ 최소\ 홍반량}{차단제품을\ 사용하지\ 않았을\ 때의\ 최소\ 홍반량}$$

〈표 3-5〉 자외선 차단제의 분류

구분	작용	종류
자외선 산란제	물리적인 산란작용으로 자외선의 피부침투를 차단	이산화티탄, 산화아연, 마이카, 탈크
자외선(UVA) 흡수제	화학적인 흡수작용으로 자외선을 소멸시켜 피부침투를 차단	벤조페논
자외선(UVB) 흡수제		신나메이트, 살리실산염계

출제예상문제

01 다음 중 화장품의 4대 요건에 해당하지 않는 것은?
① 안전성   ② 안정성
③ 유효성   ④ 치유성

> 화장으로 병적인 피부를 치유하지는 못한다.

02 화장품의 4대 요건 중 안정성 항목에 포함되지 않는 것은?
① 독성이 없을 것
② 미생물 오염이 없을 것
③ 변색이 없을 것
④ 변질이 없을 것

> 안정성 항목은 변색, 변질, 변취, 미생물 오염이 없을 것이다.

03 기초 화장품을 사용하는 목적이 아닌 것은?
① 세안   ② 피부결점 보완
③ 피부보호   ④ 피부 정돈

> 기초 화장품의 목적은 피부를 청결히 하고 정돈하며 각질층을 보습시켜 주는 것이다. 즉 유해인자로부터 피부를 보호하고, 건강하고 아름답게 유지해 준다.

04 다음 중 피부에 적당한 수분을 보충하고 보습효과를 높여 매끈하고 촉촉하게 하는 데 가장 좋은 화장수는?
① 샤워 코롱   ② 세정 화장수
③ 수렴 화장수 ④ 유연 화장수

> 유연 화장수는 수산화칼륨, 글리세롤 등이 주원료이고 방부제를 첨가하여 알칼리를 안정시킨다. 피부에 적당한 수분을 보충하고 보습효과를 높여 피부를 매끈하고 촉촉하게 하는 제품이다.

05 동물성 단백질의 일종으로 피부의 탄력유지에 매우 중요한 역할을 하며 피부의 파열을 방지하는 스프링 역할을 하는 것은?
① 아줄렌   ② DNA
③ 엘라스틴   ④ 콜라겐

> 엘라스틴은 동물의 진피로부터 추출한다. 동물성 단백질의 일종으로 피부의 탄력 유지에 매우 중요한 역할을 하며 피부의 파열을 방지하는 스프링 역할을 한다.

06 두 식물의 꽃, 잎, 줄기, 뿌리, 씨, 과피, 수지 등에서 방향성이 높은 물질을 추출한 휘발성 오일은?
① 에센셜 오일   ② 동물성 오일
③ 광물성 오일   ④ 밍크 오일

> 에센셜 오일은 식물의 꽃, 잎, 줄기, 껍질, 열매 등에서 추출한 휘발성 천연오일로 단일 오일로 사용하거나 2~3종류를 혼합하여 사용하기도 한다.

07 메이크업 화장품에 주로 사용되는 제조방법은?
① 가용화   ② 겔화
③ 분산   ④ 유화

> 분산(Dispersion)이란 물 또는 오일에 미세한 고체 입자가 계면활성제에 의해 균일하게 분산된 상태로 파운데이션, 메이크업 베이스, 립스틱, 아이라이너, 마스카라, 아이섀도, 네일 에나멜 등의 색조화장품에 사용되는 제조방법이다.

정답 01 ④ 02 ① 03 ② 04 ④ 05 ③ 06 ① 07 ③

08 밑 화장용 화장품인 파우더를 사용해야 할 경우로 가장 적당한 것은?

① 땀과 피지로 인해 화장이 번지는 것을 막을 경우
② 여름철 케이크 타입이나 파우더 타입의 파운데이션을 사용할 경우
③ 잔주름과 주름살이 많은 부분을 감출 경우
④ 추운 날씨에 피지분비작용과 발한작용이 적어질 경우

> 파우더는 땀과 피지에 의해 화장이 번지거나 지워지는 것을 막고 빛을 사방으로 난반사시켜 얼굴을 밝고 화사하게 보이게 하기 위해 사용하는 메이크업 화장품이다.

09 파운데이션을 바르는 이유로 옳지 않은 것은?

① 부분 화장을 할 수 있다.
② 얼굴의 윤곽을 살려준다.
③ 피부의 결점 커버가 목적이다.
④ 피부의 지속성을 높여 준다.

> 피부의 지속성을 높여 주는 것은 메이크업 베이스로 파운데이션이 피부에 직접 침투되는 것을 막아 피부를 보호해 준다.

10 얼굴의 결점을 커버하는 역할을 하는 화장품은?

① 메이크업 베이스
② 수렴화장수
③ 영양크림
④ 파운데이션

> 파운데이션은 얼굴의 결점을 커버하는 것으로 되도록 건강하고 화사해 보이도록 표현해 준다.

11 언더메이크업 크림을 가장 잘 설명한 것은?

① 베이스 컬러라고도 하며, 피부색과 피부 결을 정돈하여 자연스럽게 해준다.
② 유분과 수분, 색소의 양과 질, 제조공정에 따라 여러 종류로 구분된다.
③ 파운데이션이 고루 잘 퍼지게 하며 화장이 오래 잘 지속되게 해주는 작용을 한다.
④ 효과적인 보호막을 결정해주며 피부의 결점을 감추려 할 때 효과적이다.

> 언더메이크업 크림은 파운데이션을 바르기 직전에 바른다.

12 립스틱의 성분으로 가장 많이 조합하는 것은?

① 바셀린
② 왁스
③ 유지
④ 착색료

> 립스틱의 성분으로는 유지가 60~70%로 가장 많고, 왁스가 20~25%, 착색료가 10% 정도이다.

13 메이크업이 번지는 것을 막아주고 번들거림을 방지하는 역할을 하는 화장품은 어느 것인가?

① 로션
② 스킨
③ 클렌징
④ 파우더

> 페이스 파우더의 사용은 메이크업의 마무리 단계에 실시하며, 메이크업의 지속효과를 높여준다.

14 화장수의 원료로 사용되는 글리세린의 작용은?

① 소독작용
② 수분흡수작용
③ 방부작용
④ 탈수작용

> 글리세린은 피부를 부드럽고 윤택하게 하며 수분흡수작용을 한다.

15 다음 중 기초 화장품에 속하지 않는 것은?

① 바니싱크림
② 스킨로션
③ 영양크림
④ 파운데이션

> 기초 화장품은 클렌징 제품과 화장품의 기초가 되는 크림류, 유액, 화장수, 팩제 등을 말한다.

정답 08 ① 09 ④ 10 ④ 11 ③ 12 ③ 13 ④ 14 ② 15 ④

16 모공이나 땀샘에 작용하여 과잉 피지나 땀 등의 분비물을 억제하는 효과가 있는 것은 어느 것인가?

① 스킨로션 ② 수렴화장수
③ 영양화장수 ④ 클렌징오일

> 수렴화장수는 지성피부에 적합하며 피부의 과잉 지방분을 억제하는 효과와 거칠게 된 피부 표면의 수렴효과가 있다.

17 클렌징크림 사용의 목적에 해당되는 것은?

① 각질 및 피부 제거
② 노폐물 및 불순물 제거
③ 자외선으로부터 피부보호
④ 적외선으로부터 피부보호

> 클렌징크림은 액상 유지가 지질을 용해하여 더러운 물질을 떨어뜨리는 효과와 유상, 수상 성분이 적당히 혼합되어 피부의 불순물을 제거하는 효과가 있다.

18 클렌징제의 특징으로 중요하지 않은 것은?

① 영양성분이 풍부해야 한다.
② 유화력이 좋아야 한다.
③ 표피의 자극을 없게 한다.
④ 피부 타입에 맞게 사용한다.

> 클렌저는 피부에서 분비되는 피지나 더러움을 제거하는 것이므로 영양성분이 풍부한 것보다는 클렌징이 잘되도록 유화력이 좋아야 하고, 피부의 산성막과 피지막을 유지시켜 자극을 없도록 해야 한다.

19 피부를 자외선으로부터 보호하며 번들거림을 방지하는 화장품은?

① 로션 ② 스킨
③ 파우더 ④ 클렌징

> 파우더는 자외선 차단효과와 유분흡수효과가 있다.

20 다음 중 수분을 끌어당기는 힘을 가진 성분은?

① 붕산 ② 파라핀
③ 페놀 ④ 히알루론산

> 히알루론산은 수분을 끌어당기는 힘을 가진 성분이다.

21 다음 중 화장수 타입의 클렌징은?

① 클렌징 로션 ② 클렌징 워터
③ 클렌징 오일 ④ 폼 클렌징

> 클렌징 워터는 수성원소와 계면활성제로 구성되어 있어 시원한 느낌을 준다.

22 다음 중 친유성 크림타입에 속하는 화장품은?

① 밀크로션 ② 클렌징 밀크
③ 클렌징 워터 ④ 클렌징 크림

> 클렌징 크림은 기름 안에 물이 분산되어 있는 친유성 크림이고 클렌징 밀크는 친수성이다.

23 다음 중 화장수에 관한 설명으로 옳지 않은 것은?

① 수렴, 진정, 보습효과가 있다.
② 피부에 영양을 공급한다.
③ 피부의 피지를 제거한다.
④ 코튼에 적셔 부드럽게 닦아낸다.

> 화장수의 기능은 각질층에 수분을 공급하고 청량감을 주며, 클렌징 크림 또는 로션의 잔여물을 제거해 준다.

24 유연화장수 작용 중 틀린 것은?

① 모공을 열어준다.
② 피부에 남아 있는 알칼리 성분을 중화시킨다.
③ 피부에 영양을 주고 윤택을 준다.
④ 피부의 거칠음을 방지해 부드러움을 준다.

> 정답 16 ② 17 ② 18 ① 19 ③ 20 ④
> 21 ② 22 ④ 23 ② 24 ①

유연화장수는 세안 직후에 사용하는 화장수로 피부에 수분을 공급하여 부드럽고 촉촉하게 하며 다음 단계에 사용될 화장품이 잘 흡수될 수 있도록 해준다. 또한 피부의 pH를 정상으로 회복시키는 데에도 도움을 준다.

25 토닉(화장수)의 작용으로 맞는 것은?

① 클렌징 후에 피부의 지방을 제거하는 것
② 피부를 밝게 하는 것
③ 피부의 탈수를 막는 것
④ 햇빛으로부터 피부를 보호하는 것

토닉(화장수)은 피지분비 및 발한을 억제한다.

26 화장품의 원료로서 알코올의 작용에 대한 설명으로 옳지 않은 것은?

① 다른 물질과 혼합해서 그것을 녹이는 성질이 있다.
② 소독작용이 있어 화장수, 양모제 등에 사용한다.
③ 피부에 자극을 줄 수도 있다.
④ 흡수작용이 강하기 때문에 건조의 목적으로 사용한다.

화장품의 원료로서 알코올은 피부를 부드럽게 하는 보습 목적으로 사용한다.

27 화장수에 관한 내용 중 옳지 않은 것은?

① 소염화장수 : 일반 아스트린젠트를 말하며 수렴효과가 매우 우수하다.
② 수렴화장수 : 모공을 수축시켜 주어 지성 피부에 더욱 효과적이다.
③ 알칼리 화장수 : pH 7 이상의 화장수를 말하며 벨츠수라고도 하는데, 피부흡수 및 청정작용이 우수하다.
④ 유연화장수 : 세안 후 보통 사용하며 산성화장수로서 비누의 알칼리 성분을 중화시킨다.

소염화장수는 피부를 진정시켜 주는 안정제 역할을 겸한 수렴화장수의 일종이다.

28 피지 분비의 과잉을 억제하고 피부를 수축시켜 주는 것은?

① 소염화장수   ② 수렴화장수
③ 영양화장수   ④ 유연화장수

수렴화장수는 피부의 과잉 지방분을 억제하고 거칠게 된 피부 표면의 수렴효과와 피부를 수축시켜 준다.

29 다음 중 유연화장수에 대한 내용으로 옳지 않은 것은?

① 거친 피부용 화장수
② 원료 : 붕산, 구연산, 백반 등
③ 피부를 확장
④ 피부에 알칼리 성분 중화

수렴화장수의 원료는 붕산, 구연산, 백반 등이다.

30 아스트린젠트(Astringent)나 스킨 프레시너(Skin Freshener)의 역할은?

① 건성피부의 모공을 닫아준다.
② 건성피부의 모공을 열어준다.
③ 지성피부의 모공을 닫아준다.
④ 지성피부의 모공을 열어준다.

아스트린젠트나 스킨 프레시너는 과도한 피지를 닦아주고 모공을 조여 주는 역할을 하기 때문에 지성 피부에 적합한 화장수이다.

31 화장품에서 방부제로 사용하는 성분은?

① 과산화수소   ② 글리세린
③ 붕사   ④ 증류수

붕사는 화장품에서 방부 목적으로 사용하는 성분이다.

정답	25 ①	26 ④	27 ①	28 ②	29 ②
				30 ③	31 ③

32 유성(油性)이 많아 피부에 대한 친화력이 강하고, 거친 피부에 유분과 수분을 주어 윤기를 갖게 하는 데 가장 효과적인 크림은?

① 바니싱크림
② 콜드크림
③ 클렌징크림
④ 파운데이션크림

> 콜드크림은 기초화장품으로 피부에 바르면 수분의 증발을 막고, 거친 피부에 수분과 유분을 주어 윤기를 갖게 한다. 또한 피부에 대한 친화력이 강하다.

33 지성피부에 가장 적합한 크림은?

① 바니싱크림 ② 유중수형 크림
③ 영양크림   ④ 콜드크림

> 바니싱크림은 무유성 크림으로서 지성피부에 적당하고 화장 밑바탕에 사용하는 피부보호용 크림이다.

34 다음 중 저녁 취침 전에 가장 많이 효과를 볼 수 있는 것은?

① 수렴화장수 ② 영양크림
③ 유연화장수 ④ 콜드크림

> 영양크림은 유분이 많아 피부에 영향을 주는데 저녁 취침 전에 가장 큰 효과를 볼 수 있다.

35 좋은 크림으로서의 조건과 거리가 먼 것은 어느 것인가?

① 사용 후 상쾌한 감촉이 남아야 한다.
② 온도변화에 따라서 현저하게 변화되어야 한다.
③ 유화상태가 양호하도록 입자가 균일해야 한다.
④ 자극적인 냄새가 없어야 한다.

> 크림은 온도의 영향을 받지 않아야 한다.

36 다음 중 친유성 크림 타입에 속하는 화장품으로 알맞은 것은?

① 밀크로션   ② 클렌징밀크
③ 클렌징워터 ④ 클렌징크림

> 친유성 크림은 기름 안에 물이 분산되어 있는 것으로 클렌징크림이 이에 해당된다.

37 클렌징크림에 대한 설명으로 옳지 않은 것은?

① 수중유형은 W/O이다.
② 지성피부는 O/W이다.
③ 피부의 불순물을 제거한다.
④ 피부의 자극이 적다.

> 수중유형은 O/W형으로 물 중에 기름 분자가 분산되어 있는 것이고, 유중수형은 W/O형으로 기름 중에 물의 입자가 분산되어 있는 것이다.

38 화장품 중 클렌징크림의 주된 역할 및 사용법에 가장 알맞은 것은?

① 파운데이션 바르기 직전에 바른다.
② 피부를 보호하기 위해서이다.
③ 피부의 모공 안에 있는 잡티를 제거한다.
④ 피부의 영양 공급원이 된다.

> 클렌징크림은 피부 청결을 목적으로 한다.

39 클렌징크림의 조건과 거리가 먼 것은?

① 체온에 의하여 액화되어야 한다.
② 피부에 빨리 흡수되어야 한다.
③ 피부의 유형에 적절해야 한다.
④ 피부의 표면을 상하게 해서는 안 된다.

> 클렌징크림이 피부에 빨리 흡수되면 피부의 수분이 탈수되므로 빨리 흡수되어서는 안 된다.

정답 32 ② 33 ① 34 ② 35 ② 36 ④
      37 ① 38 ③ 39 ②

40 정상 상태로 혼합되지 않는 두 가지의 물질이 균일하게 혼합되어 있는 것을 무엇이라 하는가?

① 에멀션 ② 에센스
③ 파우더 ④ 화장수

> 에멀션이란 한 상태 속에 다른 상태가 분산된 것이다. 즉, 정상상태로 혼합되지 않는 두 가지 물질이 균일하게 혼합되어 있는 것을 말한다.

41 O/W 에멀션의 주성분은 무엇인가?

① 물 ② 베이킹파우더
③ 오일 ④ 유지

> O/W 에멀션의 주성분은 물이다.

42 W/O Emulsion의 주성분은 무엇인가?

① 물 ② 베이킹파우더
③ 오일 ④ 유지

> W/O 에멀션의 주성분은 오일이다.

43 유분의 함량이 가장 많은 화장품은?

① 리퀴드 파운데이션
② 스킨 커버
③ 파우더 파운데이션
④ 트윈 케이크

> 스킨 커버는 안료를 오일과 왁스에 골고루 혼합 분산시킨 것으로, 크림 파운데이션보다 밀착감, 내수성 및 커버력이 우수하여 "스킨 커버(Skin Cover)"라고 한다. 따라서 사진촬영, 무대화장, 특수 분장 시에 널리 사용된다. 그러나 스킨 커버는 배합된 오일과 왁스의 양이 50~60% 정도로 파운데이션 중에서 가장 많아 사용감이 뻑뻑한 것이 단점이다.

44 다음 중 아미노산을 화장품에 사용하는 이유로 올바른 것은?

① 방부효과가 있기 때문에
② 피부를 부드럽게 하기 때문에
③ 피부에 수분을 주기 때문에
④ 피부에 유분을 주기 때문에

> 피부에 수분을 주기 때문에 아미노산을 화장품에 사용한다.

45 다음 중 피부의 신진대사를 촉진시켜 피하지방 축적을 억제하고 모공을 조여 주는 작용이 있는 것은?

① 멘톨 ② 사포닌
③ 카페인 ④ 하마멜린

> 사포닌은 피부의 재생을 촉진시켜주고 피부의 탄력을 증가시킨다.

46 다음 중 플라센타(Placenta) 추출물을 화장품에 사용하는 이유로 바른 것은?

① 피부 노폐물 제거를 위하여
② 피부의 세정을 위하여
③ 피부의 유연작용 때문에
④ 피부의 활성화를 위하여

> 플라센타(Placenta) 추출물을 화장품에 사용하는 이유는 피부의 활성화를 위해서이다.

47 플라센타(Placenta)의 화장품 성분을 옳게 설명한 것은?

① 노화피부를 보드랍고 촉촉하게 하는 데 좋은 화장품이 된다.
② 동물의 태반에서 만들어낸 화장품 성분이다.
③ 동물의 피부에서 추출한 성분이다.
④ 탄력증진, 멜라닌 색소 생성억제, 수분 공급, 모공수축에 좋은 화장품이다.

> 플라센타(Placenta)는 동물의 태반에서 추출하며, 피부신진대사 촉진으로 피부활성화, 세포 재생 작용 가속화, 비타민과 여성호르몬 함유로 노화 피부에 효과적이다.

정답 40 ① 41 ① 42 ③ 43 ② 44 ③
      45 ② 46 ④ 47 ②

48 다음 중 콜라겐(Collagen)의 화장품 성분을 설명한 것은?

① 동물의 태반에서 만들어낸 화장품 성분이다.
② 동물의 피부에서 추출한 성분이다.
③ 세포에 영양 공급을 하여 세포의 발육을 촉진시킨다.
④ 플라센타(Placenta)와 같은 영양성분을 함유한 크림종류를 일컫는다.

> 콜라겐은 동물의 피부에서 추출한 성분으로 피부탄력과 조직력을 도와주는 수분 집약적 성분으로 중요한 구조 단백질이다.

49 상어의 간유에서 추출한 오일로 피부의 건조를 방지하는 것은 무엇인가?

① 라놀린 ② 레시틴
③ 스쿠알렌 ④ 콜라겐

> 스쿠알렌은 상어의 간유에 수소를 첨가한 것으로 응고점이 낮고 안정적이며 크림이나 유액의 유성기제로 사용된다.

50 세포부활작용과 살균작용을 하며 피부건조를 방지하고 탄력성을 유지하는 것은?

① 스쿠알렌 ② 올리브유
③ 글리세린 ④ 콜라겐

> 스쿠알렌은 인체 피지의 25%를 구성하며, 피부지질과 친화성이 우수한 불포화지방산으로 살균력이 뛰어나고 피부건조를 방지한다.

51 콜라겐은 화장품에 사용할 경우 피부에 어떤 작용을 하는가?

① 방부제 역할 ② 보습작용
③ 영양공급 ④ 주름제거

> 콜라겐은 피부의 수분을 유지시켜주는 보습작용을 한다.

52 화장수를 바른 후에 시원한 느낌을 주는 것은 무엇 때문인가?

① 글리세린 ② 붕사
③ 붕산 ④ 알코올

> 알코올은 피부 표면에 시원함과 청량감, 그리고 살균작용을 한다.

53 세안물로 사용하기 위해 경수를 연수로 만들 때 넣는 약품은?

① 붕사 ② 석탄산
③ 알코올 ④ 크레졸

> 경수를 연수화하기 위해서는 물을 끓이거나 탄산소다, 붕사, 명반 등을 첨가한다.

54 화장품 원료인 알코올에 대한 설명 중 옳지 않은 것은?

① 건성피부는 사용하지 않는다.
② 소독작용의 효과가 크다.
③ 수분흡수작용을 한다.
④ 휘발성 액체로 향유, 희석제용 등에 많이 사용한다.

> 알코올은 탈수작용이 있으며 다른 물질과 혼합해서 그것은 녹이는 성질이 있다.

55 다음 중 점액질 성분인 것은?

① 올리브유 ② 젤라틴
③ 참기름 ④ 카올린

> 올리브와 참기름은 유성 성분이고, 카올린은 분말이다.

| 정답 | 48 ② | 49 ③ | 50 ① | 51 ② | 52 ④ |
| | 53 ① | 54 ③ | 55 ② | | |

56 습윤제로 사용할 수 있는 화장품 원료는 어느 것인가?
① 벌크 ② 글리세린
③ 이산화티타늄 ④ 카올린

> 글리세린은 습윤제로 사용한다.

57 음이온 계면활성제에 대한 설명은 다음 중 어느 것인가?
① 대전방지제
② 살균제
③ 샴푸, 린스에 사용
④ 크림이나 유액의 유화제

> 대전방지제, 살균제, 샴푸 및 린스는 양이온 계면활성제이다.

58 일반적으로 널리 사용하고 있는 화장수에 포함된 알코올의 함유량은?
① 5% 전후 ② 10% 전후
③ 30% 전후 ④ 50% 전후

> 화장수에 사용되는 알코올의 함유량은 10% 전후이다.

59 이물질을 전혀 함유하지 않은 물은?
① 경수 ② 미온수
③ 연수 ④ 증류수

> 증류수란 이물질을 전혀 함유하지 않은 물을 말한다.

60 과산화수소는 표백효과가 있다. 어느 성분 때문인가?
① 방부제 ② 방취제
③ 산화제 ④ 유연제

> 과산화수소가 표백효과가 있는 것은 산화제 성분 때문이다.

61 다음 중 로열 젤리를 사용했을 때 효과를 볼 수 있는 피부는?
① 모세혈관 확장피부
② 민감성 피부
③ 지성 피부
④ 피부가 거칠고 지친 건성피부

> 로열 젤리는 피부가 거칠고 지친 건성피부에 사용했을 때 효과가 크다.

62 로열 젤리가 특히 많이 함유하고 있는 비타민은?
① 비타민 A ② 비타민 B
③ 비타민 C ④ 비타민 D

> 로열 젤리가 제일 많이 함유하고 있는 것은 비타민 B군이다.

63 양모에서 추출한 지방으로 연한 덩어리는?
① 라놀린 ② 레시틴
③ 알부민 ④ 콜라겐

> 라놀린은 양모에서 추출한 지방으로 피부의 건조방지 및 영양효과가 높다.

64 비누의 원료에 해당되는 것은?
① 수산화칼륨 ② 알코올
③ 지방에스테르 ④ 탄화수소

> 수산화칼륨은 비누의 원료에 해당된다.

65 다음 중 모발 화장품의 종류가 틀린 것은?
① 세정용 : 샴푸, 린스
② 양모용 : 헤어토닉
③ 염모용 : 헤어로션
④ 정발용 : 헤어스타일링

정답	56 ②	57 ④	58 ②	59 ④	60 ③
	61 ④	62 ②	63 ①	64 ①	65 ③

헤어로션은 염모용이 아니라 정발용이다.

66 거칠어진 두발에 영양을 주는 데 가장 효과적인 샴푸는?

① 에그 샴푸 ② 컬러 샴푸
③ 토닉 샴푸 ④ 플레인 샴푸

달걀 노른자는 두발에 영양과 광택을 준다.

67 샴푸에 대한 설명 중 옳지 않은 것은?

① 샴푸용 물의 온도는 보통 섭씨 38도 연수가 좋다.
② 샴푸의 횟수는 누구나 자주하면 좋다.
③ 샴푸제는 알칼리성이 강한 것을 쓰지 않도록 한다.
④ 충분히 헹군 다음 크림 린스해 주도록 한다.

샴푸의 횟수는 모발 타입별에 따라 다르게 해주는 것이 좋다.

68 경수로 샴푸한 후 가장 적당한 린스는?

① 보통 린스 ② 산성 린스
③ 알칼리성 린스 ④ 크림 린스

경수는 센물로서 알칼리 성분이 강하므로 산성 린스로 부드럽게 하여 모발이 가장 안정된 등전점(pH 4.5~5.5)의 상태로 되돌린다.

69 린스의 일반적 특징이 아닌 것은?

① 두발에 유분 공급, 대전성 방지
② 두발에 윤기 부여
③ 샴푸 후 불용성 알칼리 제거
④ 영양을 공급하고 손상 모발을 치료

린스의 일반적 특징
① 모발을 부드럽고 탄력 있게 하며 촉촉하게 할 수 있을 것
② 모발에 수분이나 유분을 보충하여 자연스러운 광택을 줄 것
③ 정전기 발생을 억제하고 빗질이 잘 되도록 할 수 있을 것
④ 모발의 표면을 보호할 것
⑤ 눈이나 두피에 자극이 없고 안정성이 높을 것
⑥ 연속 사용하더라도 끈적거리거나 굳지 않을 것
⑦ 샴푸 후 제거되지 않은 음이온 계면활성제를 중화시켜 줄 것

70 다음 중 케라틴의 설명으로 옳지 않은 것은?

① 단백질로 되어 있다.
② 많은 동물체의 표면에 있다.
③ 손톱은 케라틴으로 되어 있지 않다.
④ 케라틴은 다른 단백질과 동질이다.

케라틴은 손톱·발톱·머리카락 및 뿔 따위의 성분이 되는 경단백질이다.

71 화장품에 배합되는 에탄올의 역할로 옳지 않은 것은?

① 보습작용 ② 수렴효과
③ 소독작용 ④ 청량감

에탄올에는 보습작용이 없다.

72 눈썹을 뽑은 후에 아스트린젠트 로션을 바르는 이유는?

① 눈썹 모근 하의 소독적인 효과로서 병균 침입을 막기 위하여
② 눈썹 주위의 피부를 줄어들게 하기 위해서
③ 눈 화장의 흐트러짐을 막기 위하여
④ 다음 화장품의 피부 침투에 효과를 올리기 위하여

아스트린젠트 로션의 원료는 물·시트르산·붕산에 향료·알코올 분을 첨가한 것으로서 피부를 건강한 상태로 유지시키며 동시에 화장이 지워지지 않게 하는 데 효과가 있다.

| 정답 | 66 ① 67 ② 68 ② 69 ④ 70 ③ 71 ① 72 ③ |

73 패치테스트(Patch Test)는 왜 하는가?
① 피부에 도포하는 화장품이나 팩 제가 이상 현상을 일으키는지 알기 위하여
② 피부의 성질을 측정하기 위하여
③ 피지막 반응을 시험하기 위하여
④ 화장품의 효과를 조사하기 위하여

> 패치테스트는 피부에 도포하는 화장품이나 팩 제가 이상 현상을 일으키는지 알기 위한 테스트이다.

74 다음 중 필링을 통해 각질을 벗긴 후 바르는 것으로 맞는 것은?
① 레티노이드 ② 바셀린
③ 자외선 차단제 ④ 적외선 차단제

> 피부필링을 한 후에는 피부가 굉장히 예민해진 상태이므로 자외선을 차단시키는 것이 가장 중요하다.

75 다음 중 아로마테라피(Aromatherapy)에 대한 설명으로 옳지 않은 것은?
① 방향요법이다.
② 육체와 정신 질병에 도움이 된다.
③ 육체의 질병만 치료한다.
④ 향기로 치유한다.

> 아로마테라피(Aromatherapy)는 아로마를 이용하여 스트레스 해소, 기분 전환 등 현대인의 생활에 활력소가 되도록 도움을 주는 방향요법이다.

76 라벤더의 효능이 아닌 것은?
① 긴장 완화 ② 보습 효과
③ 상처 회복 ④ 소염작용

> 라벤더는 모든 피부 타입에 사용할 수 있는 오일로, 신경 안정에 매우 도움이 되고, 염증, 여드름, 피부염, 습진, 벌레 물린 데, 상처, 피부 감염 치료에 효과가 뛰어나다.

77 페퍼민트의 효능으로 바른 것은?
① 가려움이나 염증에 효과
② 고혈압의 저하
③ 긴장을 완화
④ 주름살 예방

> 페퍼민트(Peppermint)는 소화작용이 뛰어나 내장의 불순물 제거나 식중독, 설사, 변비, 발 냄새, 멀미 예방에도 효과가 있다. 또한 냉각작용이 있어 두통이나 치통, 류머티스, 신경통, 근육통 증세를 완화시키고, 피부 가려움이나 염증에도 효과적이다.

78 다음 중 캐리어 오일을 설명한 것이 아닌 것은?
① 밀폐 용기에 보관
② 시너지 효과 발휘
③ 에센셜 오일을 희석
④ 플라스틱 용기에 보관

> 플라스틱 용기는 화학적 반응이 일어나므로 캐리어 오일을 보관하기에는 알맞지 않다.

79 향수의 휘발성 성분의 증발을 억제하기 위하여 첨가하는 물질은 어느 것인가?
① 고착제 ② 보습제
③ 연화제 ④ 유화제

> 향수에 고착제를 첨가하면 휘발성 성분의 증발을 억제시켜 향을 오래 머물도록 한다.

80 다음 중 향수의 구비조건으로 옳지 않은 것은?
① 시대성에 부합되는 향이어야 한다.
② 향에 특징이 있어야 한다.
③ 향이 적당히 강하고 지속성이 좋아야 한다.
④ 확산성은 좋지 않아도 된다.

| 정답 | 73 ① | 74 ③ | 75 ③ | 76 ② | 77 ① |
| | 78 ④ | 79 ① | 80 ④ | | |

> 향수의 구비조건은 향이 적당히 강하고 지속성이 좋아야 하며, 향의 조화가 잘 이루어지며 확산성이 좋아야 한다.

81 일반적으로 말하는 향수는 어느 것인가?

① 샤워 코롱 ② 오데 코롱
③ 오데 토일렛 ④ 퍼퓸

> 퍼퓸(Perfume)은 일반적으로 말하는 향수이다. 15~30%의 향료를 함유하고 있어 방향제품 중에서 부향률이 가장 강하다.

82 화장품법상 기능성 화장품에 속하지 않는 것은?

① 미백에 도움을 주는 제품
② 여드름 완화에 도움을 주는 제품
③ 자외선으로부터 피부를 보호하는 데 도움을 주는 제품
④ 주름개선에 도움을 주는 제품

> 여드름 완화에 도움을 주는 제품은 기능성 화장품에 속하지 않는다.

83 다음 중 자외선 차단제에서 물리적 차단제가 아닌 것은?

① 산화아연 ② 옥시벤존
③ 이산화티탄 ④ 탈크

> 물리적 차단제는 마이카, 산화아연, 이산화티탄, 탈크 등이 있고, 옥시벤존은 화학적 차단제이다.

84 다음 중 피부에 화장품을 도포함으로 얻는 효과와 거리가 먼 것은?

① 미백효과 ② 보습효과
③ 수렴효과 ④ 주름제거효과

> 피부에 화장품을 도포함으로써 얻는 효과에는 보습효과, 수렴효과, 자외선차단효과, 주름억제효과, 세포재생효과, 미백효과 등이 있다.

85 점토 팩이라고도 하며, 세안제로 사용되는 팩제의 대표적인 것은?

① 밀크 팩 ② 에그 팩
③ 왁스 마스크 팩 ④ 크레이 팩

> 크레이 팩은 팩의 유효성분을 피부 깊숙이 침투시켜 부드럽게 하며, 오염된 피지 등을 원활히 배출하여 모공을 수축시키는 팩으로, 세안이나 마사지 후 얼굴, 목 등에 도포하여 펴 바른다.

86 한 분자 내에 친수성과 친유성을 함께 지니고 있어 물과 기름의 경계면, 즉 계면의 성질을 변화시킬 수 있는 특징을 가지고 있으며 화장품에서 유분과 수분을 섞어주는 역할을 하는 성분은?

① 계면활성제 ② 알코올
③ 왁스 ④ 파라핀

> 계면활성제란 한 분자 내에 물을 좋아하는 친수성기와 기름을 좋아하는 친유성기를 함께 갖는 물질로 물과 기름의 경계면, 즉 계면의 성질을 변화시킬 수 있는 특성을 가지고 있다.

87 비이온성 계면활성제에 대한 설명 중 옳지 않은 것은?

① 가용화
② 안정성
③ 유화
④ 음이온·양이온으로 구분

> 음이온·양이온으로 구분되는 것은 이온성 계면활성제의 설명이다.

88 소화기, 순환기 계통을 강하게 해주고 혈관과 혈류작용을 촉진시켜 주는 것은?

① 라벤더 ② 레몬
③ 로즈마리 ④ 페퍼민트

정답 81 ④ 82 ② 83 ② 84 ④ 85 ④
      86 ① 87 ④ 88 ②

레몬(Lemon)은 소독작용이나 혈액 순환을 좋게 한다. 또한 감염증이나 당뇨병의 불쾌감, 변비, 신장이나 간의 울혈, 두통이나 신경통의 통증으로 힘들 때에도 효과적이다.

89 다음 중 천연 오일의 종류가 아닌 것은?

① 광물성 오일 ② 동물성 오일
③ 식물성 오일 ④ 유기합성 오일

천연 오일은 식물성 오일, 동물성 오일, 광물성 오일로 구분된다.

90 자외선 차단제에 관한 설명으로 옳지 않은 것은?

① 자외선 차단제에는 SPF(Sun Protect Factor)의 지수가 매겨져 있다.
② 자외선 차단제의 효과는 멜라닌 색소의 양과 자외선에 대한 민감도에 따라 달라질 수 있다.
③ SPF(Sun Protect Factor)는 숫자가 낮을수록 차단지수가 높다.
④ 자외선 차단지수는 제품을 사용했을 때 홍반을 일으키는 자외선의 양을 제품을 사용하지 않았을 때 홍반을 일으키는 자외선의 양으로 나눈 값이다.

SPF(Sun Protect Factor)의 숫자가 높을수록 차단지수도 높다.

정답 89 ④ 90 ③

PART 04

모의고사

1 모의고사 1회
2 모의고사 2회
3 모의고사 3회

모의고사 1회

01 화장품의 최초의 사용이 있었던 시대는?
① 그리스 시대　② 로마 시대
③ 이집트 시대　④ 중세 시대

02 다음 중 자외선이 인체에 미치는 부정적인 영향은?
① 강장효과
② 비타민 D 형성반응
③ 살균효과
④ 홍반반응

03 조선시대 중엽 일반 부녀자의 화장에 대한 설명 중 옳지 않은 것은?
① 분을 바른 시초였다.
② 연지, 곤지를 찍었다.
③ 열 가지의 눈썹 모양을 그렸다.
④ 참기름을 사용했었다.

04 넓은 얼굴을 좁아 보이게 하기 위해 진하게 표현하는 경우 주로 사용하는 것은?
① 베이스 컬러　② 섀도 컬러
③ 악센트 컬러　④ 하이라이트 컬러

05 눈썹에 대한 설명 중 부적절한 것은?
① 눈썹 산이 전체 눈썹의 1/2 되는 지점에 위치해 있으면 볼이 넓게 보이게 된다.
② 눈썹 산의 표준 형태는 전체 눈썹의 1/2 되는 지점에 위치하는 것이다.
③ 눈썹은 눈썹 머리, 눈썹 산, 눈썹 꼬리로 크게 나눌 수 있다.
④ 수평상 눈썹은 긴 얼굴을 짧게 보이게 할 때 효과적이다.

06 다음 중 건성피부나 화장이 잘 받지 않는 피부에 가장 적당한 팩은?
① 달걀 노른자 팩　② 머드 팩
③ 안식향산 팩　④ 호르몬 팩

07 피부의 유형에 따른 다음 설명 중 옳지 않은 것은?
① 건성피부 : 부드럽고 탄력이 있으며 윤택이 나는 피부
② 노화피부 : 각질의 형성이 빨라져 거칠어지는 피부
③ 민감성 피부 : 탄력이 없고 혈색이 없는 약한 피부
④ 지성피부 : 과다한 피지 분비로 인해 피부트러블이 생기기 쉬운 피부

08 다음 중 복합성피부의 설명으로 옳지 않은 것은?
① 민감성피부에서 흔히 볼 수 있는 유형이다.
② 피부 결은 섬세하고 부드럽다.
③ 피지 분비가 많은 부위는 여드름이나 뾰루지가 나기도 한다.
④ 피지 분비량의 불균형으로 두 가지 이상의 피부성질이 나타난다.

09 다음 중 화장품의 4대 요인이 아닌 것은?
① 기능성　② 안전성
③ 안정성　④ 유효성

10 다량의 유성 성분을 물에 일정기간 동안 안정한 상태로 균일하게 혼합시키는 화장품 제조기술은?
① 가용화　② 경화
③ 분산　④ 유화

11 피부 표면에 물리적인 장벽을 만들어 자외선을 반사하고 분산하는 자외선 차단 성분은?

① 벤조페논
② 옥틸메톡시신나메이트
③ 이산화티탄
④ 파라아미노안식향산(PABA)

12 성장기 어린이의 대사성 질환으로 비타민 D 결핍 시 뼈 발육에 변형을 일으키는 것은?

① 골막 파열증　② 구루병
③ 괴혈증　　　④ 석회결석

13 작은 입술의 화장법으로 옳은 것은?

① 실제보다 작게 그린다.
② 위와 아래 입술 모두 아름다운 곡선으로 그린다.
③ 위와 아래 입술을 좌우로 늘려 수정한다.
④ 윗입술을 덧그린다.

14 물과 함께 거품을 내서 사용하는 부드러운 크림 형태의 클렌징은?

① 클렌징로션　② 클렌징워터
③ 폼 클렌징　　④ 화장수

15 표피와 진피의 경계선의 형태는?

① 물결상　　　② 사선
③ 점선　　　　④ 직선

16 표피의 구조는 육안으로 볼 수 있는 맨 윗부분인 각질층으로부터 어떤 순서로 이루어져 있는가?

① 각질층-과립층-투명층-기저층-유극층
② 각질층-투명층-과립층-유극층-기저층
③ 각질층-기저층-유극층-과립층-투명층
④ 각질층-유극층-과립층-투명층-기저층

17 결합섬유와 탄력섬유로 구성되어 있으며 혈관, 신경세포, 림프액 등 많은 조직이 분포되어 있는 곳은?

① 멜라닌　　　② 진피
③ 표피　　　　④ 피하조직

18 피부에 관한 다음 설명 중 잘못된 것은?

① 표피는 진피와 피하조직 사이에 있다.
② 표피의 각화작용으로 비듬이나 때가 떨어져 나간다.
③ 피부영양은 진피의 유두층에 피를 통하여 공급된다.
④ 피부의 주성분은 단백질이다.

19 피부구조에 있어 유두층에 대한 설명 중 잘못된 것은?

① 수분을 다량으로 함유하고 있다.
② 표피층에 위치하여 모낭 주위에 존재한다.
③ 혈관과 신경이 있다.
④ 혈액을 통하여 표피에 영양을 보내주고 있다.

20 피부에서 선글라스와 같은 역할을 하는 것은?

① 각질층　　　② 과립층
③ 유극층　　　④ 투명층

21 청록색 눈화장에 빨간색 입술화장을 하였더니 청록과 빨강 색상이 원래의 색보다 더욱 뚜렷해 보이고 채도도 더 높게 보이는 현상은?

① 명도대비　　② 보색대비
③ 색상대비　　④ 연변대비

22 다음 눈썹형태 중 긴 얼굴형에 어울리는 눈썹형태는?

① 각진형　　　② 기본형
③ 아치형　　　④ 직선형

23 장방형 얼굴을 짧아 보이게 하려면 어떠한 화장법이 좋은가?
① 눈썹을 길고 둥글게 그린다.
② 볼연지를 짙게 한다.
③ 얼굴 전체에 짙은 화장을 한다.
④ 이마와 턱을 짙게 발라준다.

24 다음 중 피부에 화장품을 도포함으로써 얻는 효과와 거리가 먼 것은?
① 미백효과   ② 보습효과
③ 수렴효과   ④ 주름제거효과

25 화장품 성분 중 무기안료의 특성은?
① 선명도와 착색력이 뛰어나다.
② 유기 용매에 잘 녹는다.
③ 유기안료에 비해 색의 종류가 다양하다.
④ 내광성, 내열성이 우수하다.

26 바이러스에 대한 일반적인 설명으로 옳은 것은?
① 광학 현미경으로 관찰이 가능하다.
② 바이러스는 살아있는 세포 내에서만 증식이 가능하다.
③ 항생제에 감수성이 있다.
④ 핵산 DNA와 RNA 둘 다 가지고 있다.

27 립스틱의 사용방법으로 옳지 않은 것은?
① 전체적인 의상과 메이크업의 조화를 이루게 한다.
② 젊은층은 화사하고 밝게 표현한다.
③ 커리어우먼으로 항상 진한 립스틱을 바른다.
④ 핑크계열은 흰 피부의 젊은층에게 잘 어울린다.

28 색상이 다른 두 색을 인접시켜 배치하면 두 색이 색상환에서 서로 더 멀어지려는 현상은?
① 명도대비   ② 보색대비
③ 색상대비   ④ 채도대비

29 수돗물로 사용할 상수의 대표적인 오염 지표는?(단, 심미적 영향 물질을 제외한다.)
① 대장균 수
② 생물화학적 산소요구량
③ 증발 잔류량
④ 탁도

30 예방접종 중 세균의 독소를 약독화(순화)하여 사용하는 것은?
① 결핵   ② 디프테리아
③ 장티푸스   ④ 콜레라

31 체온을 유지하는 데 영향을 주는 온열인자로 옳지 않은 것은?
① 기습   ② 복사열
③ 기온   ④ 기압

32 법정 감염병 중 제1군 감염병에 해당하는 것은?
① 메르스   ② 장티푸스
③ 풍진   ④ 홍역

33 보건행정의 제 원리에 관한 것으로 옳은 것은?
① 의사결정과정에서 미래를 예측하고, 행동하기 전의 행동계획을 결정한다.
② 일반 행정원리의 관리과정적 특성과 기획과정은 적용되지 않는다.
③ 보건행정은 공중보건학에 기초한 과학적 기술이 필요하다.
④ 보건행정에서는 생태학이나 역학적 고찰이 필요 없다.

34 다음 중 소독약의 구비조건으로 옳지 않은 것은?
① 소독 실시 후 서서히 소독 효력이 증대되어야 한다.
② 사용방법이 간단하고 경제적이어야 한다.
③ 소독 물품에 손상이 없어야 한다.
④ 인체에는 독성이 없어야 한다.

35 질병 발생의 3대 요인이 아닌 것은?
① 병원체　　② 숙주
③ 환자　　　④ 환경

36 영아사망률과 관련 없는 것은?
① 생후 1년 미만 아이의 사망률을 나타낸다.
② 연간 영아 사망 수 / 연간 출생자 수 × 1,000
③ 연간 1~4세 아동 사망 수 / 24세 인구수
④ 환경 악화나 비위생적 생활환경에 가장 예민하게 영향받는 시기이다.

37 다음 중 화장의 효과로 옳지 않은 것은?
① 개성미 연출　　② 결점 커버
③ 노화 예방　　　④ 병든 피부의 관리

38 다음 중 화장품의 4대 요건에 해당하지 않는 것은?
① 안전성　　② 안정성
③ 유효성　　④ 치유성

39 메이크업(Daytime Make-Up)의 설명이 잘못 연결된 것은?
① 그리스 페인트 메이크업(Grease Paint Make Up) - 무대 화장
② 데이 타임 메이크업(Daytime Make Up) - 짙은 화장
③ 선번 메이크업(Sunburn Make Up) - 햇볕 방지 화장
④ 소셜 메이크업(Social Make Up) - 성장 화장

40 코의 모양에 따른 코 화장법에 대한 설명 중 부적당한 것은?
① 낮은 코 : 코의 양쪽 옆면은 세로로 색을 진하게, 콧등은 색을 엷게 화장한다.
② 높은 코 : 코 전체에 진한 색을 펴 바르고 양측 면에 옅은 색을 바른다.
③ 둥근 코 : 양 콧방울에 진한 색을 펴 바르고, 코끝에 엷은 색을 펴 바른다.
④ 큰 코 : 코 전체에는 색을 연하게, 색에 걸친 부분은 색을 엷게 화장한다.

41 콜라겐은 화장품에 사용할 경우 피부에 어떤 작용을 하는가?
① 방부제 역할　　② 보습작용
③ 영양공급　　　④ 주름제거

42 화장수를 바른 후에 시원한 것은 무엇 때문인가?
① 글리세린　　② 붕사
③ 붕산　　　　④ 알코올

43 세안물로서 경수를 연수로 만들 때 넣는 약품은?
① 붕사　　　② 석탄산
③ 알코올　　④ 크레졸

44 다음 중 햇빛에 노출했을 때 색소침착의 우려가 있어 사용 시 유의해야 하는 에센셜 오일은?
① 라벤더　　② 레몬
③ 제라늄　　④ 티트리

45 체조직 구성 영양소에 대한 설명으로 옳지 않은 것은?
① 불포화 지방산은 상온에서 액체 상태를 유지한다.
② 지방이 분해되면 지방산이 되는데 이 중 불포화 지방산은 인체 구성 성분으로 중요한 위치를 차지하므로 필수 지방산이라고 한다.
③ 지질은 체지방의 형태로 에너지를 저장하여 생체막 성분으로 체 구성 역할과 피부의 보호 역할을 한다.
④ 필수 지방산은 식물성 지방보다 동물성 지방을 먹는 것이 좋다.

46 화장수의 원료로 사용되는 글리세린의 작용은?
① 소독작용　② 수분 흡수작용
③ 방부작용　④ 탈수작용

47 다음 중 기초 화장품에 속하지 않는 것은?
① 바니싱크림　② 스킨로션
③ 영양크림　④ 파운데이션

48 모공이나 땀샘에 작용하여 과잉 피지나 땀 등의 분비물을 억제하는 효과가 있는 것은 어느 것인가?
① 스킨로션　② 수렴화장수
③ 영양화장수　④ 클렌징오일

49 공중보건의 주된 영역에 속하지 않는 것은 어느 것인가?
① 건강증진　② 생명연장
③ 질병예방　④ 질병치료

50 다음 중 공중보건사업에 속하지 않는 것은?
① 검역　② 보건교육
③ 암환자 치료　④ 예방접종

51 BCG는 다음 중 어느 질병의 예방방법인가?
① 간염　② 결핵
③ 장티푸스　④ 홍역

52 다음 감염병 중 음용수를 통해서 전염될 수 있는 가능성이 가장 큰 것은?
① 결핵　② 한센병
③ 백일해　④ 이질

53 소독제, 화학약품 중에서 살균작용의 기전이 아닌 것은?
① 가수분해작용　② 단백질 응고작용
③ 산화작용　④ 표백작용

54 소독작용에 영향을 미치는 일반적인 각종 조건에 대한 설명 중 옳지 않은 것은?
① 농도가 짙을수록 소독력의 효과가 크다.
② 온도가 짙을수록 소독력의 효과가 크다.
③ 유기물질이 많을수록 소독력이 증대된다.
④ 접촉시간이 길수록 소독력의 효과가 크다.

55 구내염, 입안 세척 및 상처 소독에 다 같이 쓸 수 있는 가장 적당한 소독제는?
① 과산화수소수　② 승홍수
③ 알코올　④ 크레졸 비누액

56 다음 중 미용사의 면허를 받을 수 있는 자는?
① 금치산자
② 공중의 보호에 지장을 주지 않는 감염병 환자
③ 대통령이 정하는 약물 중독자
④ 면허가 취소된 후 10개월이 경과된 자

57 미용사의 면허증을 다른 사람에게 대여한 1차 위반 시의 행정처분기준은?
① 업무정지 2월　② 업무정지 3월
③ 면허정지 2월　④ 면허정지 3월

58 소독을 한 기구와 소독을 하지 아니한 기구를 각각 다른 용기에 보관하지 아니한 때의 1차 위반 행정처분기준은 무엇인가?
① 경고　② 개선 명령
③ 영업정지 10일　④ 영업정지 1월

59 다음 중 향료의 함유량이 가장 적은 것은?
① 샤워코롱(Shower Cologne)
② 오데코롱(Eau Cologne)
③ 오데토일렛(Eau de Toilet)
④ 퍼퓸(Perfume)

60 아로마테라피(Aromatherapy)에 사용되는 에센셜 오일에 대한 설명 중 가장 거리가 먼 것은?

① 아로마테라피에 사용되는 에센셜 오일은 주로 수증기 증류법에 의해 추출된 것이다.
② 에센셜 오일은 공기 중의 산소, 빛 등에 의해 변질될 수 있으므로 갈색병에 보관하여 사용하는 것이 좋다.
③ 에센셜 오일을 사용할 때에는 안전성 확보를 위하여 사전에 패치테스트(Patch Test)를 실시하여야 한다.
④ 에센셜 오일은 원액을 그대로 피부에 사용해야 한다.

모의고사 해설

해설

01 고대 이집트 시대는 종교의식, 장례의식에서 주술적 의미의 화장품을 최초로 사용했던 시대이다.

02 홍반, 수포 생성 : 일광화상이 되는 선번과 선탠이 동시에 일어난다. 기미, 주근깨 생성은 자외선의 부정적인 영향이다.

03 열 가지의 눈썹 모양(십미도)은 중국의 현종이 소개한 것이다.

04 섀도 컬러는 넓은 부위는 좁아 보이게 하고 튀어나온 부위는 들어가 보이게 한다.

05 눈썹의 표준 형태는 눈썹 산이 눈썹의 1/3 지점에 위치하는 것이다.

06 영양이 부족하고 화장이 잘 받지 않을 때 영양공급을 위해 적당한 팩은 달걀 노른자 팩이다.

07 부드럽고 탄력이 있으며 윤택이 나는 피부는 중성피부이다.

08 복합성 피부는 피부 느낌이 불안정하다.

09 화장품의 4대 요인은 사용성, 안전성, 안정성, 유효성이다.

10 다량의 유성성분을 물에 일정기간 동안 안정한 상태로 균일하게 혼합시키는 기술을 유화기술이라 한다.

11 이산화티탄은 물리적인 산란작용에 의해 자외선의 피부 침투를 차단한다.

12 비타민 D 결핍 시 구루병이 생길 수 있다.

13 작은 입술은 좌우를 늘려 그려주면 커 보이는 효과를 갖는다.

14 폼 클린징은 물과 함께 거품을 내서 사용하는 부드러운 크림 형태이다.

15 표피와 진피의 경계인 기저층은 물결 모양의 단층세포로 구성되어 있다.

16 표피는 5개의 세포층으로 되어 있는데 각질층, 투명층, 과립층, 유극층, 기저층의 순이다.

17 진피 내에 있는 탄력섬유와 교원섬유는 특정한 패턴으로 배열되어 있어서 피부의 선과 긴장도를 결정한다. 나이든 사람보다 젊은 사람에게서 탄력섬유가 더 많으며 탄력섬유의 감소는 노화현상의 하나이다. 진피에는 한선, 피지선, 신경말단 그리고 모낭이 분포되어 있으며, 혈관은 광범위하게 분포되어 표피에 영양 공급을 담당한다.

18 표피는 피부의 제일 겉 층에 존재하는 층으로 매우 얇으며 표피층의 아래에서부터 기저층, 유극층, 과립층, 투명층, 각질층으로 구분된다.

19 유두층은 콜라겐 섬유와 엘라스틴 섬유로 구성되어 진피의 상층에 위치한다. 신경말단이나 모세혈관 종말부가 있으며 유두층의 수분은 피부의 팽창도 및 탄력도와 관련이 깊다. 산소와 영양소가 유두의 모세혈관으로부터 조직액을 통한 확산을 통해 산소와 영양소가 확산해 들어가 피부에 필요한 영양소를 운반하여 표피의 각화가 원활해지도록 도와서 피부 표면을 매끄럽게 하므로 피부에 긴장감과 탄력을 준다.

20 각질층은 자외선을 막는 작용을 한다.

21 청색과 빨강의 대비는 보색대비이다.

22 둥근 얼굴은 각진형이 어울리고, 긴 얼굴은 직선형이 어울린다.

23 장방형 얼굴은 헤어스타일에 변화를 주어 얼굴이 짧아 보이도록 하거나 이마와 턱에 짙은 색 섀도를 사용해 짧아 보이게 하는 것이 좋다.

24 피부에 화장품을 도포함으로써 얻는 효과는 보습효과, 수렴효과, 자외선차단효과, 주름억제효과, 세포재생효과, 미백효과 등이 있다.

25 무기안료는 색상이 화려하지 못하나 빛이나 산, 알칼리에 강하다.

26 바이러스는 살아있는 세포 내에서만 증식이 가능하다.

27 직장생활에서의 화장은 T(Time : 시간), P(Place : 장소), O(Object : 목적)에 알맞게 표현한다.

28 색상대비는 대비현상 중 색상에 관한 현상이다.

29 대장균은 다른 미생물이나 분변의 오염을 측정할 수 있고 검출방법이 간단하며 정확하기 때문에 수질오염의 지표로 사용된다.

30 세균의 독소를 약독화하여 예방접종에 사용하는 질병은 디프테리아와 파상풍이다.

31 온열인자는 기온, 기습, 기류, 복사열이다.

32 장티푸스는 제1군 감염병에 속한다.

33 보건행정은 정부 및 공공단체에 의해 국가나 지역주민의 보건수준향상을 위해 행해지는 행정활동으로 공중보건학에 기초한 과학적 기술이 필요하다.

34 소독약은 빠른 시간에 소량으로도 살균력이 강해야 한다.

35 질병 발생의 3대 요인은 병원체, 숙주, 환경이다.

36 영아사망률은 어떤 연도 중 정상 출생아 수 1,000명에 대한 1년 미만의 영아 사망 수이다.

37 화장으로 피부의 결점을 커버할 수는 있으나 병든 피부를 관리하는 것은 어렵다.

38 화장으로 병적인 피부를 치유하지는 못한다.

39 데이 타임 메이크업은 보통화장을 말한다. 보통 외출 시 가볍고 산뜻하게 하는 화장법이다.

40 큰 코는 다른 부분보다 진한 색을 코 전체에 펴 바른다.

41 콜라겐은 피부의 수분을 유지시켜주는 보습작용을 한다.

42 알코올은 피부 표면에 시원함과 청량감을 주고 살균작용을 한다.

43 경수를 연수화하기 위해서는 물을 끓이거나 탄산소다, 붕사, 명반 등을 첨가하면 된다.
44 레몬은 햇빛에 노출됐을 때 색소침착의 우려가 있어 사용 시 유의해야 하는 에센셜 오일이다.
45 필수 지방산은 주로 불포화 지방산으로 식물성 지방에 많이 함유되어 있다.
46 글리세린은 피부를 부드럽고 윤택하게 하며 수분 흡수작용을 한다.
47 기초 화장품은 클렌징 제품과 화장품의 기초가 되는 크림류, 유액, 화장수, 팩 제 등을 말하는 것이다.
48 수렴화장수는 지성피부에 적합하며 피부의 과잉한 지방분을 억제하는 효과와 거칠게 된 피부 표면의 수렴효과가 있다.
49 공중보건의 3대 요소는 질병예방, 수명연장, 신체적·정신적 건강 및 효율의 증진이다.
50 공중보건은 환자의 치료가 목적이 아니라 예방이 중요하다.
51 BCG는 결핵 예방접종약이다.
52 음용수를 통해서 감염되는 전염병은 수인성경구감염병이며, 여기에는 이질이 포함된다.
53 소독약의 살균기전으로는 단백질의 응고작용, 산화작용, 가수분해작용이 있다.
54 온도가 일정할 경우 농도가 짙으면 짙을수록 살균에 소요되는 시간은 짧아진다. 그러나 소독제를 어느 정도 이상 희석하면 소독력의 효과가 더 이상 커지지 않는다.
55 과산화수소는 3%의 수용액이 사용되는데, 무포자균을 빨리 살균할 수 있으며, 자극성이 적어서 구내염, 인두염, 입안세척, 상처 등에 사용된다.
56 법 제6조(이용사 및 미용사의 면허 등) ②항 다음에 해당하는 자는 이용사 또는 미용사의 면허를 받을 수 없다.
  1. 금치산자
  2. 「정신보건법」에 따른 정신질환자. 다만, 전문의가 이용사 또는 미용사로서 적합하다고 인정하는 사람은 그러하지 아니하다.
  3. 공중의 위생에 영향을 미칠 수 있는 감염병환자로서 보건복지부령이 정하는 자
  4. 마약 기타 대통령령으로 정하는 약물 중독자
  5. 면허가 취소된 후 1년이 경과되지 아니한 자
57 법 제7조 ①항 시장·군수·구청장은 미용사의 면허증을 다른 사람에게 대여한 때에는 1차 위반 시의 행정처분기준은 면허정지 3월에 처한다.
58 법 제4조 ④항 미용기구는 소독을 한 기구와 소독을 하지 아니한 기구로 분리하여 보관하고, 면도기는 1회용 면도날만을 손님 1인에 한하여 사용할 것. 이 경우 미용기구의 소독기준 및 방법은 보건복지부령으로 정한다. 이를 어겼을 때의 1차 위반 행정처분기준은 경고이고, 2차 위반 행정처분기준은 영업정지 5일이다.
59 향료의 함유량 : 퍼퓸 > 오데토일렛 > 오데코롱 > 샤워코롱
60 에센셜 오일은 식물성 오일(캐리어 오일)로 희석해서 사용한다.

정답

01 ③	02 ④	03 ③	04 ②	05 ②	06 ①
07 ①	08 ②	09 ①	10 ④	11 ③	12 ②
13 ③	14 ③	15 ①	16 ②	17 ②	18 ①
19 ②	20 ①	21 ②	22 ②	23 ④	24 ④
25 ④	26 ②	27 ③	28 ②	29 ①	30 ②
31 ④	32 ②	33 ③	34 ①	35 ③	36 ③
37 ④	38 ④	39 ②	40 ④	41 ②	42 ④
43 ①	44 ②	45 ④	46 ②	47 ④	48 ②
49 ④	50 ③	51 ②	52 ④	53 ④	54 ①
55 ①	56 ②	57 ④	58 ①	59 ①	60 ④

모의고사 2회

01 고려시대 화장법 중 기생 중심의 짙은 화장을 무엇이라 하는가?
① 분대 화장 ② 비분대 화장
③ 옅은 화장 ④ 특수 화장

02 자외선 중 홍반을 주로 유발시키는 것은?
① UV-A ② UV-B
③ UV-C ④ UV-D

03 그리스 페인트 화장(Grease Paint Make-up)이란?
① 낮 화장
② 무대용 화장
③ 밤 화장
④ 햇볕 그을림 방지 화장

04 돌출된 부분을 들어가 보이게 하며 큰 얼굴을 축소시키고 싶을 때 주로 사용하는 컬러는?
① 메이크업 컬러 ② 섀도 컬러
③ 악센트 컬러 ④ 하이라이트 컬러

05 점토 팩이라고도 하며, 세안제로 사용되는 팩 제의 대표적인 것은?
① 밀크 팩 ② 에그 팩
③ 왁스 마스크 팩 ④ 크레이 팩

06 화장 시 아이섀도에 쓰이는 색상은 다양하다. 이 중 귀여운 이미지의 연출에 가장 적당한 색상은?
① 녹색 ② 보라색
③ 청색 ④ 핑크색

07 다음 중 흰 얼굴에 가장 알맞은 백분의 색깔은?
① 갈색계 ② 베이지계
③ 핑크계 ④ 흰색

08 좁은 이마와 넓은 턱(Pear Shape)을 가진 사람에게는 어떻게 메이크업을 하는 것이 가장 적당한가?
① 그 얼굴의 형을 살리도록 화장한다.
② 얼굴은 좁아 보이게 하며, 이마는 넓어 보이게 한다.
③ 이마는 넓어 보이도록 하며, 얼굴은 길어 보이게 한다.
④ 이마는 좁아 보이게 하며, 턱은 넓어 보이게 한다.

09 이마의 양끝과 턱의 끝 부분을 진하게, 얼굴 부분을 엷게 화장하는 것이 가장 잘 어울리는 얼굴형은?
① 사각형 ② 삼각형
③ 역삼각형 ④ 원형

10 어떠한 피부색에도 어울리는 립스틱 색상은?
① 오렌지색 ② 자홍색
③ 적색 ④ 핑크색

11 다음 중 건성피부의 관리방법으로 옳지 않은 것은?
① 뜨거운 물로 자주 세안을 한다.
② 보습효과가 뛰어난 에센스를 사용한다.
③ 부드러운 타입의 크림이나, 액상 세안료를 사용한다.
④ 지나친 수분증발을 방지한다.

12 얼굴형에 따른 화장술의 설명으로 옳은 것은?
① 마름모형 얼굴의 경우 광대뼈 부분을 밝게 표현한다.
② 사각형 얼굴의 경우 일자형의 눈썹을 그려준다.
③ 삼각형 얼굴의 경우 아래로 처진 눈썹을 그려준다.
④ 역삼각형 얼굴의 경우 볼을 밝게 표현한다.

13 다음 피지에 대한 설명 중 틀린 것은?
① 손바닥과 발바닥에는 피지의 분비가 거의 없다.
② 일반적으로 남자는 여자보다 피지의 분비가 적다.
③ 피지의 분비는 사춘기에 왕성하다.
④ 피지의 분비는 외계의 온도가 상승하면 높아진다.

14 피부의 색소인 멜라닌(Melanin)은 어떤 아미노산으로부터 합성되는가?
① 글루탐산(Glutamic Acid)
② 글리신(Glycerine)
③ 알라닌(Alanine)
④ 티로신(Tyrosine)

15 백발화의 촉진 원인이 되는 쇼크와 스트레스를 예방하는 데 가장 효과가 있는 비타민은 무엇인가?
① 비타민 A ② 비타민 B_1
③ 비타민 C ④ 비타민 F

16 감, 귤, 딸기처럼 괴혈병에 좋은 비타민은?
① 비타민 A ② 비타민 B_6
③ 비타민 C ④ 비타민 D

17 색의 무게감은 색의 3속성 중 어느 것에 의한 영향이 가장 큰가?
① 대비 ② 명도
③ 색상 ④ 채도

18 피부의 상피조직은 다음의 어느 상피에 속하는가?
① 섬모상피
② 입방상피
③ 중층상피
④ 편평상피

19 SPF란 무엇을 뜻하는가?
① 자외선 선텐지수
② 자외선 차단지수
③ 자외선이 우리 몸에 들어오는 지수
④ 자외선이 우리 몸에 머무는 지수

20 두 색이 서로 인접되는 부분이 경계로부터 멀리 떨어져 있는 부분보다 색의 3속성별 대비의 현상이 더욱 강하게 일어나는 현상은?
① 명도대비
② 색상대비
③ 연변대비
④ 채도대비

21 메이크업(Make-up)을 할 때 얼굴에 입체감을 주기 위해 사용되는 브러시는?
① 네일 브러시
② 립 라인 브러시
③ 섀도 브러시
④ 아이브로 브러시

22 장방형 얼굴을 짧아 보이게 하려면 어떠한 화장법이 좋은가?
① 눈썹을 길고 둥글게 그린다.
② 볼연지를 짙게 한다.
③ 얼굴 전체에 짙은 화장을 한다.
④ 이마와 턱을 짙게 발라준다.

23 원형 얼굴을 달걀형에 가깝게 하는 수정 화장으로 옳은 것은?

① 눈썹을 활 모양으로 크게 그린다.
② 얼굴의 옆폭을 세로로 엷게 바르고 이마와 턱의 중앙부분을 진하게 바른다.
③ 얼굴의 옆폭을 세로로 진하게 바르고 이마와 턱의 중앙부분을 밝게 한다.
④ 이마 부분을 진하게 하고 턱 부분을 밝게, 얼굴의 옆폭은 진하게 바른다.

24 피부의 기능과 그 설명이 옳지 않은 것은?

① 보호기능 – 피부 표면의 산성막은 박테리아의 감염과 미생물의 침입으로부터 피부를 보호한다.
② 영양분 교환기능 – 프로비타민 D가 자외선을 받으면 비타민 D로 전환된다.
③ 저장기능 – 진피조직은 신체 중 가장 큰 저장기관으로 각종 영양분과 수분을 보유하고 있다.
④ 흡수기능 – 피부는 외부의 온도를 흡수, 감지한다.

25 다음 중 피지 소비량의 불균형으로 두 가지 이상의 피부 성질이 한 얼굴에 나타나는 상태의 피부는?

① 건성피부 ② 복합성 피부
③ 알레르기성피부 ④ 중성피부

26 피부의 구조 중 진피에 속하는 것은?

① 과립층 ② 기저층
③ 유극층 ④ 유두층

27 겨드랑이 냄새는 어떤 분비물의 증가와 이상이 있기 때문인가?

① 대한선(아포크린선)
② 소한선(에크린선)
③ 스테로이드
④ 콜레스테롤

28 일반적으로 피부는 약 며칠을 주기로 생성, 사멸되는가?

① 20일 ② 28일
③ 38일 ④ 40일

29 둥근(원형) 얼굴형에 대한 화장술로서 가장 적당한 것은?

① 모난 부분을 진하게 표현한다.
② 뺨은 풍요하게, 턱은 팽팽하게 보이도록 한다.
③ 양 옆쪽을 좁게 보이도록 한다.
④ 위와 아래를 짧게 보이도록 한다.

30 중성피부에 대한 설명으로 거리가 먼 것은?

① 살결이 가늘어 피부결이 부드럽고 곱다.
② 피부 표면이 탄력이 있고 윤기가 있으며 건강하다.
③ 피지 분비량이 적당하여 항상 표면이 촉촉하고 팽팽하다.
④ 화장을 했을 때 쉽게 지워지며 지속력이 좋지 않다.

31 피부의 부속기관이 아닌 것은?

① 기관지 ② 손톱, 발톱
③ 피지선 ④ 한선

32 자외선 소독법에서 사용되는 자외선의 가장 적당한 파장은?

① 2,400~2,800Å ② 2,800~3,000Å
③ 3,000~4,500Å ④ 4,500~5,000Å

33 화장은 목적에 따라 여러 가지로 분류한다. 다음 중 데이 타임 메이크업(Daytime Make-up)을 설명한 것은?

① 낮 화장
② 사진을 찍을 경우의 화장
③ 성장 화장
④ 스테이지 메이크업(Stage Make-up)

34 세계보건기구(WHO)의 기능이 아닌 것은?
① 국제적 보건사업의 지휘 · 조정
② 보건문제 기술지원 및 자문
③ 회원국에 대한 보건관계 자료 공급
④ 회원국에 대한 보건정책 조정

35 다음 중 군집 독의 주요 원인을 가장 잘 설명한 것은 어느 것인가?
① 고온다습한 환경
② 공기의 물리 · 화학적 조성의 악화
③ CO_2의 부족
④ O_2의 증가

36 산업보건의 목적과 관계가 가장 적은 것은?
① 근로자의 보건 유지 및 증진
② 근로자의 안전 유지 및 증진
③ 산업재해 예방
④ 직업병 치료

37 수분을 많이 함유하고 있어 수분 부족 피부에 가장 적당한 파운데이션은?
① 수분베이스 파운데이션
② 스틱 타입 파운데이션
③ 오일 프리 파운데이션
④ 유분베이스 파운데이션

38 눈썹의 모양을 강하지 않은 둥근 느낌으로 만들면 가장 효과적인 얼굴형은?
① 마름모형 얼굴   ② 사각형 얼굴
③ 원형 얼굴   ④ 장방형 얼굴

39 둥근(원형) 얼굴형에 대한 화장술로서 가장 적당한 것은?
① 모난 부분을 진하게 표현한다.
② 뺨은 풍요하게, 턱은 팽팽하게 보이도록 한다.
③ 양 옆쪽을 좁게 보이도록 한다.
④ 위와 아래를 짧게 보이도록 한다.

40 립스틱을 바른 입술에 선명함과 윤기를 부여하는 것은?
① 립 글로스   ② 립 라이너
③ 립크림   ④ 펄 립스틱

41 작은 입술의 화장법으로 옳은 것은?
① 실제보다 작게 그린다.
② 위와 아래 입술 모두 아름다운 곡선으로 그린다.
③ 위와 아래 입술을 좌우로 늘려 수정한다.
④ 윗입술을 덧그린다.

42 TPO로 적절하지 않은 것은?
① 목적   ② 시간
③ 연령   ④ 장소

43 W/O Emulsion의 주성분은 무엇인가?
① 물   ② 베이킹파우더
③ 오일   ④ 유지

44 유분의 함량이 가장 많은 화장품은?
① 리퀴드 파운데이션
② 스킨 커버
③ 파우더 파운데이션
④ 트윈 케이크

45 다음 중 아미노산을 화장품에 사용하는 이유로 올바른 것은?
① 방부 효과가 있기 때문에
② 피부를 부드럽게 하기 때문에
③ 피부에 수분을 주기 때문에
④ 피부에 유분을 주기 때문에

46 클렌징크림의 사용 목적에 해당되는 것은?
① 각질 및 피부 제거
② 노폐물 및 불순물 제거
③ 자외선으로부터 피부보호
④ 적외선으로부터 피부보호

47 다음 중 피부의 신진대사를 촉진시켜 피하지방 축적을 억제해 주며 모공을 조여 주는 작용이 있는 것은?
① 멘톨　　② 사포닌
③ 카페인　④ 하마멜린

48 다음 중 화장품 성분인 플라센타(Placenta)를 설명한 것은?
① 노화 피부를 보드랍고 촉촉하게 하는 데 좋은 화장품이 된다.
② 동물의 태반에서 만들어낸 화장품 성분이다.
③ 동물의 피부에서 추출한 성분이다.
④ 탄력 증진, 멜라닌 색소 생성 억제, 수분 공급, 모공 수축에 좋은 화장품이다.

49 다음 중 공중보건상 가장 문제가 되는 보균자는?
① 건강보균자　② 과거병력자
③ 회복기보균자　④ 환자

50 전염병을 관리할 때 가장 어려운 대상은?
① 건강보균자　② 급성 전염병 환자
③ 만성 전염병 환자　④ 식중독 환자

51 돼지고기를 덜 익혀 먹었을 때 감염될 수 있는 것은?
① 긴촌충　② 무구조충
③ 요충　④ 유구조충

52 이·미용업소에서 전염될 수 있는 트라코마에 대한 설명 중 옳지 않은 것은?
① 병원체는 바이러스이다.
② 실명의 원인이 되기도 한다.
③ 예방접종으로 면역이 된다.
④ 전염원은 환자의 눈물, 콧물 등이다.

53 결핵환자의 객담 처리방법 중 가장 효과적인 것은?
① 매몰법　② 소각법
③ 알코올 소독　④ 크레졸 소독

54 다음 중 알코올 소독에 부적당한 것에 해당되는 것은?
① 가위　② 고무 제품
③ 면도칼　④ 상처 피부

55 다음 중 에틸알코올(에탄올) 소독에 가장 부적당한 것은?
① 가위　② 면도칼
③ 빗　④ 핀, 클립

56 살균력과 침투성은 약하지만 자극이 없고 발포작용에 의해 구강이나 상처 소독에 주로 사용되는 소독제는?
① 과산화수소　② 알코올
③ 염소　④ 페놀

57 다음 중 이·미용사 면허를 받을 수 없는 자는?
① 교육부장관이 인정하는 고등기술학교에서 6개월 이상 이·미용에 관한 소정의 과정을 이수한 자
② 고등학교에서 이·미용에 관한 학과를 졸업한 자
③ 「국가기술자격법」에 의한 이·미용사의 자격을 취득한 자
④ 전문대학에서 이·미용에 관한 학과를 졸업한 자

58 공중위생영업소의 위생관리수준을 향상시키기 위하여 위생서비스 평가계획을 수립하여야 하는 자는?
① 보건복지부장관
② 시·도지사
③ 시장·군수·구청장
④ 행정자치부장관

59 유연 화장수 작용 중 틀린 것은?

① 모공을 열어준다.
② 피부에 남아 있는 알칼리 성분을 중화시킨다.
③ 피부에 영양과 윤택을 준다.
④ 피부의 거칠음 방지와 부드러움을 준다.

60 다음 중 기능성 화장품에 대한 내용으로 옳지 않은 것은?

① 자외선으로부터 피부를 보호하는 데 도움을 주는 제품이다.
② 피부를 검게 태우는 데 도움을 주는 제품이다.
③ 피부의 미백에 도움을 주는 제품이다.
④ 피부의 주름 개선에 도움을 주는 제품이다.

모의고사 해설

해설

01 기생들은 눈썹을 가늘고 까맣게 그리고 짙은 화장을 하였는데, 이것을 분대 화장이라 하고 옅은 화장을 비분대 화장이라 한다.

02 UV-B는 홍반과 수포를 형성한다.

03 그리스 페인트 메이크업은 무대용 화장이다.

04 튀어나온 부분은 들어가 보이게 하며 넓은 부위는 좁아 보이게 하는 섀도 컬러에는 갈색, 암갈색, 회색 등이 있다.

05 크레이 팩은 팩의 유효성분을 피부 깊숙이 침투시켜 부드럽게 하며, 오염된 피지 등을 원활히 배출하여 모공을 수축시키는 팩이다.

06 아이섀도에 쓰이는 색상에 따른 이미지 중에서 귀여운 이미지의 연출은 핑크색이 가장 적당하고, 안정되고 성숙한 이미지의 연출은 보라색이 적당하며, 산뜻하고 밝은 이미지의 연출은 청색이 적당하다.

07 흰 피부에는 핑크색이 적당하다.

08 턱의 양쪽과 이마 양옆에 하이라이트를 넣어 넓어 보이도록 하고 양쪽 광대뼈 부분에는 짙은 색으로 화장하여 얼굴을 좁게 보이게 한다.

09 얼굴의 윗부분 양쪽과 아래 부분 가운데를 축소하는 화장법은 역삼각형 얼굴에 적당하다.

10 붉은색은 어떠한 피부색이나 어떠한 의상에도 무난하게 잘 어울린다.

11 건성피부는 뜨거운 물로 자주 세안을 하면 피지를 과도하게 제거하여 피부 건조를 심화시키므로 미지근한 물을 이용해 세안해 준다.

12 역삼각형의 얼굴은 얼굴의 옆(뺨)을 밝게 한다.

13 일반적으로 남자가 여자보다 피지 분비량이 많다.

14 멜라닌은 세포 내의 소기관인 리보솜(Ribosome)에서 티로시나아제라는 효소의 생합성에서 합성되기 시작한다. 이 효소의 작용으로 아미노산의 일종인 티로신(Tyrosine)에서 몇 단계를 거쳐 합성되어, 멜라노사이트라는 흑색 소포 표면에 침착하여 멜라노솜(Melanosome)이라는 멜라닌 과립이 생긴다.

15 비타민 C는 혈색소 형성 및 스트레스 예방에 효과적이다.

16 비타민 C는 항산화제 및 철분을 흡수하며 과일, 채소류에 풍부하고, 결핍 시 괴혈병이 나타난다.

17 색상 – 색의 온도감, 명도 – 색의 중량감, 채도 – 색의 강약감

18 편평상피는 비늘같이 납작한 세포층으로 피부, 구강 등을 덮고 있다.

19 SPF(자외선 차단지수)는 자외선 차단 제품이 UVB로부터 피부를 보호할 수 있는 정도를 수치화하여 표시한 것이다.

20 연변대비는 어떤 색이 인접하여 있을 때 그 경계 부분에 더 강한 색 대비가 일어나는 현상이다.

21 입체감 있고 작은 얼굴을 표현하기 위해선 섀도 브러시가 필수적이다.

22 장방형 얼굴은 헤어스타일에 변화를 주어 얼굴이 짧아 보이도록 하거나 이마와 턱에 짙은 색 섀도를 사용해 짧아 보이게 하는 것이 좋다.

23 원형 얼굴을 달걀형에 가깝게 하기 위해서는 옆 얼굴을 진하게 하여 옆 부분이 축소되어 보이도록 하는 것이 좋다.

24 피부의 기능에 저장의 기능은 없다.

25 복합성 피부는 피부 느낌이 불안정하며 기후 변화에 쉽게 피부가 균형을 잃는다. 이는 피지 소비량 불균형으로 두 가지 이상의 피부의 성질이 한 얼굴에 나타나는 상태이다.

26 진피에 속하는 두 개의 층은 유두층과 망상층이다.

27 겨드랑이나 젖꼭지에 존재하는 것은 대한선(아포크린선)이다.

28 우리 피부는 한 번 형성된 후 그대로 유지되는 것이 아니라 28일을 주기로 끊임없이 새로운 피부를 만들어 낸다.

29 둥근 얼굴은 양 옆쪽을 축소되어 보이도록 한다.

30 지성피부는 불순물이 묻기 쉬우며, 화장을 했을 때 쉽게 지워진다.

31 모발, 손·발톱, 선들은 표피층에서 유도된 것으로 피부 부속기관 또는 표피유도체라고 한다.

32 2,400~2,800Å의 광 파장에서의 자외선이 가장 살균력이 강하다.

33 데이 타임 메이크업은 낮 화장, 보통화장을 말한다. 보통 외출 시 가볍고 산뜻하게 하는 화장법이다.

34 세계보건기구의 주요 기능은 국제적인 보건사업의 지휘 및 조정, 회원국에 대한 기술지원 및 자료 공급, 전문가 파견에 의한 기술 자문활동 등이라 할 수 있으며, 각국마다 자기 스스로 보건적 문제를 해결할 수 있는 능력을 갖도록 지원하는 노력도 하고 있다.

35 군집 독은 많은 사람이 밀폐된 실내에 있을 때 공기의 물리적·화학적 조성에 변화가 일어나 불쾌감, 두통, 현기증, 구역질, 구토 등이 일어나는 현상을 말한다.

36 산업보건의 목적은 노동의 조건 및 환경에 기인한 피로, 재해, 질병을 조사·분석하여 근로자의 건강과 복지를 확보하고, 가장 적합한 근로환경을 고려하여 근로자의 건강에 유해함이 없이 작업능률을 상승시키며, 직업병을 예방하는데 그 목적이 있다.

37 수분베이스 파운데이션은 수분이 유분보다 많아 수분 부족 피부에 효과적이고 자연스러운 메이크업 표현이 가능하다.

38 눈썹의 모양을 둥근 느낌으로 만들면 가장 효과적인 얼굴형은 각진형, 즉 사각형 얼굴이다.
39 둥근 얼굴은 양 옆쪽을 좁아 보이도록 한다.
40 립스틱을 바른 후 립 그로스를 덧바르면 입술이 윤기 있어 보이고 촉촉해 보인다.
41 작은 입술은 좌우를 늘려 그려주면 커 보이는 효과를 갖는다.
42 시간(Time), 장소(Place), 목적(Object)
43 W/O 에멀션의 주성분은 오일이고, O/W 에멀션의 주성분은 물이다.
44 스킨 커버는 안료를 오일과 왁스에 골고루 혼합 분산시킨 것으로, 크림 파운데이션보다 밀착감, 내수성 및 커버력이 우수하여 "스킨 커버(Skin Cover)"라고 한다. 따라서 사진촬영, 무대화장, 특수 분장 시에 널리 사용된다. 그러나 스킨 커버는 배합된 오일과 왁스의 양이 50~60% 정도로 파운데이션 중에서 가장 많아 사용감이 뻑뻑한 것이 단점이다.
45 피부에 수분을 주기 때문에 아미노산을 화장품에 사용한다.
46 클렌징크림은 액상 유지가 지질을 용해하여 더러운 물질을 떨어뜨리는 효과와 유상, 수상 성분이 적당히 혼합되어 피부의 불순물을 제거하는 효과가 있다.
47 사포닌은 피부의 재생을 촉진시켜주고 피부의 탄력을 증가시킨다.
48 플라센타(Placenta)는 동물의 태반에서 추출하며, 피부신진대사 촉진으로 피부활성화, 세포 재생 작용 가속화, 비타민과 여성호르몬 함유로 노화 피부에 효과적이다.
49 건강보균자는 감염병관리상 문제가 되는 대상자로 병원체가 침입하여 감염되었으나, 감염에 의한 임상증상이 전혀 없고 건강자와 다름없지만 병원체를 배출하는 자이다.
50 49번 해설 참조
51 돼지고기를 생식하면 소장에서 2개월 이내에 유구조충이 성충으로 자라서 분변으로 나온다.
52 트라코마의 병원체는 바이러스로 전염경로는 수건, 오염 기물 등이다. 증상은 시력 장애, 눈꺼풀 손상, 심하면 실명에까지 이를 수 있다. 예방책으로는 수건의 공동사용을 금지한다.
53 결핵환자의 객담 소독은 소각법이 가장 효과적이다.
54 알코올은 피부 및 기구 소독에 사용된다. 고무나 일부의 플라스틱은 녹을 수 있으므로 알코올 소독에 적당하지 않다.
55 에틸알코올은 알코올의 일종으로 독성이 적다. 피부 및 기구 소독에 사용된다. 고무나 일부의 플라스틱은 녹을 수 있으므로 알코올 소독에 적당하지 않다.
56 과산화수소는 3%의 수용액이 사용되는데, 무포자균을 빨리 살균할 수 있으며, 자극성이 적어서 구내염, 인두염, 입안 세척, 상처 등에 사용된다.
57 이 · 미용사 면허를 받으려면 교육부장관이 인정하는 고등기술학교에서 1년 이상 이용 또는 미용에 관한 소정의 과정을 이수한 자이어야 한다.
58 법 제13조(위생서비스 수준의 평가) ①항
시 · 도지사는 공중위생영업소의 위생관리수준을 향상시키기 위하여 위생서비스 평가계획을 수립하여 시장 · 군수 · 구청장에게 통보하여야 한다.
59 유연화장수는 세안 직후에 사용하는 화장수로 피부에 수분을 공급하여 피부를 부드럽고 촉촉하게 하며 다음 단계에 사용될 화장품이 잘 흡수될 수 있도록 해준다. 또한 피부의 pH를 정상으로 회복시키는 데에도 도움을 준다.
60 피부를 곱게 태워주는 데 도움을 주는 제품이 기능성 화장품에 해당한다.

정답

01 ①	02 ②	03 ②	04 ②	05 ④	06 ④
07 ③	08 ②	09 ③	10 ③	11 ①	12 ④
13 ②	14 ④	15 ③	16 ③	17 ②	18 ④
19 ②	20 ③	21 ③	22 ④	23 ③	24 ③
25 ②	26 ①	27 ①	28 ②	29 ③	30 ④
31 ①	32 ①	33 ①	34 ④	35 ②	36 ④
37 ①	38 ②	39 ③	40 ①	41 ③	42 ③
43 ③	44 ④	45 ③	46 ②	47 ②	48 ②
49 ①	50 ①	51 ④	52 ②	53 ③	54 ④
55 ③	56 ①	57 ①	58 ②	59 ①	60 ②

모의고사 3회

01 밑 화장용 화장품인 파우더를 사용해야 할 경우로서 가장 적당한 것은?
① 땀과 피지로 인해 화장이 번지는 것을 막을 경우
② 여름철 케이크 타입이나 파우더 타입의 파운데이션을 사용할 경우
③ 잔주름과 주름살이 많은 부분을 감출 경우
④ 추운 날씨에 피지 분비작용과 발한작용이 적어질 경우

02 클렌징제의 특징으로 중요하지 않은 것은?
① 영양성분이 풍부해야 한다.
② 유화력이 좋아야 한다.
③ 표피의 자극을 없게 한다.
④ 피부 타입에 맞게 사용한다.

03 다음 중 화장을 하였을 때 주름이 더욱 눈에 띄게 되는 경우로 맞는 것은?
① 베이스크림을 발랐을 때
② 아이섀도를 진하게 했을 때
③ 파우더를 많이 발랐을 때
④ 파운데이션을 많이 발랐을 때

04 이마의 상부와 턱의 하부를 진하게, 관자놀이(귀와 눈 사이) 부분을 옅게 화장하였을 때 가장 잘 어울린다면 이 얼굴의 기본형은?
① 마름모형 ② 삼각형
③ 원형   ④ 장방형

05 피부가 손상되기 쉬우며 주름도 빨리 와서 노화현상이 다른 피부유형보다 빠른 피부는?
① 건성피부 ② 알레르기성 피부
③ 정상피부 ④ 지성피부

06 피부의 색소와 관계가 없는 것은?
① 멜라닌   ② 에크린
③ 카로틴   ④ 헤모글로빈

07 웨딩 메이크업에 대한 설명으로 옳지 않은 것은?
① 신랑과 신부의 조화된 분위기를 연출한다.
② 신부 메이크업은 화려할수록 보기에 좋다.
③ 예식장소와 시간 등을 고려하여 메이크업하도록 한다.
④ 화사하게 표현하여 생기 있는 피부 톤으로 우아함을 연출한다.

08 피지가 지나치게 많이 분비되면 어떤 피부가 되는가?
① 건성피부   ② 모세혈관 확장 피부
③ 정상피부   ④ 지성피부

09 피부의 유형에 따른 다음 설명 중 옳지 않은 것은?
① 건성피부 : 피부 표면의 각질이 일어난 피부
② 노화피부 : 피하지방의 감소와 수분과 피지의 부족으로 주름이 생기는 피부
③ 민감성 피부 : 여드름이 나기 쉬운 피부
④ 중성피부 : 부드럽고 탄력이 있으며 윤택한 피부

10 다음 중 건성피부의 관리방법으로 옳지 않은 것은?
① 뜨거운 물로 자주 세안을 한다.
② 보습효과가 뛰어난 에센스를 사용한다.
③ 부드러운 타입의 크림이나, 액상 세안료를 사용한다.
④ 지나친 수분 증발을 방지한다.

11 사각형 얼굴에 대한 화장법으로 잘못된 것은?

① 눈썹은 크게 활 모양으로 그려준다.
② 둥근 느낌이 드는 풍만한 입술로 표현해 준다.
③ 이마의 각진 부분은 두발형으로 감춰주는 것이 좋다.
④ 이마의 상부와 턱의 하부를 진하게 표현한다.

12 피부 구조 중 마르피기 세포와 색소 세포가 있는 곳은?

① 림프선　　② 진피
③ 표피　　　④ 피하조직

13 인체 피부 표피의 각질 세포는 어느 정도의 수분을 함유하고 있어야 정상인가?

① 5~10%　　② 10~20%
③ 25~35%　　④ 30~40%

14 피부 구조에서 진피 중 피하조직과 연결되어 있는 것은?

① 기저층　　② 망상층
③ 유극층　　④ 유두층

15 피부의 표피구조 중 주로 손바닥과 발뒤꿈치 같은 두꺼운 피부에 존재하는 층은?

① 각질층　　② 과립층
③ 유극층　　④ 투명층

16 다음 중 피하조직의 작용에 대한 내용으로 옳지 않은 것은?

① 수분을 조절하는 기능이 있다.
② 영양소를 저장하는 기능이 없다.
③ 체온의 손실을 막는 체온조절기능이 있다.
④ 탄력성을 유지한다.

17 인체의 피부에 있어 모세혈관이 위치하고 있는 부분은?

① 상피　　② 진피
③ 표피　　④ 피하조직

18 인체 피부 표면에서 살균작용을 하거나 세균의 번식을 막는 역할을 하는 것은?

① 땀샘　　② 멜라닌색소
③ 수분　　④ 산성막

19 진피에 대한 설명으로 틀린 것은?

① 단백질의 일종인 교원섬유와 탄력섬유로 구성되어 있다.
② 피부가 노화될 때에는 탄력섬유의 변성으로 보아야 한다.
③ 피부의 상처는 탄력섬유의 손상이며 엘라스틴을 공급하면 치유된다.
④ 피부의 영양, 감각, 분비의 중요한 기능을 한다.

20 다음 중 아로마테라피(Aromatherapy)에 대한 설명으로 옳지 않은 것은?

① 방향요법이다.
② 육체와 정신 질병에 도움이 된다.
③ 육체의 질병만 치료한다.
④ 향기로 치유한다.

21 다음 중 향수의 구비조건으로 옳지 않은 것은?

① 시대성에 부합되는 향이어야 한다.
② 향에 특징이 있어야 한다.
③ 향이 적당히 강하고 지속성이 좋아야 한다.
④ 확산성은 좋지 않아도 된다.

22 공중보건사업의 대상을 가장 바르게 나타낸 것은?

① 교육수준이 낮고 비위생적인 사람만 대상으로 한다.
② 저소득층의 빈민자만 대상으로 한다.
③ 지역의 전체 주민을 대상으로 한다.
④ 질병이 있는 사람만 대상으로 한다.

23 지역사회의 보건수준을 나타내는 가장 대표적인 지표는?

① 영아 사망률   ② 일반 사망률
③ 전염병 발생률 ④ 평균 수명

24 보균자(Carrier)는 전염병 관리상 어려운 대상이다. 그 이유와 관계없는 것은?

① 격리가 어려우므로
② 색출이 어려우므로
③ 치료가 되지 않으므로
④ 활동영역이 넓기 때문에

25 감염병 예방법 중 제1군 감염병에 해당하는 것은?

① B형 간염   ② 메르스
③ A형 간염   ④ 발진티푸스

26 다음 중 소독에 대한 설명으로 옳은 것은 어느 것인가?

① 모든 균을 사멸시키는 것
② 병원균을 사멸하는 것
③ 병원균의 발육·성장을 억제하는 것
④ 병원 미생물을 사멸하거나 감염력을 없애는 것

27 피부 표면의 구조와 생리를 설명한 것으로 옳은 것은?

① 피부의 이상적인 산성도(pH)는 6.2~7.8이다.
② 피부의 pH는 성별, 계절별로 변화가 거의 없다.
③ 피부의 피지막은 건강상태 및 위생과는 상관없다.
④ 피지막의 친수성분을 천연보습인자(NMF)라 한다.

28 유연 화장수 작용 중 틀린 것은?

① 모공을 열어준다.
② 피부에 남아 있는 알칼리 성분을 중화시킨다.
③ 피부에 영양을 주고 윤택을 준다.
④ 피부의 거칠음 방지와 부드러움을 준다.

29 다음 병원 미생물을 크기에 따라 열거한 것으로서 옳은 것은?

① 리케차 < 세균 < 바이러스
② 바이러스 < 리케차 < 세균
③ 바이러스 < 세균 < 리케차
④ 세균 < 바이러스 < 리케차

30 다음 중 수건의 소독법으로 적합하지 않는 것은?

① 건열소독   ② 역성비누소독
③ 자비소독   ④ 증기소독

31 다음의 소독제 중에서 할로겐계의 것이 아닌 것은?

① 석탄산
② 염소 유기화합물
③ 치아염소산나트륨
④ 표백분

32 용질 10g이 용액 50mL에 녹아 있다면 이 용액은 몇 %의 용액인가?

① 2%   ② 10%
③ 20%   ④ 50%

33 진출색에 대한 설명으로 옳지 않은 것은?

① 따뜻한 색보다 차가운 색이 더 진출하는 느낌을 준다.
② 무채색보다 유채색이 더 진출하는 느낌을 준다.
③ 어두운 색보다 밝은색이 더 진출하는 느낌을 준다.
④ 저채도의 색보다 고채도의 색이 더 진출하는 느낌을 준다.

34 공기의 자정작용 현상이 아닌 것은?

① 공기 자체의 희석작용
② 산소, 오존, 과산화수소 등에 의한 산화작용
③ 식품의 탄소동화작용에 의한 CO_2의 생산작용
④ 태양광선 중 자외선에 의한 살균작용

35 TPO로 적절하지 않은 것은?

① 목적
② 시간
③ 연령
④ 장소

36 캐리어 오일에 대한 설명 중 옳지 않은 것은?

① 베이스 오일이라고도 한다.
② 안전성이 우수하며 공기 중에 오래 노출시켜도 산패가 일어나지 않는다.
③ 에센셜 오일을 피부에 효과적으로 침투시키기 위해 사용한다.
④ 에센셜 오일을 희석하는 데 사용한다.

37 우리나라 조선 중엽 일반 부녀자의 화장에 대한 설명 중 옳지 않은 것은?

① 분을 바른 시초였다.
② 10종류의 눈썹 모양을 그렸다.
③ 연지, 곤지를 찍었다.
④ 참기름을 사용했었다.

38 눈썹에 대한 설명 중 부적합한 것은?

① 눈썹 산의 표준 형태는 전체 눈썹의 1/2 되는 지점에 위치하는 것이다.
② 눈썹 산이 전체 눈썹의 1/2 되는 지점에 위치해 있으면 볼이 넓게 보이게 된다.
③ 눈썹은 눈썹 머리, 눈썹 산, 눈썹 꼬리로 크게 나눌 수 있다.
④ 수평상 눈썹은 긴 얼굴을 짧게 보이게 할 때 효과적이다.

39 화장시술에 사용되는 메이크업(Make-up)용 브러시(Brush)가 아닌 것은?

① 마스카라 브러시(Mascara Brush)
② 섀도 브러시(Shadow Brush)
③ 아이 브로 브러시(Eye Brow Brush)
④ 페이스 브러시(Face Brush)

40 다음 중 뺨 부분을 진하게 하고 이마와 턱은 엷게 하여야 하는 얼굴형은?

① 마름모형 얼굴
② 삼각형 얼굴
③ 원형 얼굴
④ 역삼각형 얼굴

41 얼굴의 결점을 커버하는 역할을 하는 화장품은?

① 메이크업 베이스
② 수렴화장수
③ 영양크림
④ 파운데이션

42 가장 이상적인 얼굴의 기본형은?

① 달걀형
② 둥근형
③ 역삼각형
④ 장방형

43 화장은 목적에 따라 여러 가지로 분류한다. 다음 중 데이 타임 메이크업(Daytime Make-up)을 설명한 것은?

① 낮 화장
② 사진을 찍을 경우의 화장
③ 성장 화장
④ 스테이지 메이크업(Stage Make-up)

44 아이래시 컬을 이용하는 부분 화장은?
① 마스카라　② 문신
③ 아이라이너　④ 아이섀도

45 메이크업이 번지는 것을 막아주고 번들거림을 방지하는 역할을 하는 화장품은 어느 것인가?
① 로션　② 스킨
③ 파우더　④ 클렌징

46 베이스 컬러라고도 하며 얼굴의 잡티 등을 감춰 줄 수 있는 화장품은?
① 메이크업 베이스
② 영양크림
③ 클린징크림
④ 파운데이션

47 유성(油性)이 많아 피부에 대한 친화력이 강하고, 거친 피부에 유분과 수분을 주어 윤기를 갖게 하는 데 가장 효과적인 크림은?
① 바니싱크림　② 콜드크림
③ 클렌징크림　④ 파운데이션크림

48 패치테스트(Patch Test)는 왜 하는가?
① 피부에 도포하는 화장품이나 팩 제가 이상 현상을 일으키는지 알기 위하여
② 피부의 성질을 측정하기 위하여
③ 피지막 반응을 시험하기 위하여
④ 화장품의 효과를 조사하기 위하여

49 공중보건학의 개념과 관계가 가장 적은 내용은?
① 성인병 치료기술에 관한 연구
② 육체적·정신적 효율 증진에 관한 연구
③ 전염병 예방에 관한 연구
④ 지역주민의 수명 연장에 관한 연구

50 한 나라의 보건수준을 측정하는 지표로서 가장 적절한 것은?
① 국민 소득
② 영아 사망률
③ 의과대학 설치 수
④ 전염병 발생률

51 다음 중 제2군 법정감염병은?
① 세균성 이질　② 장티푸스
③ 쯔쯔가무시증　④ 풍진

52 기온의 급격한 변화로 대기오염을 주도하는 기후조건은?
① 고온다습　② 기온역전
③ 저기압　④ 저온고습

53 소독의 주된 원리는 다음 중 어느 것에 해당하는가?
① 균체 원형질 중의 단백질 변성
② 균체 원형질 중의 수분 변성
③ 균체 원형질 중의 지방물 변성
④ 균체 원형질 중의 탄수화물 변성

54 소독제의 살균력 검사 시 표준으로 사용하는 것은?
① 석탄산　② 승홍
③ 알코올　④ 요오드

55 피부미용실에 소독약품을 보관할 시 반드시 착색을 하여 잘 보관하여야 하는 것은?
① 석탄산수　② 승홍수
③ 크레졸수　④ 포르말린수

56 소독약품으로서 갖추어야 할 구비조건이 아닌 것은?
① 독성이 낮을 것　② 부식성이 강할 것
③ 안정성이 높을 것　④ 용해성이 높을 것

57 미용사의 면허증을 대여한 때의 법적 조치 사항에 해당되지 않는 것은?

① 그 면허를 취소할 수 있다.
② 3월 이내의 기간을 정하여 업무정지를 명할 수 있다.
③ 6월 이내의 기간을 정하여 그 면허의 정지를 명할 수 있다.
④ 행정처분권자는 시장·군수·구청장이다.

58 영업소 외의 장소에서의 이용 또는 미용의 업무 수행에 관한 내용 중 가장 옳은 것은?

① 보건복지부령이 정하는 특별한 사유가 있는 경우의 장소에서는 이·미용 업무를 행할 수 있다.
② 시장의 상인이 거주하는 구내에서는 이·미용 업무를 행할 수 있다.
③ 학교 등의 구내 장소에서는 이·미용 업무를 행할 수 있다.
④ 호텔 등의 구내 장소에서는 이·미용 업무를 행할 수 있다.

59 미용 영업자가 면허정지기간 중에 미용 업무를 행하였을 때의 벌칙사항은?

① 100만 원 이하의 벌금
② 300만 원 이하의 벌금
③ 6개월 이하의 징역 또는 500만 원 이하의 벌금
④ 1년 이하의 징역 또는 1천만 원 이하의 벌금

60 청문을 실시하는 사항이 아닌 것은?

① 공중위생업의 일부 시설의 사용중지 및 영업소 폐쇄 처분을 하고자 하는 경우
② 공중위생영업의 정지처분을 하고자 하는 경우
③ 공중위생영업의 폐쇄 처분 후 그 기간이 끝난 경우
④ 정신질환자 또는 간질병자로 면허증을 받을 수 없는 경우

모의고사 해설

해설

01 파우더는 땀과 피지에 의해 화장이 번지거나 지워지는 것을 막고 빛을 사방으로 난반사시켜 얼굴을 밝고 화사하게 보이게 하기 위해 사용하는 메이크업 화장품이다.

02 클렌저의 사용 목적은 피부에서 분비되는 피지, 더러움을 제거하는 데 있으므로 영양성분이 풍부한 것보다는 클렌징이 잘 되도록 유화력이 좋아야 하고, 피부의 산성막과 피지막을 유지시켜 자극이 없어야 한다.

03 화장을 할 때 파우더를 너무 많이 바르면 피부건조와 함께 주름이 더욱 눈에 띄게 된다.

04 장방형의 얼굴은 얼굴 길이를 짧아 보이게 하기 위하여 이마 상부와 턱의 하부를 짙게 하여 옆으로 확대시키기 위해 볼 부분을 엷게 화장한다.

05 건성피부는 화장이 들떠 잘 받지 않고 잔주름에 의한 노화현상이 쉽게 오는 피부이다.

06 멜라닌은 흑색, 카로틴은 황색, 헤모글로빈은 적색과 관계가 있으며 에크린은 땀샘을 말한다.

07 혈색이 느껴지는 피부톤, 신랑과 신부의 조화된 분위기가 적절히 연출되어야 한다.

08 지성피부는 과다한 피지 분비로 인해 피부트러블이 생기기가 쉽다.

09 여드름은 주로 지성피부에 많이 발생하므로 유분이 많이 함유된 크림은 여드름을 악화시키는 원인이 된다.

10 건성피부는 뜨거운 물로 자주 세안을 하면 피지를 과도하게 제거하여 피부 건조를 심화시키므로 미지근한 물을 이용해 세안해 준다.

11 이마의 상부와 턱의 하부를 진하게 표현하는 것은 장방형의 얼굴이다.

12 표피의 부속물은 주로 각질세포로 되어 있고, 멜라닌 생성세포, 랑거한스 세포, 마르피기 세포 등으로 구성되어 있다.

13 각질층의 수분함량은 10~20%가 정상이며 10% 이하가 되면 피부가 건조해지고 거칠어지며 예민해지므로 수분함량은 피부 표면의 탄력성 유지와 피부의 손상 방지에 매우 중요하다.

14 망상층은 유두층의 하부에 위치하며 피하조직과 연결되어 있고, 유두층보다 두꺼우며 콜라겐 섬유나 엘라스틴 섬유들이 더 치밀하고 규칙적으로 배열되어 있다.

15 투명층은 입술이나 손바닥이나 발바닥 같은 두꺼운 부위에서만 볼 수 있으며 직접적인 외부로부터의 손상을 방어하는 층이다.

16 피하조직의 작용은 외부의 압력, 충격으로부터 몸을 보호하고, 영양소를 저장하는 기능이 있으며, 혈액순환 및 림프액의 순환이 원활하지 못하면 셀룰라이트를 형성한다.

17 진피의 유두층은 산소와 영양소가 유두의 모세혈관으로부터 조직액을 통해 확산해 들어가 피부에 필요한 영양소를 운반하여 표피의 각화가 원활해지도록 도와서 피부 표면을 매끄럽게 하므로 피부에 긴장감과 탄력을 준다.

18 산성막은 물리적·화학적 손상으로 부터 피부를 보호하고, 미생물의 증식을 억제하는 항 박테리아 작용을 한다.

19 피부에 상처가 날 경우 치유하는 역할을 하는 것은 교원섬유이다.

20 아로마테라피(Aromatherapy)는 아로마를 이용하여 스트레스 해소, 기분 전환 등 현대인의 생활에 활력소가 되도록 도움을 주는 방향요법이다.

21 향수의 구비조건은 향이 적당히 강하고 지속성이 좋아야 하며, 향의 조화가 잘 이루어지며 확산성이 좋아야 한다.

22 공중보건사업의 대상은 개인이 아니고 국민 전체 또는 지역사회 주민이다.

23 지역사회의 건강상태 및 보건수준을 평가하기 위한 가장 대표적인 지표는 영아 사망률이다.

24 보균자란 자각적으로나 타각적으로 임상증상이 없는 병원체 보유자로서 감염원으로 작용하는 감염자를 말한다. 보균자는 환자보다도 역학적으로 더욱 중요한 병원소가 되는 경우가 많기 때문에 감·전염병 관리상 중요한 대상자이다. 즉, 보균자는 자유로이 활동하기 때문에 감염시킬 수 있는 영역이 넓으며, 자타가 경계하지 않기 때문에 전파기회가 많고, 보균자 수는 일반적으로 환자의 수보다 많기 때문에 보균자는 감염원으로서 크게 작용하는 것이다.

25 A형 간염은 제1군 감염병이다.

26 소독이란 화학적으로 병원체의 생활력을 파괴하여 감염 또는 증식력을 없애는 것이다.

27 피지막에 의해 피부보호가 이루어지며 피지막의 친수성분을 천연보습인자(NMF ; Natural Moisturizing Factor)라 한다.

28 유연화장수는 보습제와 유연제가 함유되어 있어 피부의 각질층을 촉촉하고 부드럽게 한다.

29 바이러스는 병원 미생물 중 가장 작다.

30 수건의 소독에는 자비소독, 증기소독이 가장 쉽고 경제적이다. 건열소독은 열에 의한 멸균방법이기 때문에 수건의 소독법에 적합하지 않다.

31 할로겐은 반응성이 큰 화합물질로서 고대로부터 주목되어 온 살균작용의 하나로 염소와 요오드계가 살균제로 이어져 왔다. 할로겐계에 속한 화학적 소독제는 표백분, 치아염소산나트륨, 염소 유기화합물이다.

32 용질 / 용액 × 100 = 10 / 50 × 100 = 20%

33 진출색은 앞으로 튀어나와 보이는 색이고, 후퇴색은 뒤로 물러나 들어가 보이는 색이다. 난색계열은 진출되어 보이고, 한색계열은 후퇴되어 보인다. 또한 명도가 높은 색은 튀어나와 보이는 성질이 있으며 어두운 명도의 색은 후퇴되어 보인다. 무채색보다는 유채색이 더 진출하는 느낌을 준다.

34 공기의 자정작용에는 바람 등에 의한 공기 자체의 희석작용, 비·눈 등에 의한 분진이나 수용성 가스의 세정작용, 산소(O_2), 오존(O_3), 과산화수소(H_2O_2)에 의한 산화작용, 태양광선의 자외선에 의한 살균작용, 녹색식물의 광합성에 의한 이산화탄소(CO_2)와 산소(O_2)의 교환작용이 있다.

35 시간(Time), 장소(Place), 목적(Object)

36 캐리어 오일을 공기 중에 오래 노출시키면 산패가 일어날 수 있기에 반드시 밀봉하여 냉장고에 보관하여야 한다.

37 중국 당나라 때 십미도란 그림에 10종류의 눈썹 모양을 그렸다.

38 눈썹 산의 표준 형태는 눈썹 꼬리로부터 1/3 지점에 눈썹 산이 있다.

39 페이스 브러시는 팩 제를 바를 때나 각질을 제거할 때 사용한다.

40 삼각형 얼굴은 턱의 양끝 부분을 진하게 하고, 이마 부분은 엷게 한다. 역삼각형 얼굴은 턱 부분에 살이 없으므로 전체적으로 볼륨감을 주어 수정한다. 마름모형 얼굴은 양 협골과 턱 부분을 진하게 하고 이마 부분을 엷게 한다.

41 파운데이션은 얼굴의 결점을 커버하는 것으로 되도록 건강해 보이고 화사하게 보이도록 표현해 준다.

42 달걀형 얼굴의 특징은 이마가 턱보다 약간 넓은 형으로 특별한 수정화장이 필요없다.

43 데이 타임 메이크업은 낮 화장, 보통화장을 말한다. 보통 외출 시 가볍고 산뜻하게 하는 화장법이다.

44 아이래시 컬은 마스카라를 하기 전 속눈썹을 올려주는 기구를 말한다.

45 페이스 파우더의 사용은 메이크업의 마무리 단계에 실시하며, 메이크업의 지속 효과를 높여준다.

46 파운데이션을 베이스 컬러라고도 한다.

47 콜드크림은 기초화장품으로 피부에 바르면 수분의 증발을 막고, 거친 피부에 수분과 유분을 주어 윤기를 갖게 한다. 또한 피부에 대한 친화력이 강하다.

48 패치테스트는 피부에 도포하는 화장품이나 팩 제가 이상 현상을 일으키는지 알기 위한 테스트이다.

49 공중보건학은 질병을 예방하고, 수명을 연장시키며, 육체적·정신적 효율을 증진시키는 기술이며 과학이다.

50 한 국가의 공중보건수준을 나타내는 척도는 영아 사망률이다.

51 세균성 이질과 장티푸스는 제1군 전염병이고, 쯔쯔가무시증은 제3군 전염병이다.

52 기온역전 현상이란 상층부의 기온이 하층부보다 높은 경우로 바람이 없는 맑게 갠 날, 추운 겨울날 잘 일어난다. 기온역전 현상은 대기오염이 잘 발생하여 인간의 건강에 영향을 줄 수 있다.

53 소독의 주된 원리는 균체의 성분(단백질, 과당)과 결합하거나 변화시켜서 균의 발육이나 번식을 막아 살아갈 수 없게 하는 것이다.

54 소독약의 살균력을 나타내는 지표로서 활용되는 것은 석탄산이다.

55 승홍수는 무색이므로 반드시 적색이나 청백색소를 넣어서 착색하여 사용하여야 한다.

56 소독약품은 용해도가 높고, 방취력이 있어야 하며 사용이 간편하고, 안정성이 높아야 한다. 또한 부식성 및 인체에 해가 없어야 한다.

57 법 제7조(이용사 및 미용사의 면허 취소 등) ①항
시장·군수·구청장은 이용사 또는 미용사가 면허증을 다른 사람에게 대여한 때에는 그 면허를 취소하거나 6월 이내의 기간을 정하여 그 면허의 정지를 명할 수 있다. 면허증을 다른 사람에게 대여한 때의 법적 조치사항은 1차 위반 시에 3월 이내의 면허정지, 2차 위반 시에 6월 이내의 면허정지, 3차 위반 시에는 면허를 취소한다.

58 법 제8조(이용사 및 미용사의 업무범위 등) ②항
이용 및 미용의 업무는 영업소 외의 장소에서 행할 수 없다. 다만, 보건복지부령이 정하는 특별한 사유가 있는 경우에는 그러하지 아니하다.

59 법 제20조(벌칙) ③항
면허가 취소된 후 계속하여 업무를 행한 자 또는 면허정지기간 중에 업무를 행한 자, 면허(자격증)를 받지 아니하고 규정에 위반하여 미용의 업무를 행한 자는 300만 원 이하의 벌금에 처한다.

60 법 제12조(청문)
시장·군수·구청장은 이용사 및 미용사의 면허취소·면허정지, 공중위생영업의 정지, 일부 시설의 사용중지 및 영업소 폐쇄명령 등의 처분을 하고자 하는 때에는 청문을 실시하여야 한다.

정답

01 ①	02 ①	03 ③	04 ④	05 ①	06 ②
07 ②	08 ④	09 ③	10 ①	11 ④	12 ③
13 ②	14 ②	15 ④	16 ②	17 ②	18 ④
19 ③	20 ③	21 ④	22 ③	23 ①	24 ④
25 ②	26 ④	27 ②	28 ②	29 ②	30 ①
31 ①	32 ③	33 ①	34 ③	35 ③	36 ②
37 ②	38 ①	39 ④	40 ③	41 ④	42 ①
43 ①	44 ①	45 ③	46 ④	47 ②	48 ②
49 ①	50 ②	51 ④	52 ②	53 ①	54 ①
55 ②	56 ②	57 ②	58 ①	59 ②	60 ③

MAKE UP ARTIST
참고문헌 소개

- 교육부(2013). 미용분야 산업안전보건 매뉴얼. 한국직업능력개발원
- 교육부(2015). 고등학교 공중보건. 지학사
- 곽인실 외 5인(2011). 피부미용사 필기시험 총정리. 월비스
- 권혜영 외 10인(2014). 공중위생관리학. 메디시언
- 김금순 외 3인(2012). 기본간호/병원실습. 도서출판 전국간호
- 김금순 외 3인(2012). 기초간호과학. 도서출판 전국간호
- 김기연 외 14인(2012). 화장품학. 현문사
- 김남연·김종임(2009). 최신 피부미용. 광문각
- 김동석 외 12인(2011). 최신 공중보건학. 수문사
- 김명숙 외 3인(2003). 미용영양학. 훈민사
- 김민기·김유선(2015). 컬러리스트 필기시험. 미진사
- 김성남 외 7인(2010). 미용학개론. 고문사
- 김수진(2014). 2015 미용사(일반) 필기. 아티오
- 김숙희 외 3인(2013). 미용과 건강. 구민사
- 김양수·권태순(2012). 화장품학. 훈민사
- 김은주·한상문(2011). 미용과 건강. 훈민사
- 김은희(2010). 피부미용사 필기 총정리문제. 도서출판 책과 상상
- 김주덕·경기열·조진훈(2011). 화장품 과학 가이드. 광문각
- 김주섭 외 8인(2010). 미용학개론. 도서출판 북카페
- 김지연·이지현(2012). 미용사 일반 필기. 도서출판 책과 상상
- 김하연·김산(2010). 피부미용사 필기시험 총정리문제. 크라운출판사
- 류황건 외 9인(2012). 알기 쉬운 공중보건학. 수문사
- 리타 슈티엔스 저, 신경완 옮김(2009). 깐깐한 화장품 사용설명서. 도서출판 전나무숲
- 미용능력개발협회(2007). 피부미용사. 교학사
- 박영임(2016). 보건간호학 공중보건학개요. 도서출판 전국간호
- 박외숙(2010). 화장품과학. 자유아카데미
- 박지은(2016). 오분만 메이크업 미용사 필기. 씨마스
- 배용진·이정은(2014). 컬러리스트 이론편. 지구문화사

- 보건복지부(2014). 요양보호사 양성 표준교재. 도서출판 들샘
- 보건복지부. 건강 길라잡이. http://www.hp.go.kr/
- 신희원(2013). Following 보건교사 길라잡이. 박문각/에듀스파
- 오웅영 외 2인(2008). 피부미용사 완전정복. 한국피부미용교육센터
- 오웅영 외 4인(2015). 피부미용사 필기. 도서출판 건기원
- 이무식 외 15인(2015). 보건학. 계축문화사
- 이성옥 외 5인(2011). 최신 화장품 과학. 광문각
- 이승훈(2015). 공중보건 이론과 실전문제. 정훈사
- 이정렬·이상숙(2014). 보건간호. 은하출판사
- 이지영·황혜영(2012). 피부미용사 필기 단기완성. 시대고시기획
- 이평숙(2011). 메이크업. 능률교과서
- 이한기 외 8인(2012). 인체해부생리학. 수문사
- 임국환 외 9인(2012). NEW 공중보건학. 지구문화사
- 장혜진·김이준(2015). 미용사회심리학. 가담플러스
- 조성준·이인숙(2006). 아로마치료. 학지사
- 지제근(2015). 알기 쉬운 보는 해부학. 아카데미아
- 질병관리본부(2009). 역학 및 전염병관리. 지방행정연수원
- 최미경·이영희(2010). 보완대체요법. 정담미디어
- 타가미 히로오 저. 김주덕 외 2인 옮김(2011). 화장품 과학 가이드. 광문각
- 한국피부미용연구학회 교재편찬위원회(2008). 공중위생관리학. 법문사
- 홍란희 외 6인(2009). 클리니컬 아로마테라피와 성분학. 광문각
- 황해정·김승아(2012). 피부미용사 필기 한권으로 합격하기. 크라운출판사
- 황희순(2002). 미용학개론. 청구문화사
- MAXIM. 이석우(2016. 2. 2일자). 남자들이 알아두면 좋은 기본 메이크업 용어

MAKE UP ARTIST
이 책의 저자 소개

- 박미정(우송대학교 뷰티디자인경영학과 메이크업 전공 초빙교수)
- 이은정(이은정 아르벨 메이크업 대표)
- 이유혜(리본 Total Beauty Shop 원장)
- 유정아(대전 MBC 뷰티아카데미 메이크업 강사)
- 조성화(건신대학원대학교 미용치료학과 석사과정)
- 김수민(휴수미안 원장)
- 오웅영(대전대학교 뷰티건강관리학과 겸임교수)

적중
미용사(메이크업) 필기

발 행 일 / 2016년 5월 20일 초판발행
저　　자 / 박미정, 이은정, 이유혜, 유정아, 조성화, 김수민, 오웅영
발 행 인 / 정용수
발 행 처 / 예문사
주　　소 / 경기도 파주시 직지길 460(출판도시) 도서출판 예문사
T E L / 031) 955-0550
F A X / 031) 955-0660
등록번호 / 11-76호

- 이 책의 어느 부분도 저작권자나 발행인의 승인 없이 무단 복제하여 이용할 수 없습니다.
- 파본 및 낙장은 구입하신 서점에서 교환하여 드립니다.
- 예문사 홈페이지 http : //www.yeamoonsa.com

정가 : 17,000원
ISBN 978-89-274-1912-9　13590

이 도서의 국립중앙도서관 출판예정도서목록(CIP)은 서지정보유통지원시스템 홈페이지(http://seoji.nl.go.kr)와 국가자료공동목록시스템(http://www.nl.go.kr/kolisnet)에서 이용하실 수 있습니다.
(CIP제어번호 : CIP2016011362)